设计时代

图解工业设计概论

陈根◎编著

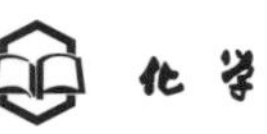

化学工业出版社
·北京·

内容提要

本书立足经典，面向未来，吸收了世界设计史的精髓，根据全球工业设计教育实际情况而编写。同时本书也注重创新，增加了许多最新流行的设计理念和观点；在内容上更为全面广博，并采取由浅入深的内容架构解析；最为突出的特点是，在每个知识点讲解时均引用了典型案例进行补充解释，大量的图片使枯燥的文字活跃起来，可以帮助读者获得更深的感性认知，希望能对大家学习现代设计有所裨益，起到抛砖引玉的作用。

希望本书能够引起设计界以及社会大众通过对理论问题的关注，进而更多关注设计专业的教育和普及，从而真正让大家了解工业设计，让工业设计走进人们的生活进而创造更美好的人类生活。

图书在版编目（CIP）数据

图解工业设计概论：全彩升级版/陈根编著．—北京：化学工业出版社，2020.5

ISBN 978-7-122-36265-0

Ⅰ．①图… Ⅱ．①陈… Ⅲ．①工业设计-高等学校-教材 Ⅳ．①TB47

中国版本图书馆CIP数据核字（2020）第030469号

责任编辑：王　烨　　　装帧设计：刘丽华
责任校对：盛　琦

出版发行：化学工业出版社（北京市东城区青年湖南街13号　邮政编码100011）
印　　装：天津图文方嘉印刷有限公司
787mm×1092mm　1/16　印张16　字数333千字　　2020年7月北京第1版第1次印刷

购书咨询：010-64518888　　　售后服务：010-64518899
网　　址：http://www.cip.com.cn
凡购买本书，如有缺损质量问题，本社销售中心负责调换。

定　　价：89.00元

PREFACE 前言

工业设计是一门综合性极强的学科，它涉及社会、文化、经济、市场、科技、伦理等诸多方面。同时，工业设计作为一门新兴学科，是以设计原理、设计程序、设计管理、设计哲学、设计方法、设计批评、设计营销、设计史论为主体内容建立的独立的理论体系，更是一门随着时代进步、科技发展、社会变化而不断变化和远未成熟的学科。

本书立足经典，面向未来，吸收了世界设计史的精髓，根据全球工业设计教育实际情况而编写。希望能对大家学习现代设计有所裨益，起到抛砖引玉的作用；也希望引起设计界以及社会大众通过对理论问题的关注进而关注设计专业的教育和普及，从而真正让大家了解工业设计，让工业设计走进人们的生活进而创造更美好的人类生活。

同时本书也注重创新，增加了许多最新流行的设计理念和观点；在内容上更为全面广博，并采取由浅入深的内容架构解析；最为突出的特点是在每个知识点讲解时均引用了典型案例进行补充解释，大量的图片使枯燥的文字活跃起来，可以帮助读者获得更深的感性认知，可读性强。

本书共分为9章，第1章——设计理论，主要包括设计的概念、设计的定义、设计的基本原则以及设计的意义。第2章——设计思潮，以设计史为主线，阐述了诸多著名的设计运动，例如工艺美术运动、“新艺术”运动等，以及代表性的设计师和设计师作品，例如勒·柯布西耶、包豪斯、瓦西里·康定斯基以及原研哉等。第3章——设计因素，详细阐述了与设计息息相关的众多元素，例如艺术、文化、科技以及材料。第4章——设计形态，对工业设计以及设计发展过程中形成的诸多分支学科进行详细讲解。例如视觉传达设计，包含了视觉传达设计相关理论概念、构成要素以及在广告、包装、品牌形象、字体等各方面的设计应用案例。另外还有包含建筑、室内、展示设计在内的公共空间设计；智能穿戴设计，作为前沿科技和朝阳产业，是未来移动智能产品发展的主流趋势，将极大地改变现代人的生活方式。另外还有非物质设计、概念设计以及文化创意产业等前沿设计领域。第5章——设计美学，讲解了美的本质以及包含了技术美、功能美、形式美、生态美以及艺术美的设计审美范畴。第6章——设计思维，内容包括设计思维的特征、类型、方法。第7章——设计心理，主要阐述了设计心理学、知觉与设计、消费需要与设计以及情感化设计。第8章——设计程序，主要讲解了设计的基本程序、设计调研的展开、设计方案的确定、设计表达的类型、设计项目的评审。第9章——设计管理，内容包括设计管理的定义、设计和管理的交融、设计管理的内容以及设计管理的案例。

本书在此次修订中，一是结合时代和行业的发展，对第一版部分典型案例进行了增删和更新；二是在部分章节新增了相关内容，具体包括：在第3章设计因素中新增了玻璃、陶瓷、石材、织物与皮革等材料，增加了色彩因素；在第4章设计形态中删除了体验设计，新增了环艺设计和商业设计；在第7章设计心理中新增了体验设计和交互设计；在第8章设计程序中新增了形态分析、设计手绘、样板模型、视觉影像、技术文档和评估方法等内容。

全书图文并茂，生动易懂，希望能给设计领域的从业者或即将踏入设计行业的人员提供专业的指导和帮助。

本书读者可包含：

1. 高等院校工业设计、设计心理学、设计管理、设计营销等专业的老师和学生；
2. 各行业内从事工业设计、视觉传达设计、展示设计等相关工作的人员；
3. 想要进入设计相关领域的人员；
4. 设计及美术爱好者。

本书由陈根编著。陈道利、朱芋锭、陈道双、李子慧、陈小琴、高阿琴、陈银开、周美丽、向玉花、李文华、龚佳器、陈逸颖、卢建德、林贻慧、黄连环、石学岗、杨艳为本书的编写提供了帮助，在此一并表示感谢。

由于笔者水平及时间所限，书中不妥之处，敬请广大读者及专家批评指正。

编著者

CONTENTS

目录

第1章
设计理论

“所有人都是设计师。几乎我们在任何时候所做的任何事情，都是设计，因为设计是所有人类活动的基础。”

——维克多·巴巴纳克（Victor Papanek）

设计的终极目的就是改善人的环境、工具，以及人自身，是伴随“制造工具的人”的产生而产生的。设计是人类有目的地改变生存方式的创造性活动，是应用科技、经济、艺术的要素系统解决问题，以满足人类的物质需求和精神需求。人类通过设计活动将理想、情感、意志具体化、形象化、情趣化，使其成为人类传承文明、走向未来、不断创新、持续发展的工具和手段。

20世纪80年代以来，以新材料、信息、微电子、系统科学等为代表的新一代科学技术的发展，极大地拓展了设计学学科的深度和广度。技术的进步、设计工具的更新、新材料的研制及设计思维的完善，使设计学学科已趋向复杂化、多元化。传统的以造型和功能形式存在的物质产品的设计理念，开始向以信息互动和情感交流、以服务和体验为特征的当代非物质文化设计转化，即从满足生理的愉悦上升到服务系统的社会大视野中。随着人类社会步入经济全球化，人类处于向非物质文化转型的时代，设计文化呈现多元文化的交融趋向，生态资源问题、人类可持续发展问题向设计学的发展发起巨大的挑战。特别是人类进入21世纪，设计已成为衡量一个城市、一个地区、一个国家综合实力强弱的重要标志之一，作为经济的载体为许多国家政府所关注。全球化的市场竞争愈演愈烈，许多国家都纷纷加大对设计的投入，将设计放在国民经济战略的显要位置。

设计艺术在中国也取得了惊人的成就。特别是改革开放以来，中国的设计艺术教育飞速发展，越来越多的高等院校设置了设计艺术学专业。随着中国经济的迅猛发展，设计艺术不断发展成熟，设计艺术领域不断扩大，设计艺术科目逐渐增加，设计艺术作品层出不穷。

在中国的社会文化发展中，设计已经成为视觉文化中极为突出的一部分，其内容涵盖工业设计、视觉传达设计、环境艺术设计、动漫设计、信息艺术设计、创意产业设计等多个方面。设计艺术在现代化建设中已经占有举足轻重的地位。

目前设计在企业制造产品的过程中也是不可或缺的，设计不但可以与其他公司的商品相区别，也是展现企业形象的工具。那么，设计究竟是什么呢？

1.1 设计的概念

设计是什么？我们常常把“设计”两个字挂在嘴边，如那件衣服的设计不错，这个网站的设计很有趣，那张椅子的设计真好用……设计俨然已成日常生活中常见的名词了。从服装设计、汽车设计、海报设计等来看，设计大体来说就是思考图案、花纹、形状，然后加以描绘或输出。目前，设计广泛用来表示产品的形状（外观）。

“设计”这个名词，英文是“design”，源自拉丁文的“designare”，意思是“以符号表示想传达的事情（计划）”。从设计一词的来源可以知道，设计原本不是指形状，而是比较偏向计划。当工业时代来临，人类可以大量生产物品之后，必须先提出计划，说明制作过程及成品形式。当designare演变为design，并传入日本的时候，还被翻译为“图案”或“式样”。

所谓设计，就是对于各种“物品”的创造，思考如何解决问题、什么样才叫美、如何平衡，提出计划、规划，然后以视觉方式表现出“物品”的形状。美妙的设计，也可以丰富人生。

1.2 设计的定义

“设计”既可以指一个活动（设计过程），也可以是这一个活动或过程的结果（一个计划或一种形态）。

国际工业设计学会理事会（ICSID）对设计提出了如下定义。

（1）目标

设计是这样一项创造性活动——确立物品、过程、服务或其系统在整个生命周期中多方面的品质。因而，设计是技术人性化创新的核心因素，也是文化和经济交换的关键因素。

（2）任务

设计寻求发现和评估与下列任务在结构、组织、功能、表现和经济方面的关系。

① 增强全球可持续性和环境保护（全球伦理）。

② 赋予整个人类以利益和自由（社会伦理）。

③ 尽管世界越来越全球化，但支持文化的多样性。

④ 赋予产品、服务和系统这样的形态：具有一定表现性（语义学的）、和谐性（美学

的）和适当的复杂性。

设计是一项包含多种专业的活动，包括产品设计、服务设计、平面设计、室内设计和建筑设计。

这个定义的优势在于，它避免了仅仅从输出结果（美学和外观）的观点来看待设计的误区，强调创造性、一致性、工业品质和形态等概念。设计师是具有卓越的形态构想能力和多学科专业知识的专家。

另外一个定义使得设计的领域更接近于工业和市场。

工业设计是一项专业性服务，它为了用户和制造商的共同利益，创造和发展具有优化功能、价值和外观的产品与系统的概念及规格。

——美国工业设计师协会（IDSA）

这个定义强调了设计在技术、企业和消费者之间协调的能力。

在设计事务所中专门为企业和其品牌做包装和平面设计的设计师，更倾向于采用将设计、品牌和企业战略联系在一起的定义。

① 设计与品牌：设计是品牌链中的一环，或者是向不同公众表达品牌价值的一种手段。

② 设计与企业战略：设计是一种能够使企业战略可视化的工具。

设计既是科学又是艺术，设计技术结合了科学方法的逻辑特征与创造活动的直觉和艺术特性。设计架起了一座艺术与科学之间的桥梁，设计师把这两个领域互补的特征看成是设计的基本原则。设计是一项解决问题的具有创造性、系统性以及协调性的活动，如表1.1所示。

表1.1　设计的定义和特征

特征	设计定义	关键词
解决问题	“设计是一项制造可视、可触、可听等东西的计划。” ——彼得·高博（Peter Gorb）	计划 制造
创造性	“美学是在工业生产领域中关于美的科学。” ——丹尼斯·胡斯曼（D Huisman）	工业生产 美学
系统性	“设计是一个过程，它使环境的需要概念化并转变为满足这些需要的手段。” ——A. 托帕利安（A Topalian）	需求的转化 过程
协调性	“设计师永不孤立，永不单独工作，因而他永远只是团体的一部分。” ——T. 马尔多纳多（T Maldonado）	团队工作 协调

设计是一门综合性极强的学科，它涉及社会、文化、经济、市场、科技、伦理等诸多因素，审美标准也随着这些因素的变化而改变。设计学作为一门新兴学科，以设计原

理、设计程序、设计管理、设计哲学、设计方法、设计批评、设计营销、设计史论为主体内容建立起了独立的理论体系。设计既要具有艺术要素又要具备科学要素，既要有实用功能又要有精神功能，是为满足人的实用与需求进行的有目的性的视觉创造。设计既要有独创和超前的一面，又必须为今天的使用者所接受，即具有合理性、经济性和审美性。设计是根据美的欲望进行的技术造型活动，要求立足于时代性、社会性和民族性。

设计艺术表明了设计与艺术的天然联系，设计不能只是理性工具的设计，还必须是美的设计。设计不仅要满足人的物质需要，也要满足人的精神需要，特别是对美的需要。在美学领域，设计的价值突出表现为审美价值，如果说实用价值和经济价值反映了设计的理性特质，那么审美价值则体现了设计的感性气质。

案例 1

中国台北申办2016年世界设计之都广告宣传片《Design X Taipei》

中国台北申办2016年世界设计之都的国际竞标影片全长7分钟，却是制作团队长达10个月的呕心沥血之作：历经8次的提案、2个月的实景拍摄、6个月的动画及后期制作，从22个人物访谈、47个拍摄地点中，撷取精华剪辑完成。旨在将台北设计发展的特色与实力，透过高质量的影像内容加以演绎。该团队名叫“仙草影像”，曾获得2013年德国iF传达设计大奖（图1.1 ～图1.3）。

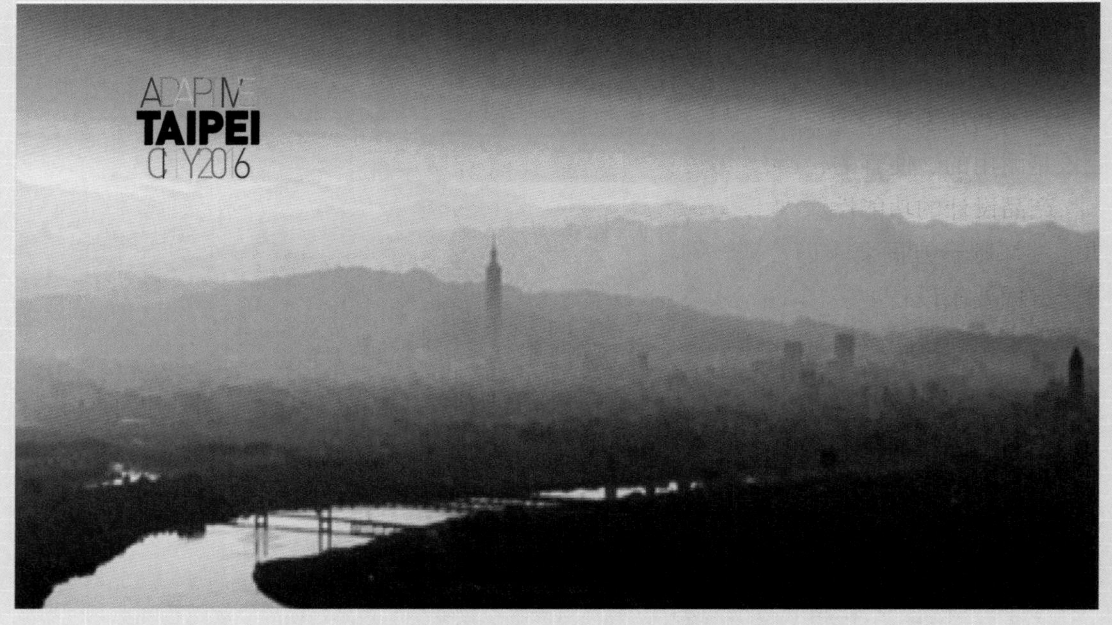

图1.1　中国台北申办2016年世界设计之都广告宣传片《Design X Taipei》

图 1.2　中国台北申办 2016 年世界设计之都 Logo

图 1.3　申办主题：不断提升的城市，设计实现市民生活愿景

设计不仅仅是一句口号、一种工具，更是一种对生活的极致理解和积极应对的态度，设计让城市更美好，人生亦美好。在众多台湾设计品牌走向世界的今天，我们也看到了台湾设计的精简细致和专属品质！

1.3　设计的基本原则

1.3.1　功能性原则

包豪斯设计学院的创始人格罗皮乌斯曾说："一件东西必须在各个方面都同它的目的性相配合，在实际上能完成它的功能，是可用的。"他又说："既然设计它，它当然要满足一定的功能要求……它必须绝对地为它的目的服务，换句话说，要满足它的实际功能，应该是耐用的、便宜的，而且是美的。"

产品设计的功能性原则，体现了人类务实、理性的精神，也是"以人为本"的折射。功能性原则一方面要求设计要达到效率、简便、安全、舒适等，满足人类的使用目的；另一方面要求设计要多样化，从单一功能向多功能开发。产品的功能性原则和时间因素、信息因素、消费因素等有关，即物与人之间、物与周围环境之间关系必须协调。

案例 2

藏桌椅的书柜

乍看只是一组带有彩条边框的书柜，轻挪以后这些"彩条"即可分离出来一整套桌椅，非常符合现在的家具需求，特别适合小户型使用。书柜还可组合拆分摆放，灵活性极强（图 1.4）。

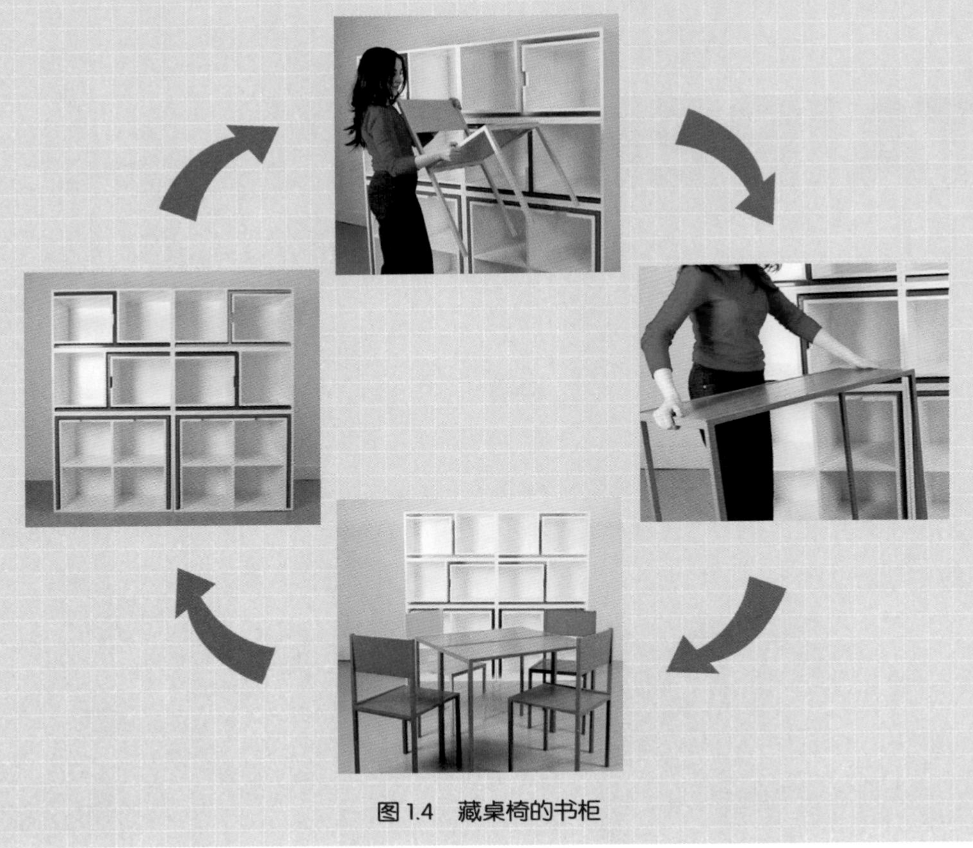

图 1.4　藏桌椅的书柜

1.3.2 经济性原则

人类自古在认识自然、改造自然的过程中，创造了辉煌的物质文明。而要最大限度地使更多人共享人类文明成果，就要求产品设计材料选用节约、加工制作低能耗，经济、科学、有效地设计出功能质量好、使用价值高、购买价格低的产品。这就是设计的经济性原则。

经济性原则可概括为“适用、经济、美观”，能为人们的经济条件所承受，并在激烈的市场竞争中赢得优势。设计与消费是不可分割的整体，任何商品都是一头连着设计与制作，另一头连着消费者与用户。设计制作的产品，只有经过流通领域到达消费者手中进行消费，才算实现了设计的价值。所以，设计时考虑经济性原则至关重要。

“不断降低成本从而降低价格”是宜家公司商业哲学中最重要的组成部分。宜家公司反复强化要为广大中低收入阶层的消费者提供物美价廉的商品和优质服务的理念，并把它真正贯彻到经营的各个环节里去。宜家公司的产品设计师在设计一件产品前，总会根据设计的定位，挑选品质相当的物料，并直接与供应商研究协调如何降低成本，同时又不至于太影响品质的制作方法。

案例 3

超简约的洗手槽设计

设计师 Victor Vasilev 设计了这个看起来超具线条感的洗手槽，整体利用玻璃和大理石制作而成，有着很漂亮很现代化的风格（图 1.5）。

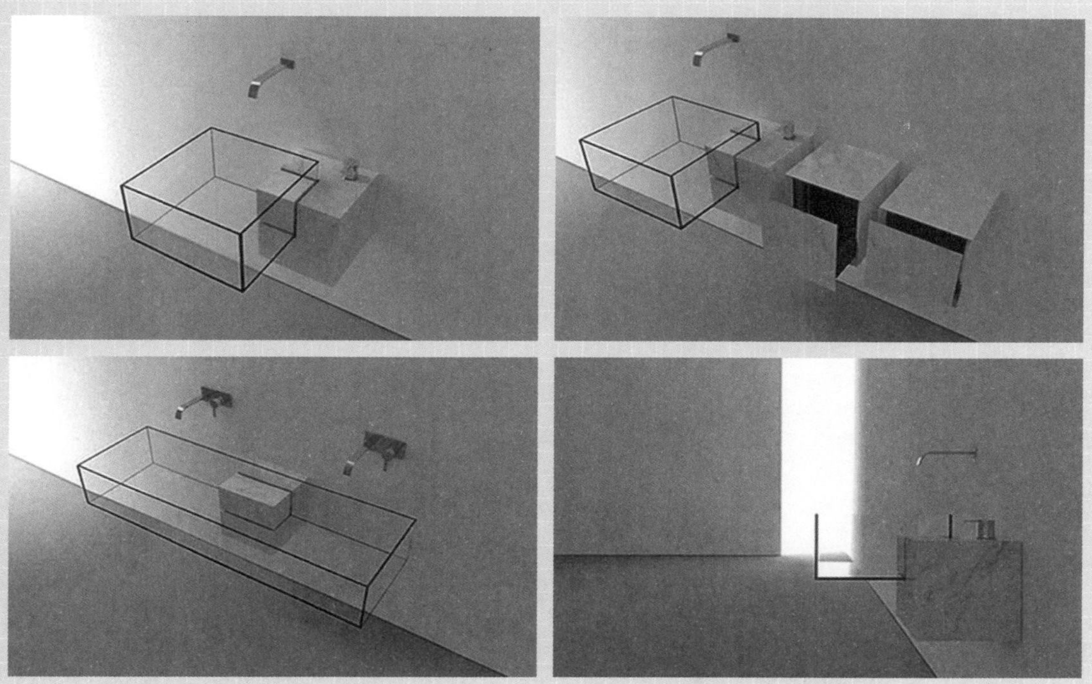

图 1.5　超简约的洗手槽设计

1.3.3　美观性原则

人们对物品的要求，一是功能上满足使用，二是审美上满足追求。爱美是人的天性，所以设计的美观性原则与功能性原则一起反映了人类的两大基本需要：心理需要和生理需要。

设计不能只是理性的设计，还必须是美的设计，不仅要满足人们的物质需要，也要满足精神需要，特别是对美的需要。我们要求产品既是实用的，又是美观的。

如果说实用价值和经济价值反映了设计的理性特质，那么审美价值则体现了设计的感性特质。在产品的美观方面，形式美占有重要的地位。在形式美的设计上，要从功能结构出发构建产品的形体秩序，尽可能简洁、清晰，排除无谓的附加装饰。

案例 4

根据植物产生构想的新型灯具

这款新型灯具根据植物的相关特点，采用混合手工制作的木制品和烧结3D打印，由花边状的图案和几何针孔组成（图1.6）。

图 1.6　根据植物产生构想的新型灯具

1.3.4　协调性原则

设计的使命是使设计物、相关环境、使用者构成一个完整和谐的整体。设计的协调性原则，概括地说就是创造物的使用方式、使用功能和形式美关系协调的原则。“协调”是使这三者的关系和谐的总体原则。

要实现“协调”，可用类聚手法，用类似的符号语言连续、重复使用；也可清晰显示产品的关键特征，使其总体形象突出；还可用对比的手法，使互相排斥、对立的因素达到整体协调和谐、主次分明的设计效果。

案例 5

折叠节水坐便器

如果洗手间不够大，坐便器会显得特别占用空间。这是一款名为Iota的折叠节水坐便器，在不用时向上旋转折叠，靠在底座上，可大大节省空间，并且可以节水50%以上。这款坐便器的最大特色在于其管道设计：在使用过程中，坐便器内置的U形弯头和粪便下水管道分离，并且能够保证密闭性。当把坐便器收起，U形弯头和下水管道重新接通，按下水箱的冲水按钮，即可把水和粪便一起排出。坐便器内壁采用圆滑设计，可减少污垢附着，水箱则尽量往前突出，增加冲水时的力量（图1.7）。

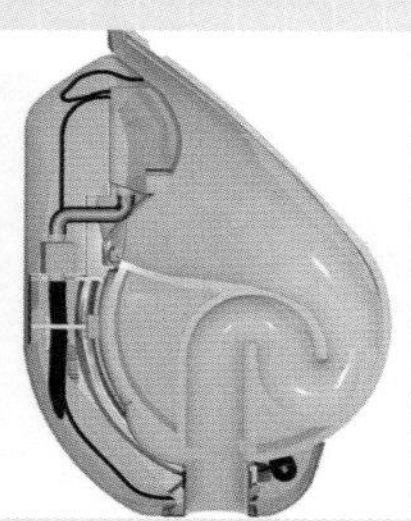

图 1.7　折叠节水坐便器

1.3.5 人性化原则

人是设计的核心。设计必须要考虑到人的需要。对于儿童玩具的设计，一定要标明适用年龄，而3岁以下儿童的玩具，绝不允许出现可拆卸的小零部件，以免被误食。人性化原则还应该考虑到全社会、全人类的生存发展。我们可以把设计的美分成内在美和外在美。内在美指的是设计本身包含的对人性的关怀，外在美是指设计外表形态的优美。

人们一度只追求产品功能，20世纪60年代以后，越来越多的设计师开始积极地思考设计物将对周围各种环境产生怎样的影响，人与物和自然环境之间是否保持互相依存、互促共生的关系等人类可持续发展问题。人性化价值模式产生于现代设计成熟以后，倡导以人为轴心展开设计思考，考虑个体的人、群体的人、社会的人之现实利益与长远利益的结合。

人性化原则将以下因素作为设计的出发点：从人的需求动机出发，研究人的生理需求、心理需求甚至智性需求；从人机工程学角度出发，研究运动学因素、动量学因素、动力学因素、心理学因素、美学因素；从审美渗透层面出发，通过设计物呈现理想的美学规律，塑造技术与艺术统一的审美形态；从环境因素出发，使设计物在物理方面、风格形式方面与周围环境呈现正态融合；从文化要素出发，使设计物成为一定传统、习俗、价值观的关照物。进入后工业社会，设计的人性化价值模式越来越受到世人重视。

案例 6

啤酒包装设计

这是一个啤酒包装设计，设计的灵感来自冰袋，包装环保，可以循环利用。“Leuven”

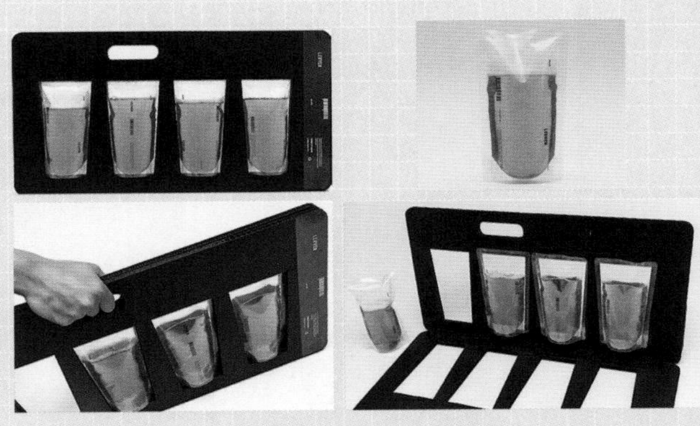

这种新的设计“牢不可破”，不需担心啤酒会漏出来，每袋容量330ml。它成本低，而且易生产，重要的是携带方便（图1.8）。

图1.8 啤酒包装设计

1.3.6 可持续性原则

人是环境的产物，产品也是环境的组成部分，优秀的产品设计应当在“产品-人-环境”三者之间的关系中，始终处于一种和谐有序的状态。进入20世纪下半叶，对人友好、对环境友好的生态设计得到提倡。对人友好，指的是设计应该有利于人的身心健康，有利于改善人际关系，有利于改善家庭关系和社会关系，有利于改善人的精神心理问题和社会问题。对环境友好，指的是设计在满足使用要求的同时，在制造、应用和回收处理中需要较少资源，对环境造成较少负担。德国未来和技术评价研究所对生态设计提出了一些基本原则：把原材料减到最小；选择无害材料；采用模块化结构，使部件容易安装、拆卸、更换；提高部件标准化，减少部件数目；提高寿命，提高可维修性及可维护性；采用易再生的原材料和部件；避免包装，或使用可再使用的、可循环的、可分解的包装材料；提高产品多用途性。

案例 7

印度自然风格建筑结构

“Orproject”开发了一系列算法，数字生成的打开和闭合脉序图案，可以用来模拟灌木的生长。该系统由一组种子点生长和分支走向为靶点最大限度地暴露于每一叶片的光。产生的几何形状满足这些要求，为植物提供了一个合适的结构和循环系统（图1.9）。

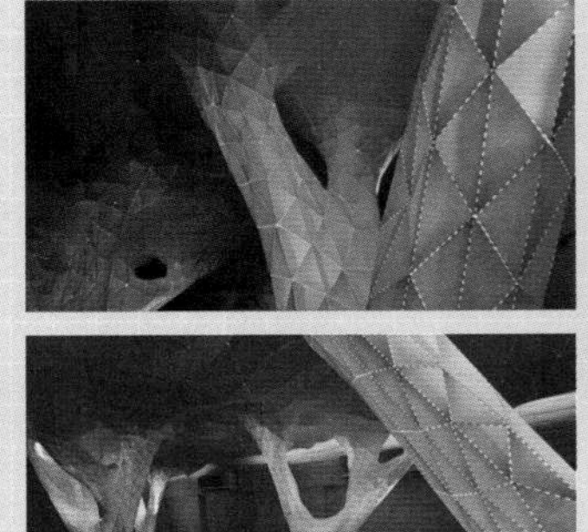

图1.9 印度自然风格建筑结构

1.3.7 创新性原则

新科技、新材料的发明、发现和被运用，要求设计必须不断掀起大动作的创新。从产品本身来看，任何一件产品都有生命周期，都不能是永恒的。产品从开发、设计到生产、销售，需要经历新生期、成长期、成熟期、衰退期的过程。正确把握产品生命周期的必然性，对产品在不同时期的设计作出更新变化，并开发出新品种，这既是创新的需要，也是设计的变化原则。

每个时代都有其风格特征，每个时代的审美观也是不断变化的。因此，设计中不变是相对的，变化是绝对的。我们的设计要能预测未来将要流行的趋势，制定导向性的设计目标和策略，在创新、变化中不断前进。

案例 8

弯把雨伞

这款雨伞有一定柔软度的把手可以随意改变形状，缠绕在背带或门把手上，或者弯曲成一个“平面”，好倚靠着墙面放置（图 1.10）。

图 1.10　弯把雨伞

1.4　设计的意义

设计体现了人与物的关系，它为人类生存的合理、舒适、环保等因素而设计，为人类的更高需求而设计，可为人类设计出全新的生活方式。设计是人类本能的体现，是人类审美意识的驱动，是人类进步与科技发展的产物，是人类生活质量的保证，是人类文明进步的标志。

随着时代的发展，人们对设计还会提出更高的要求，竞争越来越激烈，设计也就越来越重要。

第 2 章 设计思潮

到了20世纪中期，一些建筑师和工业设计师提出了以当代文化、社会观念及人类心理与认知学的概念作为设计研究的理论依据，使设计史的研究范围带入了人类心理与哲学概念，许多理论的系统设计方法，接续应用于设计的实务上；另外在设计教育的教学上也开始以感知理念、人性文化的设计理论来教导学生。这些设计方法和设计理论，都与当代社会的文化与人类的生活形态有相当大的关系，可以说：人类的生活和社会文化的演进就是一部经典的设计史。因此，探讨设计的精义，必须先了解设计演进历史的脉络，再探讨各个时代的设计背景、风格的特质与渊源，就可奠定设计理论的认知基础。

2.1 现代设计的发展前奏

2.1.1 工业革命

工业革命有时又称产业革命，指资本主义工业化的早期历程，即资本主义生产完成了从工场手工业向机器大工业过渡的阶段。它是以机器生产逐步取代手工劳动，以大规模工厂化生产取代个体工场手工生产的一场生产与科技革命，后来又扩充到其他行业。这一演变过程叫作工业革命。

图 2.1 瓦特改良的蒸汽机

标志性事件是在18世纪中期，英国的瓦特（James Watt）改良了蒸汽机。从此，人类有了钢铁技术和火车的运输工具，掀起了一阵工业机器的风潮（图2.1）。

从设计史的角度看，如果没有工业革命就不会有今天的工业设计和现代意义上的设计。正是工业革命完成了由传统手工艺到现代设计的转折，随之而来的工业化、标准化和规范化批量产品的生产为设计带来了一系列变化，也导致了新的设计思想、设计方式的产生。

首先，设计行业开始从传统手工制作中分离出来。传统的劳动过程中，往往由人扮演基本工具的角色，能源、劳力和传送力基本上是由人来完成的。而工业革命则意味着技术带来的发展已经过渡到另一个新阶段，即以机器代替手工劳动工具，从而变成了劳动的性质和社会、经济的关系。此时的设计风格被简化为适应机器制造的东西。

其次，新的能源和材料的诞生及运用，为设计带来全新的发展，改变了传统设计的材料构成和结构模式。最突出的变革出现在建筑行业，传统的砖、木、石结构逐渐被钢筋、水泥和玻璃构架所代替。

最后，设计的内部和外部环境发生了变化。当标准化、批量化成为生产目的时，设计的内部评价标准就不再是“为艺术而艺术”，而是为“工业而工业”的生产。对于设计的外部环境的变化，市场的概念应运而生，消费者的需求，经济利益的追逐，成本的降低，竞争力的提高，设计的受众、要求和目的都发生了变化。

2.1.2 “水晶宫”博览会

1851年，英国伦敦举办了19世纪最著名的设计展览。展览场馆是由钢铁和玻璃搭建而成的，被称作“水晶宫”（图2.2）。它是由英国园艺家帕克斯顿设计的，第一次采用了玻璃和铁架结构，打破了传统建筑的格局，奠定了现代建筑的基础。“水晶宫”堪称一座真正意义的现代建筑，不仅在技术上是一次创新，在美学上也有重要转折意义。

“水晶宫”博览会对设计理念产生了根本影响，各种思想争论对设计界形成强大冲击。终于在19世纪下半叶的英国引发了一场工艺美术运动，开创了现代设计运动的先河。

图 2.2　“水晶宫”博览会

2.1.3 工艺美术运动

工艺美术运动是英国19世纪后期的一场设计运动。1851年在伦敦举办的世界第一次工业产品博览会，由于展出的工业产品粗糙简陋，没有审美趣味，引起设计家们关注，提出了艺术与技术结合，推崇手工艺、反对机械的美学思想，从而引发了这场设计运动的进行。工艺美术运动的主要代表人物是理论家约翰·拉斯金和艺术家威廉·莫里斯。工艺美术运动首先提出了“美与技术结合”的原则，主张美术家从事设计，反对“纯艺术”等，这在设计史上有着相当重要的作用。

2.1.3.1 工艺美术运动的特征

这一场运动在设计上形成了较为明显的风格特征。

图 2.3 “洋蓟”图案的壁纸

（1）强调手工艺，明确反对机械化生产。

（2）在装饰上反对矫揉造作的维多利亚风格和其他各种古典传统的复兴风格，提倡哥特风格和其他中世纪风格，讲究简单、朴实无华。

（3）主张设计的诚实与诚恳，反对设计上的哗众取宠、华而不实的趋向。

（4）装饰上推崇自然主义、东方装饰和东方艺术的特点（图2.3）。

2.1.3.2 工艺美术运动的影响

工艺美术运动在设计史上产生了深刻的影响。

（1）在英国工艺美术运动的感召下，欧洲大陆掀起了一个规模更加宏大、影响范围更加广泛、试验程度更加深刻的“新艺术”运动。

（2）给后来的设计家提供了新的设计风格参考，提供了与以往所有设计运动不同的新的尝试典范。

（3）英国的工艺美术运动直接影响到美国的工艺美术运动，也对下一代的平面设计家和插图画家产生了一定的影响。从本质上讲，它是通过艺术和设计来改造社会，并建立起以手工艺为主导的生产模式，无疑是逆时代潮流而动，并没有解决大机器生产中产品形态与审美标准问题，使英国设计走了弯路。

2.1.3.3 工艺美术运动的代表人物

（1）约翰·拉斯金

英国著名文艺理论家、社会评论家，英国“工艺美术运动”的倡导者和奠基人。拉斯金（图2.4）对中世纪的社会和艺术非常崇拜，对于“水晶宫”博览会中毫无节制的过度设计甚为反感。但是他将粗制滥造归罪于机械化批量生产，因而指责工业及其产品。他的思想基本上是基于对手工艺文化的怀念和对机器的否定，而不是基于大机器生产去认识和改善现有的设计面貌。反对工业化的同时，拉斯金为建筑和产品设计提出了若干准则：师承自然，从自然中汲取设计的灵感和源泉，而不是盲目地抄袭旧有的样式；使用传统的自然材料，反对使用钢铁、玻璃等工业材料；忠实于材料本身的特点，反映材料的真实质

图 2.4 约翰·拉斯金

感。拉斯金把用廉价且易于加工的材料来模仿高级材料的手段斥为犯罪。

（2）威廉·莫里斯

英国诗人兼文艺家，19世纪英国工艺美术运动的重要代表人物，在设计史上有重要地位。1861年威廉·莫里斯（图2.5）成立莫里斯设计事务所，从事家具、刺绣、地毯、窗帘、金属工艺、壁纸、壁挂等用品的设计。莫里斯设计事务所可以说是现代设计史上第一家由艺术家从事设计、组织产品生产的公司，从而具有里程碑的意义。莫里斯因此被誉为“现代设计之父”。他在设计上强调：优秀的设计是艺术与技术的高度统一；由艺术家从事产品设计，比单纯出自技术和机械的产品要优秀得多；艺术家只有和工匠结合，才能实现自己设计的理想；手工制品远比机械产品容易做到艺术化。莫里斯的代表作品有《红屋》（图2.6）。

图 2.5　威廉·莫里斯

图 2.6　莫里斯作品《红屋》

2.1.4 “新艺术”运动

“新艺术”运动是一场装饰艺术运动，约1895年从法国开始，到1910年前后逐步为“现代主义”运动和“装饰艺术”运动取代，成为传统设计与现代设计之间一个承上启下的重要阶段。这场运动实质上是英国工艺美术运动在欧洲大陆的延续与传播，在思想理论上并没有超越工艺美术运动。“新艺术”运动主张艺术家从事产品设计，以此实现技术与艺术的统一。

2.1.4.1 “新艺术”运动的特征

“新艺术”运动的主要特征为：强调手工艺，反对工业化；完全放弃传统装饰风格，开创全新的自然装饰风格；倡导自然风格，强调自然中不存在直线和平面，装饰上突出表现曲线和有机形态；装饰上受东方风格影响，尤其是受日本江户时期的装饰风格与浮世绘的影响；探索新材料和新技术带来的艺术表现的可能性。巴黎和南锡是法国新艺术

图 2.7　爱德华·蒙克作品《呐喊》，1893 年

运动的主要集中地，所代表的是曲线式造型方式，但英国的“格拉斯哥四人集团”和“维也纳分离派”的设计样式则是以直线为主的造型方式。“新艺术”运动在风格上各国之间有很大差异，在德国称为“青年风格”，在奥地利称为“维也纳分离派”。但各国在设计上追求创新、探索和开拓新的艺术精神是一致的。准确地说，“新艺术”运动是一场运动而不是一种风格（图2.7）。

2.1.4.2 “新艺术”运动的代表流派

（1）南锡的“新艺术”运动

法国南部的南锡是19世纪法国“新艺术”运动的一个重要中心。以家具设计和制作为主，代表人物是埃米尔·盖勒（Emile Gally，1846—1904）。他是一位家具设计师，有着丰富的家具设计和生产经验，致力于把家具设计和生产结合起来。埃米尔·盖勒的设计风格深受东方工艺的影响，在装饰图案样式、木料镶嵌技艺等方面明显带有日本和中国家具工艺的特征。他最早提出产品“形式与功能”之间的关系，认为自然的风格、自然的纹样应该是设计师的灵感之源，设计的装饰主题必须与设计的功能相一致，这在设计史上有极其重要的意义。1901年，埃米尔·盖勒创建了南锡艺术工业地方联盟学校，培养了一批优秀的设计师（图2.8）。

图 2.8　埃米尔·盖勒的家具及玻璃作品

（2）格拉斯哥学派

格拉斯哥学派是19世纪末20世纪初以英国格拉斯哥艺术学院为中心的松散学派，该学派以麦金托什（图2.9）及其妻子玛格丽特·麦克唐纳、妻子的妹妹弗朗西斯·麦克唐纳、妹夫赫伯特·麦克奈尔四人为中心，因而又称为“格拉斯哥四人派”运动的一个重

要的发展分支。从其大量的作品来看，格拉斯哥学派的设计风格集中地反映在装饰内容和手法的运用上。具体而言，表面装饰遵循严格的线条图案以及格子和风格化的玫瑰形；配色柔和，主要限于淡橄榄色、淡紫色、乳白色、灰色和银白色构成的清淡优美的色彩；装饰线条虽趋于稳定，但其视觉效果也不会变化，大多数表面图案抽象复杂，象征形态点缀其间。

（3）德国“青年风格”

德国的“新艺术”运动称为“青年风格”，因1896年德国艺术批评家朱利・梅耶・格拉佛创办的周刊《青年》杂志而得名。“青年风格”组织的活动中心设在慕尼黑，这是新艺术转向功能主义的一个重要步骤。正当新艺术在比利时、法国和西班牙以应用抽象的自然形态为特色，向着富于装饰的自由曲线发展时，在“青年风格”艺术家和设计师的作品中，蜿蜒的曲线因素第一次受到节制，并逐步转变成几何因素的形式构图。里默施密德(Richard Riemerschmid，1868—1957)是“青年风格”的重要人物，他于1900年设计的餐具（图2.10）标志着一对传统形式的突破，对餐具及其使用方式的重新思考，迄今仍不失其优异的设计质量。在德国设计由古典走向现代的进程中，达姆施塔特（Darmstadt）艺术家村起到了极其重要的作用。达姆施塔特是德国黑森州的一个小城，1899 ~ 1914年，黑森州的最后一任大公路德维希为了促进该州的出口，在达姆施塔特的玛蒂尔德霍尔（Mathildenhoehe）高地建立了艺术家村（Künstlerkolonie），网罗了德国以及欧洲其他国家的建筑师、艺术家和设计师，其中有著名的奥地利建筑师奥尔布里希（Joseph M.Olbrich，1867—1908）和德国设计师贝伦斯，从事产品设计工作。艺术家村很快成为德国乃至欧洲新艺术的中心，其目的是创造全新的整体艺术形式，将生活中的建筑、艺术、工艺、室内设计、园林等所有方面形成一个统一的整体。贝伦斯也是“青年风格”的代表人物，他早期的平面设计受日本水印木刻的影响，喜爱荷花、蝴蝶等象征美的自然形象，但后来逐渐趋于抽象的几何形式，标志着德国的新艺术开始走向理性。贝伦斯于1901年设计的餐盘完全采用了几何形式的构图（图2.11）。

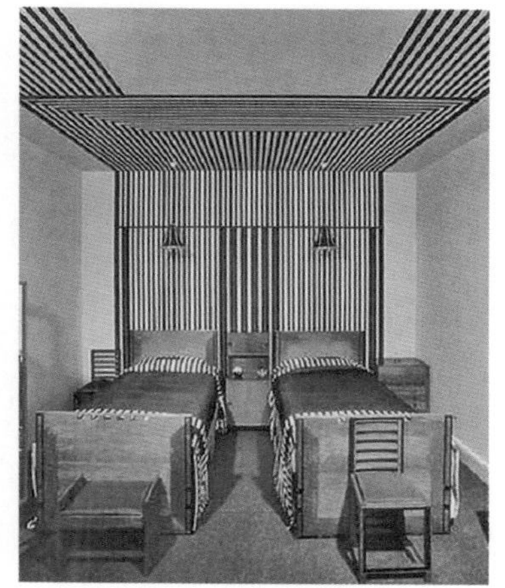

图 2.9　麦金托什故居卧室内景

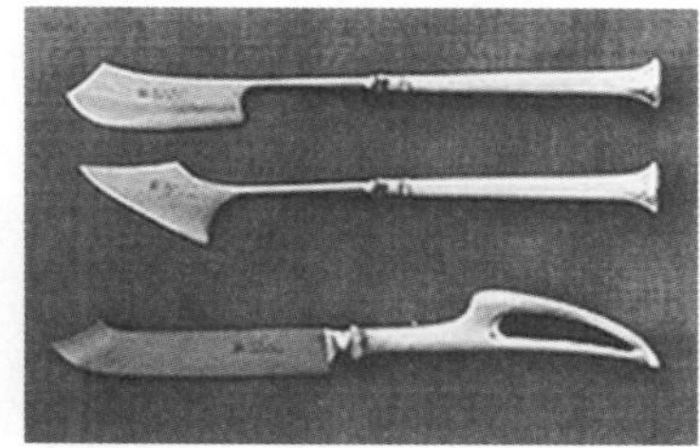

图 2.10　里默施密德设计的餐具

图 2.11　贝伦斯于 1901 年设计的餐盘

图 2.12　蒂芙尼设计的玻璃花瓶

新艺术在美国也有回声，其代表人物是蒂芙尼（L.C.Tiffany，1848—1933），他擅长设计和制作玻璃制品，特别是玻璃花瓶。他的设计大多直接从花朵或小鸟的形象中提炼而来，与新艺术从生物中获取灵感的思想不谋而合（图2.12）。

（4）维也纳“分离派”

维也纳“分离派”成立于1897年，成员主要来自维也纳派，大多数是建筑师奥托·瓦格纳的学生，还包括建筑家、手工艺设计家、画家，因标榜与传统和正统艺术分道扬镳，故称“分离派”。风格特征：造型简洁明快，注重简单直线，主张“功能主义与有机形态的结合，简单几何外形和流畅的自然造型结合”。在理论方面，奥托·瓦格纳是代表人物。维也纳“分离派”虽然追求把艺术、优秀设计与生活密切联系，但在实际设计中，与这种目标有很大的距离。主要表现在：在工业生产极端发达的社会背景下，没有关心工业生产中艺术的问题，以及艺术与机器生产的关系；设计材料与工艺昂贵，无法大众化；对简洁和抽象形式的追求在本质上没有脱离“新艺术运动”的风格，没有真正把设计形式与功能结合起来（图2.13和图2.14）。

图 2.13　维也纳“分离派”绘画大师克里姆特（Gustav Klimt）作品

图 2.14　维也纳“分离派”艺术馆

2.1.4.3 “新艺术”运动的代表人物

（1）吉马德

法国新艺术的代表人物是吉马德（Hector Guimard，1867—1942）。19世纪90年代末至1905年是他作为法国新艺术运动重要成员进行设计的重要时期。吉马德最有影响的作品是他为巴黎地铁所作的设计（图2.15）。这些设计赋予了新艺术最有名的戏称——“地铁风格”。“地铁风格”与“比利时线条”颇为相似，所有地铁入口的栏杆、灯柱和护柱全都采用了起伏卷曲的植物纹样。吉马德于1908年设计的咖啡几也是一件典型的新艺术设计作品（图2.16）。

图 2.15　吉马德设计的巴黎地铁站入口

图 2.16　吉马德于 1908 年设计的咖啡几

（2）查尔斯 · 麦金托什

英国“格拉斯哥学派”的核心人物，是“新艺术”运动产生的全面设计师的典型代表。麦金托什的设计领域十分广泛，涉及建筑、家具、玻璃器皿等，同时也是一位出色的画家。设计思想：偏爱几何形态如有机形态的混合运用，简单而具有高度装饰味道；主张利用直线和黑白色彩，探索机械化批量生产中的艺术处理问题（图2.17 ~ 图2.19）。麦金托什的探索为机械化、批量化、工业化的形式奠定了可能的基础。可以说麦金托什是联系“新艺术”运动中的手工艺运动和现代主义运动的关键过渡性人物。他的一系列探索对德国“青年风格”和维也纳“分离派”的影响非常大，为现代主义设计的发展做了有意义的铺垫。格拉斯哥艺术学院是其建筑设计的代表作（图2.20）。

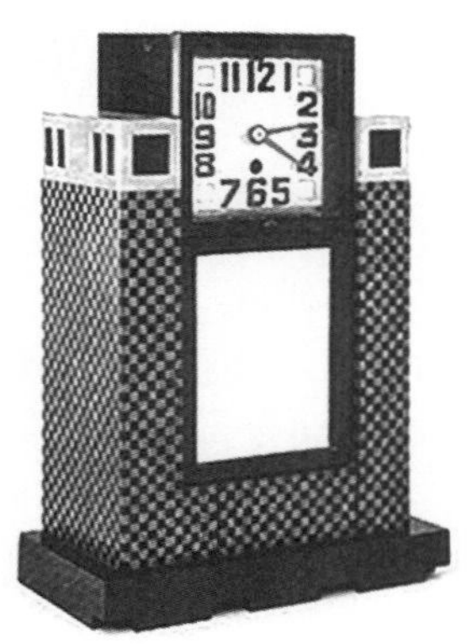

图 2.17　麦金托什于 1919 年设计的座钟

图 2.18　麦金托什设计的高背椅

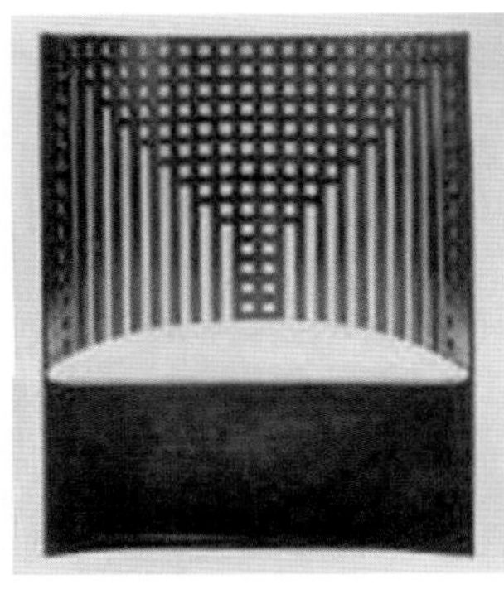

图 2.19　麦金托什设计的座椅椅背的式样明显受到日本风格的影响

图 2.20　格拉斯哥艺术学院

（3）彼得 · 贝伦斯

“新建筑”运动的早期领袖，德国现代主义设计艺术的先驱，“青年风格”的代表人物。彼得·贝伦斯是德国现代设计的奠基人，被称为“德国现代设计之父”。彼得·贝伦斯为德国AEG公司设计了世界上第一个企业形象，并设计了透平机工厂厂房，在现代主义建筑设计中具有里程碑意义（图2.21 ~ 图2.23）。他主张的设计思想为：从功能出发，基本抛弃了繁琐的装饰，强调简洁、功能良好的外形和结构。在注重功能与技术表现的基础上，追求设计形式的简洁。在产品设计上大胆采用新技术、新材料，以标准化为基础，实现批量化生产。建筑设计上摆脱了传统建筑形式，创造性地采用了新技术、新材料，为现代建筑树立了典范，培养了现代设计的三巨头：格罗佩斯、米斯·凡德罗、勒·柯布西耶。

图 2.21　贝伦斯为 AEG 公司设计的电风扇

(4)安东尼奥·高迪

阴差阳错，在整个“新艺术”运动中最引人注目、最复杂、最富天才和创新精神的人物出现于一个与英国文化和趣味相距甚远的国度，他就是西班牙建筑师安东尼奥·高迪（Antonio Gauti，1852—1926）。虽然他与比利时的新艺术运动并没有渊源上的关系，但在方法上却有一致之处。他以浪漫主义的幻想，极力使塑性艺术渗透到建筑之中去。他吸取了东方的风格与哥特式建筑的结构特点，并结合自然形式，精心研究着他独创的塑性建筑。西班牙巴塞罗那的米拉公寓（图2.24）便是一个典型的例子。米拉公寓的整个结构由一种蜿蜒蛇曲的动势所支配，体现了一种生命的动感，宛如一尊巨大的抽象雕塑。但由于未采用直线，在使用上颇有不便之处。另外，西班牙新艺术家具设计也有这种偏爱强烈的形式表现而不顾及功能的倾向。

其中圣家族大教堂是一个由宗教组织“圣约瑟祈祷者联盟”于1881年委托西班牙建筑师安东尼奥·高迪设计建造的教堂。圣家族大教堂始建于1884年，由于财力不足，多次停工。教堂的设计主要模拟中世纪哥特式建筑样式，原设计有12座尖塔，最后只完成4座。尖塔虽然保留着哥特式的韵味，但结构已简练很多，教堂内外布满钟乳石式的雕塑和装饰件，上面贴以彩色玻璃和石块，宛如神话中的世界。设计上基本没有遵循任何古典教堂形式设计风格，具有强烈的雕塑艺术特征（图2.25）。

图 2.22　贝伦斯于 1909 年设计的透平机制造车间与机械车间

图 2.23　贝伦斯于 1907 年为 AEG 公司设计的电灯

图 2.24　高迪于 1906 ~ 1910 年设计的巴塞罗那米拉公寓

图 2.25　圣家族大教堂

（5）亨利·凡·德·威尔德

比利时“新艺术”运动的核心人物，是19世纪末20世纪初比利时最为杰出的设计师与设计理论家，曾参加“二十人小组”。他在1894年发表了《为艺术清除障碍》一文，提出了新艺术的创作原则：根据理性法则和合理结构所创造出来的符合功能的作品，是求得美的第一个条件。他支持新技术，主张艺术与技术的结合，并鲜明地提出了设计中“功能第一”的原则，反对漠视功能的纯装饰主义和纯艺术主义；认为设计应尽量保持材料的天然本性，反对过多的修饰而破坏材料自身的美。在德国魏玛期间，他提出产品设计结构合理、材料运用严格准确、工作程序明确清晰三个设计的基本原则，以期达到工业与艺术的结合，成为现代主义设计的思想奠基人。但他不赞成标准化，后成为他和穆特修斯在“不斗隆论战”中争论的焦点。他为萨穆尔宾的商店进行了室内和家具设计。1906年创办了“魏玛市立工艺学校”，后推荐格罗佩斯担任校长，为以后的包豪斯教育体系打下了基础（图2.26和图2.27）。

图 2.26　威尔德于 1902 ~ 1904 年设计的银质刀叉和瓷盘

图 2.27　威尔德于 1910 年左右为一家网球俱乐部所作的家具和室内设计

2.2　“装饰艺术”运动与现代设计的萌起

2.2.1　“装饰艺术”运动

“装饰艺术”运动是20世纪20 ~ 30年代在法国、英国和美国等国家开展的一场设计艺术运动。它具有手工艺和工业化的双重特点，采用折中主义立场，设法把豪华、奢侈的手工艺制作与代表未来的工业化合二为一，以此产生一种新风格。它的风格特征体现为：主张采用新材料，主张机械美，采用大量新的装饰手法使机械形式及现代特征变得更加自然；其造型语言表现为采用大量几何形、绚丽的色彩，以及表现这些效果的高档材料。这次艺术运动的风格追求华丽的装饰，以满足人们对产品形式美感的需求，但其性质仍是一场形式主义的运动，是一场承上启下的国际性设计运动。“装饰艺术”运动受到同时开展的欧洲现代主义运动的影响，但它强调为上层顾客服务，与强调设计的社会效用的现代主义立场大相径庭。“装饰艺术”运动依旧是一种精英主义设计，不是真正的大众化、民主化的设计（图2.28 ~图2.30）。

图 2.28　“装饰艺术”风格的家具

图 2.29　“装饰艺术”风格的纺织品、墙纸图案

其线条大多取自花梗、花蕾、藤蔓等自然界优美、具有曲线的形体

图 2.30　“装饰艺术”风格的酒店设计

融合了很多阿拉伯元素

2.2.2 德国工业同盟

在赫尔曼·穆特修斯的倡议下，1907年10月成立了旨在促进设计的半官方机构——德国工业同盟。其成员包括了制造商、建筑家和工艺家。德国工业同盟把工业革命和民主革命所改变的社会当作不可避免的现实来客观接受，并利用机械技术开发满足需要的产品。德国工业同盟成立后出版年鉴，开展设计活动，参与企业设计，举办设计展览，尤其具有意义的是他们有关设计的标准化和个人艺术性的讨论，持这两种观念的代表分别是穆特修斯和亨利·凡·德·威尔德。1914年，穆特修斯极力强调产品的标准化，主张"一切活动都应朝着标准化来进行"（图2.31）；而威尔德则认为艺术家本质上是个人主义者，不可能用标准化抑制他们的创造性，若只考虑销售就不会有优良品质的制作。这两种观念代表了工业化发展期人们对现代设计的认识。同盟的中心人物实践者是彼得·贝伦斯，他受聘为德国通用电器公司的设计顾问，为公司设计了厂房、电器、标志、海报及产品说明书等，极好地诠释了现代设计的理念，成为工业设计史上第一个工业设计师（图2.32）。

图 2.31　穆特修斯于 1907 ~ 1908 年设计的弗罗伊登贝格住宅

图 2.32　贝伦斯于 1910 年设计的电钟

2.2.3 荷兰"风格派"

"风格派"源于荷兰绘画艺术风格，但它对设计界的影响巨大，被看作现代主义设计中的重要表现形态之一。荷兰"风格派"运动，既与当时一些主题鲜明、组织结构完整的运动，比如立体主义、未来主义、超现实主义运动不同，并不具有完整的结构和宣言，同时也与类似包豪斯设计学院那样的艺术与设计的院校完全不同。"风格派"是荷兰的一些画家、设计家、建筑师在1917 ~ 1928年组织起来的一个松散的集体，其中主要的促进者及组织者是杜斯伯格，而维系这个集体的中心是这段时间出版的一份称为《风格》的杂志。他的现代艺术思想是：发展出一种中性的、理性的、现代的风格；把传统的建筑、家具、绘画和雕塑及平面设计的特征变成基本的几何结构单体；反复运用基本原色和中性色。“风格派”设计所强调的艺术与科学紧密结合的思想和结构第一的原则，为以包豪斯为代表的现代主义设计运动奠定了思想基础。“风格派”设计的代表作有蒙德里安的“红黄蓝”、里特维德设计的红蓝椅等（图2.33和图2.34）。

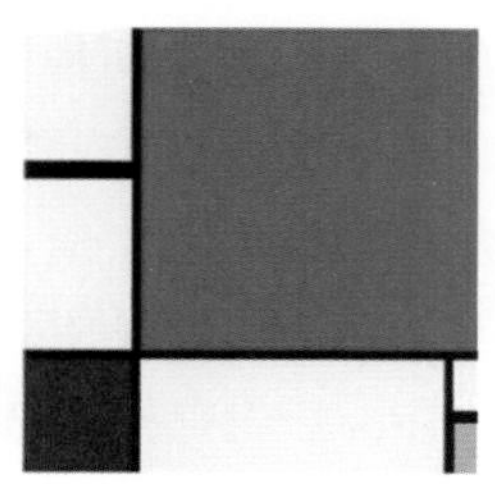

图 2.33 荷兰“风格派”画家蒙德里安代表作品《红黄蓝》

图 2.34 里特维德设计的红蓝椅

2.2.4 俄国“构成主义”

“构成主义”设计运动是十月革命胜利以后，在苏联一批激进的知识分子当中产生的前卫艺术运动和设计运动，是在立体主义影响下派生出来的艺术流派。“构成主义”设计运动的特点：赞美工业文明，崇拜机械结构中的构成方式和现代工业材料；主张用形式的功能作用和结构的合理性来代替艺术的形象性；强调设计为无产阶级政治服务；以结构为设计的出发点，通过抽象的手法，探索事物的实用性，以及新技术条件下产品设计和技术如何结合的新问题，对新的设计语言的产生和现代工业的发展具有革命性的影响。“构成主义”设计运动的主要代表人物有埃尔·里希斯基、弗拉基米尔·塔特林（图2.35和图2.36）、卡西米·马列维奇。

图 2.35 塔特林:《绘画浮雕》

图 2.36 塔特林设计的第三国际塔

2.3 设计运动的代表人物

2.3.1 勒·柯布西耶

现代主义的重要奠基人，法国现代主义建筑运动的杰出代表，20世纪著名建筑师与设计艺术理论家，是现代主义运动中最有影响的三位大师之一，也是其中著书立说最多的一位。柯布西耶的设计思想和他的设计方法，特别是功能主义的追求、经济效益的考虑、现代材料的采用对于现代主义设计的意识形态起着奠基作用。

在《走向新建筑》一书中，提出“住宅是居住的机器”这一名言，主张用机器的理性精神来创造一种满足人类实用要求、功能完美的“居住机器”，提倡工业化的建筑体系。其视觉表现一般是以简单立方体及其变化形式为基础，强调直线、空间、比例、体积等要素，抛弃一切附加的装饰。

图 2.37 勒·柯布西耶

在巴黎国际现代装饰艺术博览会上，柯布西耶设计了著名的“新精神馆”。柯布西耶提出了“新建筑的五个特点”，即底层架空、屋顶花园、自由平面、横向长窗、无装饰自由立面。这些都是由于采用框架结构使墙体不再承重后产生的建筑特点。萨伏伊别墅是其具有这些特点的著名代表作品。第二次世界大战后他又设计了诸如马赛公寓、朗香教堂等具有国际声誉的建筑。在家具设计中，柯布西耶以豪华而舒适的钢管构架躺椅著称于世，几乎成为20世纪优雅生活的象征。

勒·柯布西耶一生著有40余部著作，完成大型建筑设计60余座，倡导过“野性主义”“塑性建筑”等，对现代建筑风格有重要影响（图2.37 ~图2.40）。

图 2.38 勒·柯布西耶设计的建筑：朗香教堂

图 2.39　勒·柯布西耶设计的建筑：萨伏伊别墅

图 2.40　勒·柯布西耶设计的建筑：马赛公寓

2.3.2 密斯·凡·德·罗

著名建筑师，德国工业同盟重要成员，现代主义设计代表人物之一，设计艺术教育家，包豪斯的第三任校长。1907年，他与格罗佩斯同在贝伦斯的设计事务所工作，受贝伦斯的影响很大。1928年提出了著名的功能主义美学口号“少即是多”，提倡纯净简洁的建筑表现。1929年米斯设计了巴塞罗那国际博览会德国馆，突出地运用了现代主义建筑几乎全部的基本特征，特别是为这个建筑设计的家具，著名的现代主义经典椅子——巴塞罗那椅（图2.41），充分表现了德国的民族文化

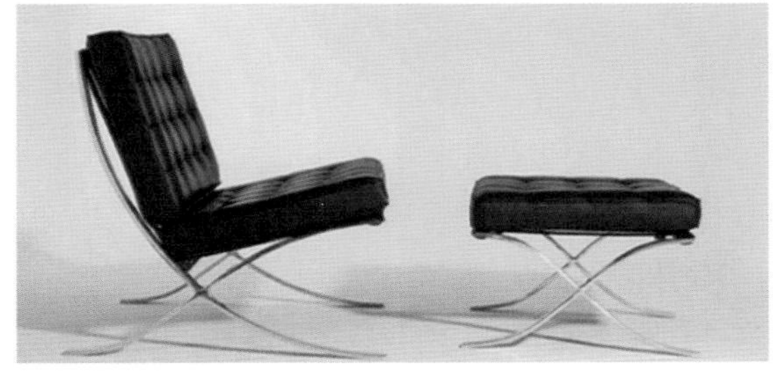

图 2.41　巴塞罗那椅

精神，成为现代设计史上的一座丰碑。作为包豪斯的第三任校长，他首先结束了学校长期受到泛政治思想干预的状况，努力把学校改造成一个单纯的设计教育中心。代表著作《两座摩天大楼》《建筑与时代》等，全面阐述了其建筑设计思想。

2.3.3 弗兰克·赖特

弗兰克·赖特是美国现代主义先驱，著名建筑设计师。师承著名建筑师沙利文，被誉为美国本土建筑的开创者，是西方现代主义建筑美学思想最重要的代表人物之一。赖特继承和发展了沙利文的设计艺术理论思想，并有所创新，明确提出了“有机建筑”的理念。他打破了把建筑单纯封闭为六面体的传统观念，主张空间可以内外贯穿，自由划分。其建筑设计注重建筑与环境的关系。主要作品有东京帝国大厦、流水别墅（图2.42）、古根海姆美术馆；著作有《有机建筑》《消逝的城市》《机器的工艺美术》。

图 2.42　流水别墅

2.3.4 阿尔瓦·阿图

20世纪30年代芬兰颇有影响的设计师，现代主义建筑的奠基人之一，以用工业化生产方法来制造低成本但设计精良的家具著称。他代表了与典型的现代主义风格不同的方向，在强调功能、民主化的同时，探索出一条更加具有人文色彩、更加重视人的心理需求满足的设计道路，奠定了现代斯堪的纳维亚设计风格的理论基础。他热衷于使用木料，因为他认为木料本身具有与人相同的地方——自然性的、温情的。

复杂的木结构、高度统一的风格是其典型设计特征。他善于利用薄而坚硬但又能热弯成型的胶合板来生产轻巧、舒适、紧凑的现代家具，既优雅又不牺牲其舒适性。他使用的材料不仅使他的作品具有一种温馨、人文的情调，而且也有助于降低成本，这推动了国际家具设计的“软”趋势，并预示了“有机现代主义”的基本特征（图2.43）。他的最大贡献在于对包豪斯、国际主义风格的人情化改良，在于设计的人文主义原则。其代表作品有芬兰萨纳萨诸市政厅、伊玛特拉教堂。

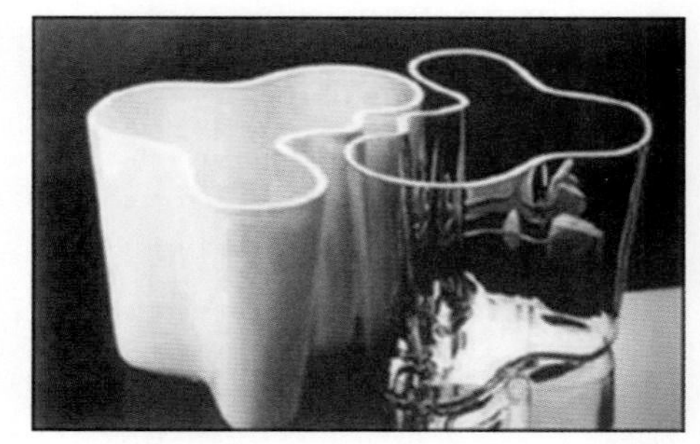

图 2.43　柱面的甘蓝叶花瓶

2.4　现代设计的摇篮——包豪斯

包豪斯是1919年在德国魏玛成立的一所设计学院，这也是世界上第一所推行现代设计教育、有完整的设计教育宗旨和教学体系的学院，其目的是培养新型设计人才，1933年被德国法西斯关闭。包豪斯的建立与发展是拉斯金、莫里斯及后来的德国工业同盟以来的优秀设计思想与20世纪欧洲经济发展的必然结果，它的出现对现代设计理论、现代主义设计教育和实践，以及后来的设计美学思想，都具有划时代意义。

2.4.1　设计思想核心

包豪斯经过设计实践，形成了重视功能、技术和经济因素的正确的设计观念，其设计思想的核心为：坚持艺术与技术的新统一；设计的目的是人而不是产品；设计必须遵循自然与客观的法则进行。这些观点对现代工业设计的发展起到了积极作用，使现代设计逐步由理想主义走向现实主义，即用理性的、科学的思想来替代艺术上的自我表现和浪漫主义。包豪斯的历史虽然比较短暂，但在设计史上的作用是重要的。

2.4.2　现代设计的摇篮

现代设计运动的蓬勃兴起对传统的设计教育体系提出了新的课题，把20世纪以来在设计领域中产生的新概念、新理论、新方法与20世纪以来出现的新技术、新材料的运用，融入一种崭新的设计教育体系之中，创造出一种适合工业化时代的现代设计教育形式，这也是新时代提出的新任务。真正完成这一使命的就是包豪斯。包豪斯培养了整整一个时代的建筑和设计人才，也培育了整整一个时代的建筑和设计风格，被誉为“现代设计的摇篮”。

包豪斯在设计教学中贯彻的方针、方法为：

第一，在设计中提倡自由创造，反对模仿因袭、墨守成规；

第二，将手工艺与机器生产结合起来，提倡在掌握手工艺的同时，了解现代工业的特点，用手工艺的技巧创作高质量的产品，并能供给工厂大批量生产；

第三，强调基础训练，从现代抽象绘画和雕塑发展而来的平面构成、立体构成和色彩构成等基础课程成了包豪斯对现代工业设计作出的最大贡献之一；

第四，实际动手能力和理论素养并重；

第五，把学校教育与社会生产实践结合起来。

2.4.3　包豪斯的深远影响

它对于现代设计乃至人类文明创造的贡献是巨大的，特别是它的设计教育有着深远的影响，其教育体系至今仍被世界大多数国家沿用。

① 包豪斯创立的设计教育体系奠定了现代设计教育的结构基础，伊顿创立的基础课使视觉教育建立在科学的基础之上，而不是个人的感觉基础之上。

② 包豪斯确立了以人为中心，以理性主义为基础的设计观。

③ 在设计观念上，包豪斯建立了以解决问题为中心的设计体系，成为现代设计的理念核心。

图 2.44 马歇尔·布鲁耶设计的钢管桌

④ 包豪斯采用现代材料和标准化生产方式，奠定了现代工业产品设计的基本面貌。

⑤ 包豪斯开始建立与工业界、企业界的联系，让学生体验工业生产和设计之间的关系，开创了设计教育与工业生产联系的先河（图2.44）。

⑥ 包豪斯的设计原则后来被奉为经典现代主义，成为20世纪90年代兴起的新现代主义的典范。

⑦ 1973年以后，包豪斯的大师们先后来到美国，对美国的现代主义设计产生了巨大影响。其后，美国的现代主义设计演变成国际主义风格，并进一步影响到全世界。

2.4.4 包豪斯时期的代表人物

2.4.4.1 瓦尔特·格罗皮乌斯

著名建筑师，德国工业同盟的主要成员，现代主义建筑流派的代表人物之一，包豪斯的创办人，设计艺术教育家与活动家。1910 ~ 1914年独立创办了建筑设计事务所，期间与汉斯·迈耶合作设计了著名的法古斯鞋楦工厂，这也是欧洲第一座真正玻璃结构的建筑。1925年，包豪斯迁到德绍后，他设计了新校舍。他主张设计与工艺的统一，艺术与技术的统一；注重全面提高人类生活环境质量的系统化设计；强调功能、技术与经济效益；强调批量化、机械化、标准化、大众化；将理性主义与功能主义相结合。代表作品有法古斯鞋楦工厂、包豪斯德绍校舍、哈佛大学研究生中心等（图2.45 ~图2.48）。

图 2.45 瓦尔特·格罗皮乌斯

图 2.46 法古斯鞋楦工厂

图 2.47　包豪斯德绍校舍

图 2.48　哈佛大学研究生中心

2.4.4.2　瓦西里·康定斯基

画家、美学家、音乐家、诗人和制作家，抽象主义美术和美学的奠基人，长期活跃于欧洲众多国家。康定斯基是现代抽象艺术理论和实践的奠基人。他的《论艺术精神问题》《关于形式问题》《点·线·面》等都是抽象主义艺术理论的经典之作。康定斯基到包豪斯后，建立了自己独特的基础课。他开设了“自然的分析与研究”“分析绘画”等课程。其教学完全是从抽象的色彩与形体开始的，然后把这些抽象的内容与具体的设计结合起来。他对包豪斯基础课的主要贡献体现在“分析绘画”和“色彩与形体的理论研究”两个方面。包豪斯的基础课程是在1925年迁到德绍之后才逐渐建立起来的，这与康定斯基的工作是分不开的（图2.49 ～图2.51）。

图 2.49　1909 年第一幅抽象作品《即兴创作》

图 2.50　1910 年第一幅水彩抽象画

图 2.51　《光之间》

2.4.4.3 莫霍里·纳吉

纳吉出生于匈牙利，早年以绘画和平面设计为主。纳吉于1921年来到包豪斯，1923年接替伊顿的职务，负责包豪斯的基础课程教学。纳吉强调形式和色彩的理性认识，注重点、线、面的关系，通过实践，使学生了解如何客观地分析二维空间的构成，并进而推广到三维空间的构成上，这就为设计教育奠定了“三大构成”的基础，也意味着包豪斯开始由表现主义转向理性主义。与此同时，纳吉也在金属制品车间担任导师，致力于用金属与玻璃结合的办法教育学生从事实习，为灯具设计开辟了一条新途径，产生了许多包豪斯最有影响的作品。他努力把学生从个人艺术表现的立场转变到比较理性的认识，科学地了解和掌握新技术、新媒介。他指导学生制作的金属制品都具有非常简单的几何造型，同时也具有明确、恰当的功能特征和性能。包豪斯解散后，纳吉于1937年在美国芝加哥成立了新包豪斯，作为原包豪斯的延续，将一种新的方法引入了美国的创造性教育（图2.52）。

图 2.52 纳吉为《包豪斯丛书》的广告说明设计的封面

2.5 现代主义之后的设计

2.5.1 国际主义设计

现代主义经过在美国的发展成为战后的国际主义风格。这种风格在二十世纪六七十年代发展到登峰造极的地步，影响了世界各国的设计。国际主义设计具有形式简单、反装饰性、系统化等特点，设计方式上受“少即是多”原则影响较深，20世纪80年代下半期发展为形式上的减少主义。从根源上看，美国的国际主义与战前欧洲的现代主义运动是同源的，是包豪斯领导人来到美国后发展出的新的现代主义。但从意识形态上看，二者却有很大差异，现代主义的民主色彩、乌托邦色彩荡然无存，变为一种单纯的商业风格，变成了“为形式而形式”的形式主义追求。20世纪80年代以后国际主义开始衰退，简单理性、缺乏人情味、风格单一、漠视功能引起青年一代的不满是国际主义式微的主要原因（图2.53）。

图 2.53 密斯·凡·德·罗和菲利普·约翰逊设计的西格拉姆大厦

2.5.2 后现代主义设计

20世纪60年代以后，西方一些国家相继进入了“丰裕型社会”，注重功能的现代设计的一些弊端逐渐显现出来，功能主义从20世纪60年代末期的被质疑发展到了严重的减退和危机。生活富裕的人们再也不能满足功能所带来的有限价值，而需求更多更美更富装饰性和人性化的产品设计，催生了一个多元化设计时代的到来。1977年，美国建筑师、评论家查尔斯·詹克斯在《后现代建筑语言》一书中将这一设计思潮明确称作“后现代主义”。

后现代主义的影响首先体现在建筑领域，而后迅速波及其他领域如文学、哲学、批评理论及设计领域中。一部分建筑师开始在古典主义的装饰传统中寻找创作的灵感，以简化、夸张、变形、组合等手法，采用历史建筑及装饰的局部或部件作元素进行设计。后现代主义最早的宣言是美国建筑师文丘里于1966年出版的《建筑的复杂性与矛盾性》一书。文丘里的建筑理论“少就是乏味”的口号是与现代主义“少即是多”的信条针锋相对的。另一位后现代主义的发言人斯特恩把后现代主义的主要特征归结为三点：文脉主义、隐喻主义和装饰主义。他强调建筑的历史文化内涵、建筑与环境的关系和建筑的象征性，并把装饰作为建筑不可分割的部分。后现代主义在20世纪70 ~ 80年代的建筑界和设计界掀起了轩然大波。在产品设计界，后现代主义的重要代表是意大利的“孟菲斯”设计集团。针对现代主义后期出现的单调的、缺乏人情味的理性而冷酷的面貌，后现代主义以追求富于人性的、装饰的、变化的、个人的、传统的、表现的形式，塑造多元化的设计特征。

图 2.54 罗伯特·文丘里为其母亲设计的栗子山庄别墅

图2.54所示为文丘里为其母亲设计的别墅，住宅采用坡顶，它是传统概念可以遮风挡雨的符号。主立面总体上是对称的，细部处理则是不对称的，窗孔的大小和位置是根据内部

功能的需要进行设计的。山墙的正中央留有阴影缺口，似乎将建筑分为两半，而入口门洞上方又装饰弧线似乎有意将左右两部分连为整体，成为互相矛盾的处理手法。平面的结构体系是简单的对称，功能布局在中轴线两侧则是不对称的。中央是开敞的起居厅，左边是卧室和卫浴，右边是餐厅、厨房和后院，反映出古典对称布局与现代生活的矛盾。楼梯与壁炉，烟囱互相争夺中心则是细部处理的矛盾，解决矛盾的方法是互相让步，烟囱微微偏向一侧，楼梯则是遇到烟囱后变狭，形成折中的方案。虽然楼梯不顺畅但加宽部分的下方可以作为休息的空间，加宽的楼梯也可以放点东西，二楼的小暗楼虽然也很别扭但可以擦洗高窗。既大又小指的是入口，门洞开口很大，凹廊进深很小。既开敞又封闭指的是二层后侧，开敞的半圆落地窗与高大的女儿墙。文丘里自称是“设计了一个大尺度的小住宅”，因为大尺度在立面上有利于取得对称效果，大尺度的对称在视觉效果上会淡化不对称的细部处理。平面上的大尺度可以减少隔墙，使空间灵活、经济。

2.5.3 高技术风格

高技术风格源于20世纪20 ～ 30年代的机器美学，反映了当时以机械为代表的技术特征。其实质是把现代主义设计的技术因素提炼出来，加以夸张处理，形成一种符号的效果，赋予工业结构、工业构造和机械部件以一种新的美学价值和意义，表现出非人情化和过于冷漠的特点。高科技风格是现代技术在设计艺术中应用的具体体现，其特征是强调技术特征和商品味，首先表现在建筑领域，而后发展到产品设计之中。高技术风格最为轰动的作品是英国建筑师皮亚诺和罗杰斯设计的巴黎乔治·蓬皮杜国家艺术文化中心（图2.55）。

图 2.55 巴黎乔治·蓬皮杜国家艺术文化中心

2.5.4 波普风格

波普风格又称“流行风格”，它代表着20世纪60年代工业设计追求形式上的异化及娱乐化的表现主义倾向。从设计上来说，波普风格并不是一种单纯的、一致性的风格，而是多种风格的混杂。它追求大众化、通俗的趣味，在设计中强调新奇与独特，并大胆采用艳俗的色彩。波普艺术设计产生于20世纪50年代中期，一群青年艺术家有感于大众文化的兴趣，而以社会生活中最大众化的形象作为设计表现的主题，以夸张、变形、组合等诸多手法从事设计，形成特有的流派和风格。波普艺术设计的主要活动中心在英国和美国，反映了第二次世界大战后成长起来的青年一代的社会与文化价值观，力图表现自我，追求标新立异的心理。波普设计打破了第二次世界大战后工业设计局限于现代国际主义风格过于严肃、冷漠、单一的面貌，代之以诙谐、富于人性和多元化的设计，它是对现代主义设计风格具有戏谑性的挑战。设计师在室内、家具、服饰等方面进行了大胆的探索和创新，其设计挣脱了一切传统束缚，具有鲜明的时代特征。其市场目标是青少年群体，迎合了青年桀骜不驯、玩世不恭的生活态度及其标新求异、用毕即弃的消费心态。由于波普风格缺乏社会文化的坚实依据，很快便消失了。波普风格设计的本质是形式主义的，它违背了工业生产中的经济法则、人机工程学原理等工业设计的基本原则，因而昙花一现。但是波普设计的影响是广泛的，特别是在利用色彩和表现形式方面为设计领域吹进了一股新鲜空气（图2.56 ~ 图2.58）。

图 2.56　波普艺术风格服饰

图 2.57　波普艺术风格室内装修

图 2.58　波普艺术风格海报

2.5.5 解构主义风格

图 2.59 弗兰克・盖里设计的迪斯尼音乐厅

解构主义是对正统原则、正统秩序的批判与否定。它从“结构主义”中演化而来，其实是对“结构主义”的破坏和分解。解构主义风格的特征是把完整的现代主义、结构主义、建筑整体破碎处理，然后重新组合，形成破碎的空间和形态。它是具有很大个人性、随意性的表现特征的设计探索风格，是对正统的现代主义、国际主义原则和标准的否定和批判。代表人物有弗兰克・盖里（图2.59 ~图2.61）和彼得・埃森曼。

图 2.60 意大利维罗纳 Castelvecchio 博物馆庭院景观设计

图 2.61 公共候车亭设计

2.5.6 新现代主义风格

20世纪60年代后，设计领域出现了一种复兴20世纪20 ~ 30年代的现代主义，它是一种对于现代主义进行重新研究和探索发展的设计风格，坚持了现代主义的一些设计元素，在此基础上又加入了新的简单形式的象征意义。因此，“新现代主义风格”既具有现代主义严谨的功能主义和理性主义特征，又具有独特的个人表现。

“新现代主义风格”有着现代主义简洁明快的特征，但不像现代主义那样单调和冷漠，而是带点后现代主义活泼的特色，是一种变化中有严谨、严肃中见活泼的设计风格。这种独特的设计风格在20世纪60 ~ 70年代极为流行的同时也深深影响了后来的设计界，以至于在当代的一些展览展示设计中依然得到追捧。

“新现代主义风格”所强调的是几何形结构以及白色、无装饰的、高度功能主义形式的设计风格。在现代的一些展览展示设计中，这种设计风格被广泛借鉴和利用，比如苏州博物馆的设计，成为苏州著名的传统而不失现代感的建筑。整个屋顶由各种简单的几何形方块组成，看似比较单调，给人一种冷冷的感觉。但设计师将这些看似死板的几何形方块运用科技的力量打造出了一种奇妙的几何形效果，有趣活泼，摆脱了呆板的现状；而且玻璃屋顶与石屋顶的有机结合，金属遮阳片与怀旧木架结构的巧妙使用，将自然光线投射到馆内展区，既方便了参观者，又营造了一种“诗中有画，画中有诗”的意境美，这充分体现了“新现代主义风格”所追求的功能主义审美倾向。除此之外，博物馆的外观上无太多装饰，大部分采用苏州当地住宅的特色，白墙灰砖，原始自然，为原本生硬的几何造型平添了几分诗意。

图 2.62　苏州博物馆

苏州博物馆的设计无论是在外观上还是内部结构上都体现了作为一个文化展览展示平台所应具备的特征，同时也有效地向公众展现了苏州当地的历史文化，这样具有“新现代主义风格”特征的设计打破了传统展览展示的模式，新颖大胆且富有创意。所以说，苏州博物馆的设计是“新现代主义风格”的典型产物（图2.62）。

2.5.7 绿色设计

又称为“生态设计”“生命周期设计”，是20世纪90年代开始兴起的一种新的设计方式。绿色设计源于人们对现代技术文化所引起的环境及生态破坏的反思，体现了设计师的道德和社会责任心的回归。设计师转向从深层次上探索工业设计与人类可持续发展的关系，力图通过设计活动，在人、社会、环境之间建立起一种协调发展的机制。

绿色设计着眼于人与自然的生态平衡关系，在设计过程的每一个决策中都充分考虑到环境效益，尽量减少对环境的破坏。不仅要尽量减少物质和能量的消耗、减少有害物质的排放，而且要使产品及零部件能够方便地分类回收并再生循环或重新利用。

绿色设计的核心原则是3R原则：减少原则（reduce），减少对物质和能源的消耗及有害物质的排放；再使用原则（reuse），设计时要使产品及其零部件经过处理之后能继续被使用；再循环原则（recycling），即设计应考虑产品材料的可回收性。

绿色设计是从产品制造业延伸到产品包装、产品宣传及产品营销各个环节，并且进一步扩展至全社会的绿色服务意识、绿色文化意识等领域，是一个牵动着全社会的生产、消费与文化的整体行为。

绿色设计不仅是一种技术层面的考量，更重要的是一种观念上的变革，要求设计师

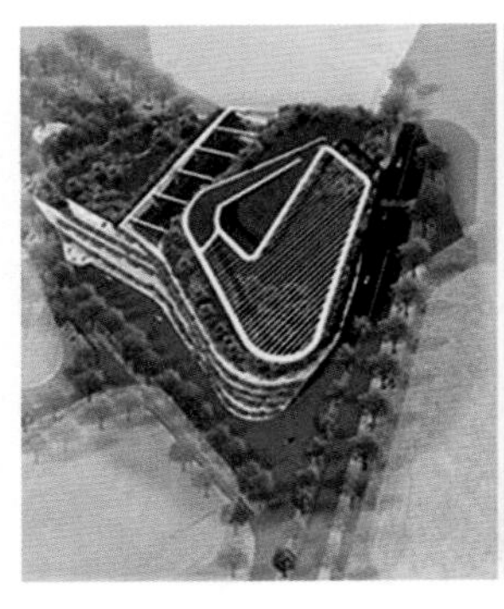

图 2.63　新加坡融合城市绿色摩天大厦

放弃那种过分强调产品在外观上标新立异的做法，而是以一种更负责任的方法去创造产品的形态，用更简洁、更长久的造型使产品尽可能地延长使用寿命。绿色设计旨在营造更美好的生活环境，重新审视自然界与人类的共生方式，在满足人的生理和心理需要的同时，又注意人与自然环境的和谐共处。

图2.63所示的绿色摩天大厦由国际著名的生态建筑大师杨经文所设计，它将是一个完全依靠自己的生态系统，其中包括许多环境友好型设计理念。这些设计将是其中居民健康的保证。

2.6　代表性国家的设计发展

20世纪初，自德国开始倡导工业设计的活动之后，其他如英国、法国、意大利等国家也纷纷开始推动工业设计的政策，并在第二次世界大战后流传到美国、加拿大及亚洲的日本、韩国和中国台湾地区。在20世纪中期，“工业设计”已渐渐地立足于当代的工业社会，它应用了工业生产的技术与新型材料，并考虑使用者本身需求，为使用者的各种需求条件量身定做。一般以强大工业为基础的国家，发展工业设计的脚步就非常快，因为当时的设计产物都以量产的方式，也就是以工业制造生产商品和生活用品。下面就将近代各大工业国的工业设计特色现况进行详述（表2.1）。

表 2.1　近代各大工业国的工业设计特色

德国的设计	借由强大的工业基础，将工业生产的观念带进了设计的标准化理念，成功地将设计活动推向现代化。包豪斯时期，将工业设计的理念延续，融合了艺术元素；将“美学”的概念带入了设计，除了改进标准化之外，更加强了功能性的需求
意大利的设计	流线型风格，细腻的表面处理创造出一种更为优美、典雅、独特的具高度感、雕塑感的产品风格，表现出积极的现代感。其形态充满了国家的文化特质，以鲜艳的色彩搭配了中古时期优雅的线条
英国的设计	在产品设计上，传统的皇室风格是他们的设计守则，其特色多为展示视觉的荣耀、尊贵感，从他们的器皿、家具、服饰都可以看得出来，精美的手工纹雕形态，以及曲线和花纹的设计，透露出保守的作风
北欧各国的设计	北欧设计究竟美在哪里？最简单的说法，就是从生活上的每一个动作或是地方，让生活里的每一件平凡事物变成美丽的态度；最终目的，乃是追求美的表现与优质生活，无论是餐厅侍者的动作或谈吐，街上的垃圾筒或是候车亭，简单朴实但都重视品味，不过分装饰。服饰、建筑、公共艺术、餐厅内部、杯子、椅子等大大小小的每一样都有经过精心的设计考虑，甚至于医院排队领药的过程也有设计，一切都是在追求最美的感受

续表

美国的设计	有流线型所遗留下来的自由风格，并学习了德国的功能主义，产品中强化功能性的操作接口，由于有着深厚的科技与工业技术，着重于材料与技术的改良，并持续发展整合性的产品，到了 2000 年后，尤其是引进了数字科技，在电子、生活产品设计上，创新了许多新的面貌，产品强调的智慧型与人性化的界面设计，苹果电脑就是一个相当成功的例子
日本的设计	源由传统的工艺与文化之形态、材质的精神，追求简朴、自然，以童稚的纯真、最基本的元素，注入了更多的创意，并能以严谨、内敛的细腻与雅致的态度，在产品的造型上追求创新并融入典雅的协调，让传统的文化工艺美学重新得到了消费者的尊重与喜好，知名的设计师包括喜多俊之、原研哉、深泽直人、安藤忠雄等
韩国的设计	韩国人在传统严格的伦理意识之上，多了强调不断创新、讲究效率的西方管理风格和企业文化，并且在产品设计中加入了时尚的元素，提升了设计的品位，在服装、汽车、消费电子产品方面的设计都很有作为

2.6.1 德国设计

德国素有“设计之母”的称号，为催生现代设计最早的国家之一，也是全世界先进国家中最致力于推动设计的国家。对德国设计发展最有影响力的组织主要有三个：德国工作联盟（The DeutscheWerkbu）、包豪斯（Bauhaus）和乌尔姆设计学院（The Ulm Hoschschule）。在第一次世界大战前，德国工作联盟在1907年已开始发展设计，借由强大的工业基础，将工业生产的观念带进了设计的标准化理念，成功地将设计活动推向现代化。

到了包豪斯时期，更将工业设计的理念延续，并融入了艺术元素；而他们将美学的概念带入设计，除了改进标准化之外，更加强了功能性的需求。德国在1945年第二次世界大战后，努力复兴他们先前在设计上的成就。在工程方面，机械形式加速标准化和系统化，是设计师和制造商的最爱。技术美学思想发展最快的是在20世纪50年代的乌尔姆设计学院，其确立了德国在战后出现“新机能主义”的基础。该校师生所设计的各种产品，都具备了高度形式化、几何化、标准化的特色，其所传达的机械美学，确实继承了包豪斯的精神，并将功能美学持续发展。除此之外，还引入了人因工程和心理感知的因素，使设计出的产品更合乎人性化的原则，形成高质量的设计风格。

德国的设计教育理念，更影响到世界各地。由于受到包豪斯的影响，战后的德国设计活动复苏得很快，并秉持着现代主义的理性风格，以及系统化、科技性及美学的考虑，其产品形态多以几何造型为主。例如，布朗公司（Braun）所生产的家电产品就是以几何形为设计风格。德国的设计对工业材料的使用相当谨慎，不断地研究新生产技术，以技术的优点来突破不可能的设计瓶颈，并以工业与科技的结合带领设计的发展与研究。此种风格也影响到后来日本的设计形式。而乌尔姆（Ulm）和电器制造商布朗（Braun）的设计关系密切，奠定了德国新理性主义的基础。

1956年布朗公司推出了著名的SK4唱机（图2.64）（称为白雪公主的棺材），它的设计者便是我们熟知并且敬仰的德国工业设计大师迪特·拉姆斯。不久，迪特·拉姆斯便成为布朗最具影响力的设计师并且领导布朗的设计队伍近30年之久，很多他当时的设计作品已经被现代艺术博物馆永久珍藏。

图 2.64　SK4 唱机

其旗下的钟表部门于2014年初推出了“BN0111”新款运动手表（图2.65）。采用20世纪70年代的复古风格与鲜艳的配色，表盘秉承了德国简洁的设计美学，并具有160英尺（1英尺=0.3048米）深度的防水特性以及多功能小表盘设计。

图 2.65　“BN0111”新款运动概念腕表系列

由乌尔姆设计学院带领的理性设计理论，将数学、人因工程、心理学、语意学和价值工程等严谨的科学知识应用到实务设计方法上，这是现代设计理论最重要的改革发展，也深受欧美各国的赞赏，并纷纷采用。至今，德国所设计的汽车、光学仪器、家电用品、机械产品、电子产品，受到全世界消费者的爱好、使用，这都要归功于早期设计拓荒者对于德国设计运动的贡献。

德国的工业企业一向以高质量的产品著称世界，德国产品代表优秀产品，德国的汽车、机械、仪器、消费产品等，都具有非常高的品质。这种工业生产的水平，更加提高了德国设计的水平和影响。意大利汽车设计家乔治托·吉奥几亚罗为德国汽车公司设计汽车，德国生产的意大利设计师设计的汽车，却比同一个人在意大利设计的汽车要好得多，因而显示出问题的另外一个方面：产品质量对于设计水平的促进作用。德国不少企业都有非常杰出的设计，同时有非常杰出的质量水平，比如克鲁博公司（Krups）、艾科公司、梅里塔公司（Melitta）、西门子公司、双立人公司等，德国汽车的设计与质量则更是世界著名的。这些因素造成德国设计的坚实面貌：理性化、高质量、可靠、功能化、冷漠特征（图2.66 ~图2.70）。

图 2.66　Krups B100 Beertender 啤酒机

图 2.67　Melitta 咖啡机

图 2.68　西门子 KM40FS20Ti 冰箱

图 2.69　双立人 TWIVIGL 锅具三件套

图 2.70　保时捷汽车

德国的企业在20世纪80年代以来面临进入国际市场的激烈竞争。德国的设计虽然具有以上那些优点，但是以不变应万变的德国设计在以美国有计划的废止制度为中心的消费主义设计原则造成的日新月异、五花八门的新形式产品面前，已经非常困窘了。因此，出现了一些新的独立设计事务所，以为企业提供能够与美国、日本这些高度商业化国家的设计进行竞争的服务。其中最显著的一家设计公司，就是青蛙设计。这个公司完全放弃了德国传统现代主义的刻板、理性、功能主义的设计原则，发挥形式主义的力量，设计出各种非常新潮的产品来，为德国的设计提出了新的发展方向。对于青蛙设计的这种探索，德国设计理论界是有很大争议的，其中比较多的人认为虽然青蛙设计具有前卫和新潮的特点，但它是商业味道浓厚的美国式设计的影响产物，或者受到前卫的、反潮流的意大利设计的影响。因此，青蛙设计不是德国的，不能代表德国设计的核心和实质。这个问题依然在争论之中，而德国越来越多的企业开始尝试走两条道路：德国式的理性主义，主要为欧洲和德国本身的市场服务；国际主义的、前卫的、商业的设计，主要为广泛的国际市场服务。

在平面设计方面，德国也同样有自己鲜明的特点。德国功能主义、理性主义的平面设计也是从乌尔姆设计学院发展起来的。乌尔姆设计学院的奠基人之一德国杰出的设计家奥托·艾舍在形成德国平面设计的理性风格上起到很大的作用。他主张平面设计的理性和功能特点，强调设计应该在网格上进行，才可以达到高度次序化的功能目的。他的平面设计的中心是要求设计能够让使用者用最短的时间阅读，能够在阅读平面设计文字或者图形、图像时拥有最高的准确性和最低的了解误差。1972年，艾舍为在德国慕尼黑举办的世界奥林匹克运动会设计全部标志，他运用自己的这个原则，设计出非常理性化、功能非常好的整套标志来。通过奥林匹克运动会，他的平面设计理论和风格影响了德国和世界各国的平面设计行业，成为新理性主义平面设计风格的基础。

这届奥运会充分体现了德国功能主义的核心价值，其标志设计明显受到了光效应主义和构成主义的影响。Otl Aicher在色彩的运用上特意回避了德国的专色——红与黑，而是用冷静而不乏活力的蓝绿搭配贯穿，这届奥运会的系统设计可以说是瑞士国际风格最辉煌的代表，也是Otl Aicher自己的最得意之作。从这届奥运会的门票设计就可以看到Otl Aicher所提倡的功能之上和少就是多的设计理念，通过色彩、图表和网格对各类信息进行规范和系统管理。Otl Aicher从平面视觉体系到场馆规划、指示系统等进行了全方位的整合（图2.71 ~图2.74）。

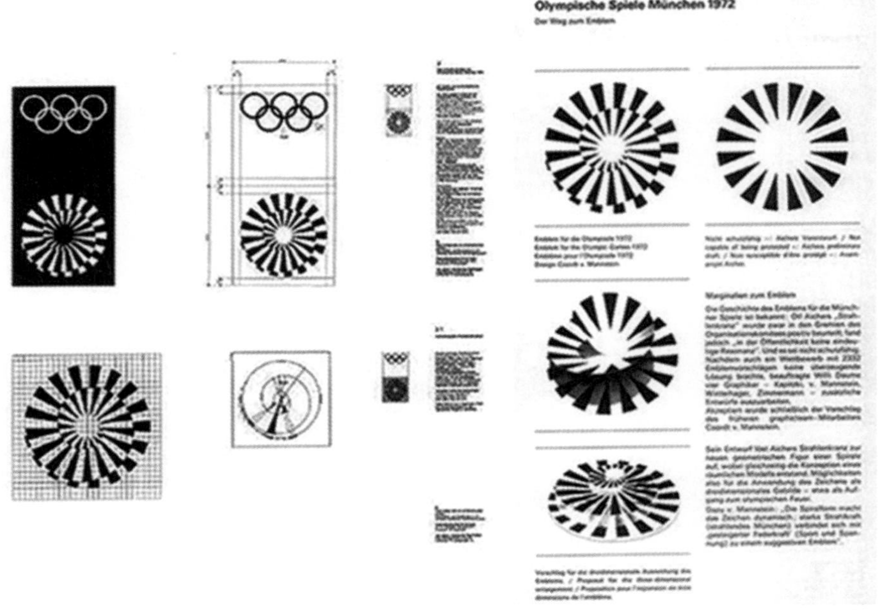

图 2.71　右上为第一个被拒绝的设计，左上是由 Coordt von Mannstein 完成的最终设计

图 2.72　Aicher 使用网格设计 180 个图标的例子

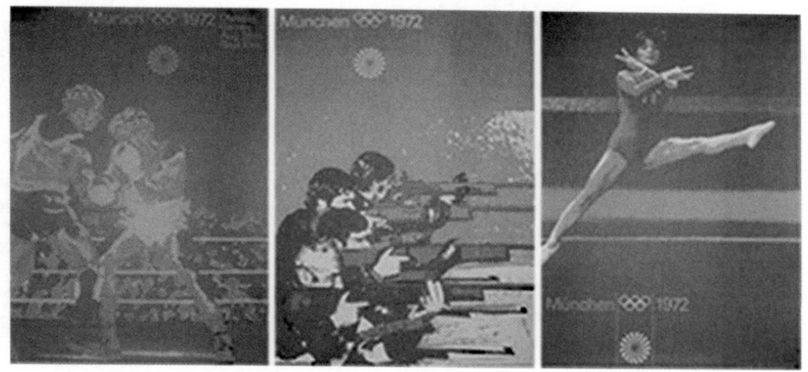

图 2.73　Aicher 使用运动员的图形设计海报，表现聚集在奥运会的不同国家

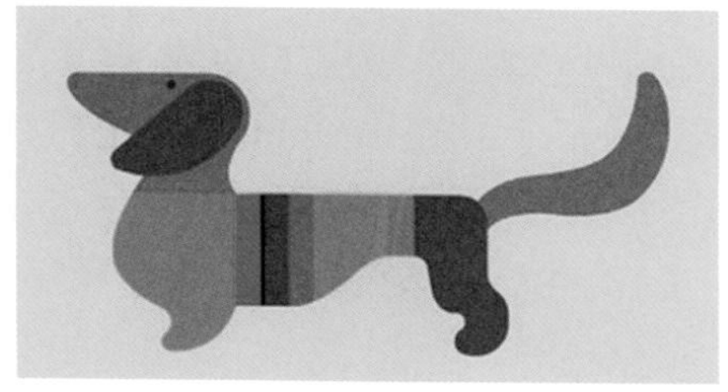

图 2.74　慕尼黑奥运会吉祥物 Waldi

德国几个重要的设计中心，比如杜塞尔多夫、斯图加特、科隆、法兰克福等，都有非常强有力的平面设计集团。到了20世纪90年代，高科技的应用，无论在汽车还是家电工业产品上的设计皆有更新的突破。

2.6.2 美国设计

美国在20世纪初期的工业设计发展中，追求一种物质文化的享受（material culture）。30年代在美国设计事业上有几个重要的突破：率先创造了许多独立的工业设计行业；设计师们自己开业，保留自由的立场而为大型制造公司工作。这些美国新一代的设计师专业背景各异，不少曾经从事与展示设计或是平面设计相关的行业，如橱窗设计、舞台设计、广告牌绘画、杂志插画等，不少人甚至没有正式的高等教育背景。他们设计的对象也比较繁杂，在他们承接的工业设计事务中，从汽水到火车头设计都有。

在第二次世界大战后，美国国力突起，工业引领了设计活动，而经济的进步带领了美国人热络的消费。在电子科技引入商业策略方面，美国Sears Robebuck公司首先提供邮购及电视购物的服务，促进美国人大量的消费行为。

图 2.75　大型购物中心

在美国的许多郊区，盖了一些大型购物中心（Shopping Mall）（图2.75），不仅提供给人民大量的产品消费来源，也借此带动国人的休闲风潮，以逛购物中心作为休闲的主要活动，整体提升了美国人的生活水平。而在设计策略的规划下，倾向物质文化社会，家庭生活因而成为美国人最重要的生活重心，凝聚了家庭的团结力。他们重视休闲与家庭的团聚，设计的产物攻占了家庭生活圈，电视是当时美国人家庭生活的重心之一；而由于他们的生活方式与幽默感的特质，喜欢聚集在一起谈论。在家庭生活中，厨房是作为谈话、聚集的场所，这与日本人完全以工作为重心的生活形态，有很大的差别。

另外在建筑方面，20世纪初期，美国人带领建筑界发展所谓的摩天大楼（skyscrapers），在各大都市盖起以商业办公为主的高楼大厦。例如，美国纽约市的帝国大厦（Pan-American Exposition Empire State Building）（图2.76）、芝加哥的史考特百货公司（Carson Pirie Scott）（图2.77），都归因于科技的进步给美国建筑设计带来的发展。美国人的求新与冒险精神，使设计活动在美国本土大量地发展，并扎下很深的根基，促使美国成为全世界最大的产品消费市场。由于美国政府与民间企业极力投资高科技的研究，举凡计算机、电子技术、材料改良、太空计划、医学工程、工业技术、生产制程、能源开发等，都在刺激设计整合行为的发展。也因此，美国的工业设计在战后急速地进步，并使得美国成为世界第一强国。

图 2.76　帝国大厦

图 2.77　史考特百货公司

美国的工业设计理念倡导简单和品质，并大量地发挥于工商业的消费，在第二次世界大战后的50 ～ 70年代，是美国设计活动最活跃的时期。一位法国的设计大师雷蒙・罗维（Raymond Loewy），在第一次世界大战后来到美国，为美国各大企业设计了大量的商品或交通工具，成为家喻户晓的设计师，他的设计理念为“设计就是经营商业”，且相当注重产品的外观，对后代的设计师影响非常深刻（图2.78）。雷氏最先从事杂志插画设计和橱窗设计，在1929年受到企业家委托设计格斯特耐复印机（Gestetner）而开启了他的设计生涯。他采用全面简化外形的方法，把一个原来张牙舞爪的机器设计成一个整体感非常强、功能非常好的产品，得到极佳的市场反应。到2000年，后起之秀——Apple计算机，经过其设计师重新诠释计算机的接口，创造了在全世界大受欢迎的iBook、iPod及iPhone，成功转换了工业设计的新思维理念，打破了传统黑盒子式的电子产品形象，成功地奠定了Apple在计算机市场的地位（图2.79 ～图2.81）。

图 2.78　1955 年罗维重新设计了可口可乐的玻璃瓶

图 2.79　iPod nano

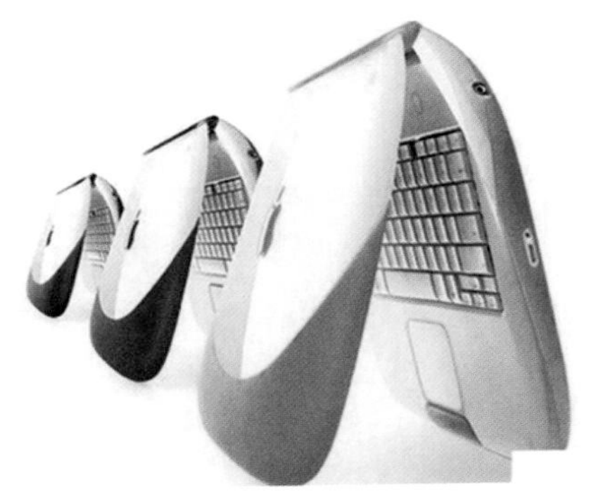

图 2.80　iBook

图 2.81　iPhone 5S

2.6.3　英国设计

英国的设计被专家评判为：有风范、坦率、普通、不极端、结实、诚实、适度、家常、缺少技巧、缺少魔力、沉默寡言、清楚的和简单的感觉，因其一直执着于工业技术主导设计，无法接受美学的论点。英国的设计风格在设计史上占有相当重要的地位，主要因为英国是工业革命的发源地，而后又有抗争工业革命的美术工艺运动和新艺术运动。但到了20世纪后，其设计文化与技术有了极大的改变，这与整个英国的保守与皇室民族性有着相当大的关系。

由于受到19世纪的美术工艺运动及战后经济萧条的影响，英国工业设计的发展并无显著进步，尤其在五十至六十年代，设计的发展并无现代社会、文化的融入，乃是学习美国和意大利的流行设计风格。虽然英国也是最早发起工业设计运动的国家之一，但是受到保守的古老文化传统影响，工业设计发展受到很大的限制。尤其战后的工业一蹶不振，传统的制造业与冶金工业无法与美国和德国的新兴工业（精密电子、计算机科技）国家相比，所以无法以技术带领设计的发展。

英国在设计行业中较有成就的有建筑和室内空间设计，英国皇家建筑师学会（Royal Institute of British Architects）设有全世界最有制度及最完善的建筑工程管理制度，其在行政管理、估价、施工、材料、设计流程、设计法规等守则方面最有系统的组织。一些早期的设计方法论、设计流程、设计史等设计理论，都是由英国许多学者着手创始的。英国还出现了几位世界级的建筑大师，如设计法国巴黎乔治·蓬皮杜国家艺术文化中心的理查·罗杰斯（Richard Rogers）、设计德国斯图加特新国立美术馆的詹姆斯·斯特林（James Stirling）等。在产品设计上，英国的设计以传统的皇室风格为他们的设计守则，其特色多为展示视觉的荣耀、尊贵感，从他们的器皿、家具、服饰都可以看出，精美的手工纹雕形态及曲线和花纹的设计，仍存在保守的作风。到了20世纪80年代，一些年轻的设计师纷纷出现，他们有了新的理念和方法，才渐渐地卸掉多年来的包袱，开始追求现代科技的新设计。

2.6.4 意大利设计

意大利在战后的政局稳定，而社会、经济、文化的进步，使工业如雨后春笋般蓬勃。经过短短的半个世纪，其从世界大战的废墟中蜕变成一个工业大国，而它的设计在国家繁荣富强的过程中，也扮演着重要的角色。1945 ~ 1955年，为奠定意大利现代设计风貌的重要阶段。20世纪50年代意大利在设计中崛起，由于战后来自美国大规模的经济援助与工业技术援助，顺带将美国的工业生产模式引入意大利，进而出现了一系列世界级的设计成果。比如，汽车设计、时装设计、家具设计、首饰设计等，创造了自己精巧的独特设计风格。一直到今天，众多产业如服装、家具、生活用品、汽车等，意大利设计均是全世界顶尖设计的代名词。

战后美国的流线型风格对意大利设计有重大的影响。意大利的设计概念来自美国产品的流线型风格，细腻的表面处理创造出一种更为优美、典雅、独特，并具有高度雕塑感的产品风格，表现出积极的现代感。意大利多年来盛享设计王国的美名，从流行服饰、居家用品、家具、汽车等，都有惊人的成果。尤其在20世纪70年代兴起的后现代主义风格，更是独占世界设计流行的鳌头。例如，Studio Alchymia和Memphis两个设计工作室创作了许多知名的作品。意大利拥有其他各国所没有的古文化艺术遗产，然而这个具有相当历史意义的国家，因接二连三受到战争的摧残，必须承担接踵而至的家园重建工作。故从1950 ~ 1970年，意大利的设计师便透过重建工作中最重要的建筑学成为主导工业的发展依据，以“形随机能”的理念，开始建立起设计产品的特色，开拓更多的海外市场。而意大利许多生活用品在设计时，以塑料材料模仿其他材料，发展独特的美学工业产品风格。例如，具后现代主义风格的意大利Alessi设计公司，以设计家庭厨房用品闻名于世，他们聘请了许多知名设计师，使用了大量的不锈钢和塑料材料，发展出有欧洲文化风格之创意商品。

意大利的设计文化和德国设计理念完全相反，意大利人将设计视为文化的传承，其设计完全以本国文化为出发点，所以设计风格不像德国的理性主义化，为使用几何形状和线条来发展商品的形式。意大利的设计师自理性设计中寻求变化、感性的民族特色，这可以从意大利的汽车充满流线造型和迷人的家具设计中看出。尤其是家具的风格设计，更是意大利的设计专长。意大利的设计风格，并未受到现代设计主义太多的影响，其形态充满了国家的文化特质，以鲜艳的色彩搭配中古时期优雅的线条，仿佛又回到了古罗马时代。而在后现代时期著名的阿及米亚（Alchymia）设计群、阿莱西（Alessi）梦工场和梦菲斯（ Memphis）设计群，大多为意大利的设计师，他们更以颠覆传统设计原则的理念为出发点，设计出令人难以忘怀的前卫性作品，利用大众文化的象征性表现了他们对设计的另类看法和一种对设计的自我想象力。由此可见，意大利的设计与文化是分不开的。

每逢米兰家具展开幕，人们总是期待意大利最为著名的家具品牌阿莱西（Alessi）又会带来什么惊人设计。这个号称“设计引擎”的阿莱西总是不负众望，每一次都以完美的细节和独特的设计理念令众人折服。

Alessi，这个由铁匠Giovanni Alessi在1921年创办起来的公司，历经90多年的发展，从铸造性、机械性的制造工厂转型成一个积极研究应用美术的创作工厂。它闻名世界的手工抛光金属技艺，繁复的零件组合，直到今日仍无人能及。从早期为皇室打造纯银宫廷用品，到近期的波普风塑胶生活用品，Alessi跨越了将近一个世纪，记录着当代艺术的精华。在历经工艺美术运动、包豪斯运动之后，阿莱西渐渐悟出属于自己的设计理念：在不同产品类型、风格和价格水平上最杰出的当代设计。成熟理念的形成一方面与阿莱西三代经营者的孜孜以求关系密切，另一方面则要感谢与阿莱西签约的众多知名设计师，他们深刻地领悟了阿莱西的设计理念与设计风格，在结合自我特点的基础上，将每一件作品都制作成一件艺术品。一些经典产品如史帝芬诺·乔凡诺尼（Stefano Giovannoni）和乔托·凡度里尼（Guido Venturini）设计的“Lttle Man”系列镂空篮子，亚力山卓·麦狄尼（Alessanfro Mendini）设计的Anna肖像系列家居用品、菲利浦·斯塔克（Philippe Starck）设计的榨汁机等都已写入了设计教科书中，成为设计经典范例（图2.82 ~图2.87）。

图 2.82 菲利浦·斯塔克为阿莱西设计的柠檬榨汁机被视为工业设计的偶像作品

在2011年的家具展上，它开始尝试将产品扩展到照明领域，推出了“Alessilux”系列灯泡，这10个形态可爱、富有个性、充满故事的小灯泡迅速受到外界追捧（图2.88）。

而另一款“vienna”小灯则形如维也纳歌剧院吊灯上的一颗水晶，令人想起莫扎特和施特劳斯的音乐。灯泡的出现为世界带来希望之光。设计师意图通过“vienna”重回灯泡设计原点，再次赋予灯泡新的造型。该灯泡系列延续了阿莱西一贯的设计风格：注重生

图 2.83 Richard Sapper 为阿莱西设计的会唱歌的开水壶

图 2.84 意大利知名设计师 Alessandro Mendini 为阿莱西设计的 Anna G 男版开瓶器

图 2.85 Bomb 茶具由阿莱西家族第二代掌门人卡洛·阿莱西为了吸引他当时的心上人而设计

图 2.86　卡洛·阿莱西设计的八边形咖啡壶

图 2.87　Doriana Fuksas 和 Massimiliano Fuksas 为阿莱西设计的哥伦比纳系列餐具

活创意，颠覆传统家具，在每件产品背后都蕴含着诗意的感性体验和充满幽默的戏谑趣味（图 2.89）。

因此，我们不难看出意大利设计的发展有其独特的美学面貌与文化风格，其中也保留了传统的文化风貌和精致手工艺。

图 2.88　“Alessilux”系列灯泡

图 2.89　“vienna”小灯

2.6.5　北欧设计

“设计的动力来自文化”，这是VOLVO首席平台设计师史蒂夫·哈泼（Steve Harper）对于设计的观点。VOLVO的品牌形象，都与安全画上等号，方方正正、强壮的肩线，一再加深消费者对安全的想象。这强烈的风格，其实是延伸自瑞典的价值观——“以人为本”就是他们的设计精神。瑞典讲求均富，国家应该照顾每一个人，也是全世界唯一把国民应该拥有自己的房子写进宪法里的国家。VOLVO车厂的出发点，是希望让处于工业化高潮的瑞典人，能够拥有安全耐用、环保性高的国产车，这是VOLVO的设计传统，也是传承至今的设计核心价值（图 2.90）。

图 2.90　VOLVO XC90 2013

北欧国家如瑞典、丹麦、芬兰，都具有强烈的本土民俗传统，非常热衷追求本土的新艺术风格，并应用于陶瓷、玻璃器皿、家具、织品等传统工艺领域。北欧的现代设计展现出来自大自然的体验，而“诚实”“关怀”“多功能”“舒适”四大分享是北欧的设计理念。其设计风格带有拥抱自然、体贴入微的幸福风味，且设计的作品范围很广，包括超市就是设计宝库、趣味盎然的图案设计、居家生活、地铁站的艺术走廊、美术馆、旅馆或医院。

Björn Dahlström是瑞典目前声望最高的设计师之一，他的作品横跨各类，从杯子、袖扣到BD系列现代家具等。他为Playsam设计了这款兼具摆设以及玩具功能的摇摇兔。可爱的兔子造型，生动的表情，皮革材质的长耳朵，加上Playsam一贯抢眼的色彩呈现，为童年回忆中的“玩具木马”做了一番新的诠释，并因此得到了Excellent Swedish Design的大奖。充满童趣的设计不但适合儿童，也适合大人收藏。摇摇兔是一款需要自行组装的产品，不但能让您体验亲自动手的乐趣，更能透过自行组装的过程带领孩子学习，并增进亲子间的感情（图2.91）。

图 2.91　摇摇兔

如图2.92所示，这款木头小猴可以说是将木制玩具发挥到极致的设计品，于1951年完成，可以摆出各种可爱的姿势，可站可坐，还可倒挂在树上、吊单杠等，随你的想象来摆设。

图 2.92　木头小猴

北欧人不太在意什么是流行，不会紧张竞争对手是否也走这样的设计路线。来自丹麦的设计师Georg Jensen的品牌传承，成长于哥本哈根北部一片最美的森林区，大自然是他灵感的沃土，花草、藤蔓、白鸽都是他的创作主题，而有机线条的自然流动、不对称和曲折缠绕则是他的设计语汇。在他

图 2.93　设计师 Georg Jensen 的作品

的设计作品里没有细节，只有简单的线条，再加上强调立体、明亮阴影的对比处理，使他的作品呈现一种历久弥新的永恒感。Georg Jensen的想法："我们走这条路是因为我们相信这样的价值，相信设计的精髓是不花哨的、不炫耀的，要寻找、回归到物体的、人的本质，这也反映了丹麦和北欧的生活态度，这就是我们的根本"（图2.93）。

北欧的设计师秉持着天时、地利的优良条件，开创了独特的自然风，也为设计界树立了绿色与环保的典范。

瑞典人的骄傲就是IKEA，用家具输出北欧式的生活美学。宜家家居于1943年创建于瑞典，"为大多数人创造更加美好的日常生活"是宜家公司自创立以来一直努力的方向。宜家品牌始终和提高人们的生活质量联系在一起，并秉承"为尽可能多的顾客提供他们能够负担、设计精良、功能齐全、价格低廉的家居用品"的经营宗旨。在提供种类繁多、美观实用、老百姓买得起的家居用品的同时，宜家努力创造以客户和社会利益为中心的经营方式，致力于环保及社会责任问题。今天，瑞典宜家集团已成为全球最大的家具家居用品商家，销售主要包括座椅/沙发系列、办公用品、卧室系列、厨房系列、照明系列、纺织品、炊具系列、房屋储藏系列、儿童产品系列等约10000个产品。

在产品营销方面，宜家紧跟互联网科技发展的步伐，除了传统的实体店营销模式，还建立了自己的官网，并使用了最新的App营销和微信交流手段（图2.94）。

图 2.94　App 营销和微信

丹麦进入现代设计的时间晚于瑞典，但是到了50年代，丹麦室内设计、家庭用品和家具设计、玻璃制品、陶瓷用具等都达到瑞典的水平。他们的设计在战后非常流行，尤其是家具设计，结合工艺手法的诚实性美学与简洁的设计受人赞佩，设计作品的表现大量使用木材的自然材料，表现了师法自然、朴实的特殊风格。

2.6.6 日本设计

日本的设计艺术既可简朴，亦可繁复；既严肃，又怪诞；既有精致感人的抽象面，又具有现实主义精神。从日本的设计作品中，似乎看到了一种叫静、虚、空灵的境界，让人深深地感受到一种东方式的抽象。由于日本是一个岛国，自然资源相对贫乏，出口便成了它的重要经济来源。此时，设计的优劣直接关系到国家的经济命脉，以致日本设计受到政府的关注。

日本的设计以其特有的民族性格，使其发展出属于自己的特殊风格。他们能对国外有益的知识进行广泛学习，并融会贯通。日本的传统中有两个因素使其设计往正确的方向走：一个是少而精的简约风格；另一个是在生活中形成了以榻榻米为标准的模数体系，这令他们很快就接受了从德国引入的模数概念。日本设计师善于和本国的文化相结合。例如，福田繁雄是日本当代的天才平面设计家，他总是弃旧图新，开启了新概念的设计风格。原研哉以纯真、简朴的意念提升了无印良品简约、自然、富质感的生活哲学，提供消费者简约、自然、基本，且质量优良、价格合理的生活相关商品，不浪费制作材料并注重商品环保问题，以持续不断提供消费者具有生活质感的商品（图2.95）。另一位设计大师深泽直人为无印良品（MUJI）设计的挂壁式CD播放器，已经成为一个经典。他不但延续了少即是多的现代精神，在他的作品中还能找到一种属于亚洲人的宁静优雅。他喜欢放弃一切矫饰，只保留事物最基本的元素。这种单纯的美感，却更加吸引人。（图2.96～图2.98）。

图 2.95　原研哉作品——白金

图 2.96　无印良品（MUJI）海报“家”

图 2.97　深泽直人为无印良品（MUJI）设计的挂壁式CD播放器

图 2.98　深泽直人为无印良品（MUJI）设计的全新 2013 年款壁挂式播放器

日本的工业设计历史源于第二次世界大战后，最早是由一群工艺家和艺术家开始，他们使用简单的机器设备，制作一些家用品。到了1950年，日本开始渐渐有了自己的设计风格，并且可以大量地销售到国外。他们以传统文化为根基，开发现代化的新工商业契机，并不断地学习西方国家的优点。早先以欧洲各国的设计为其学习的对象，并从中再去研发更新的技术。由模仿到创新，由创新到发明，也使日本跃升为世界七大工业国之一，使其设计渐渐地达到国际性的水平。日本的设计也采用了意大利文化直觉的美学，不像英国那样因为执着于工业技术，仍然以怀疑的眼光，不能接受新文化直觉的美学，而导致设计出的产品无法获得大众的喜欢。日本的模仿与学习的价值观，使日本在设计领域占有一席之地。

20世纪70年代的日本，工业化高速发展，使得大批各具特性的新设计产品诞生，如今，日本的设计已真正跨上了国际设计的舞台，名扬世界。日本的设计无论在建筑、工业产品、家电产品、生活用品、视觉媒体或者包装设计上，都有其独到的特色。日本人的设计理念来自意大利，以知觉和美学的人性文明为发展基础。质量（Quality）就是他们的精神标杆，尤其在家电产品设计上，其产品的市场是全球化的。世界著名的日本家电公司Sony更是以一台随身听（Walkman，1979）改写了整个世界的家电历史，使随身听产品在一夜之间成为年轻人的新宠（图2.99）。

在20世纪80年代后期，日本产品更是东方文化的主要代表，其卡通动画、电玩产品、家电产品和玩具（电子宠物）更是带动了全球性的流行走向，不得不让美国、德国、法国等另眼相看（图2.100）。

图 2.99 Sony Walkman

图 2.100 电子狗

其流行的东西也不再限于工业产品，电子类、游戏类、玩具类、光学类或汽车等，也都受到世界多个国家消费者的喜欢。日本的设计已打破了文化的界限，而成为国际等级了。优良完整的管理系统是日本设计整合的精神，无论在科技的发展或文化的保持上，日本人都不遗余力。所以日本的各种设计产物都保有相当周到的设想，使其产品的推出，不只是顾虑到市场的远景，也顾虑到产品的生命力，其管理系统整合了技术的规格化与文化艺术的自由创意，使设计商品真正达到了所需的“科技美学”的概念。

已故日本设计大师柳宗理（图2.101）将民间艺术的手作温暖融入冰冷的工业设计中，是日本现代工业设计的奠基人之一，也是较早获得世界认可的日本设计师。他的经典设计“蝴蝶凳”是西方科技与亚洲文化完美结合的里程碑式的象征（图2.102）。

图 2.101　柳宗理

图 2.102　蝴蝶凳

“设计的本质是创造”，而“传统本身即来自创造”，在柳宗理看来，好的设计脱离传统是不可想象的，他的设计都带着本民族的美学，不断从本民族的根源文化吸收养分。“真正的设计要面对现实，迎接时尚、潮流的挑战”，他从民间工艺中汲取美的源泉，反思“现代化”的真正意义，将西方的现代主义与东方的淡然含蓄完美地融为一体。他的很多作品即使在今天来看仍然非常时尚、现代，摆脱了“民艺＝老土”“民艺＝过时”的刻板印象（图2.103）。

图 2.103　柳宗理作品

2.6.7 韩国设计

韩国政府在1993 ~ 1997年，全面实施了工业设计振兴计划。几年之间，韩国本土设计师和设计公司呈现爆炸式的增长，5年内设计专业的毕业生增长了一倍之多，也促使中小企业对设计方面加大了投资。韩国设计能够提升起来，设计振兴院扮演了非常重要的角色。设计振兴院是韩国中央政府下属的官方机构，它接受政府预算实行推动韩国整体的设计意识和能力。设计振兴院致力于发展国家的设计基础设施，建立了一个数据库，为提供设计信息交流建立了基础的平台。为了确立21世纪韩国设计在国际上的地位，设计振兴院还推动与国际间的交流和合作。

三星是亚洲第一家能够善用设计力量，成功跻身世界第一流国际化企业的代表，其强调不断创新、讲究效率的西方管理风格。三星的产品设计是韩国工业设计风格的代表。正是有三星、LG和现代汽车这些企业的推动，韩国已逐渐形成了自己的设计风格。

第 3 章 设计因素

3.1 艺术

设计作为艺术和技术的集成，与艺术有着密不可分的关系。设计活动伴随人类生产活动和器物文化一起出现，具有审美属性和精神属性，如西方教堂中的装饰物。19世纪下半叶，英国工艺美术运动提出“美与技术结合”的原则。20世纪初，设计在向标准化与合理化发展的同时，欧洲艺术运动也在蓬勃兴起。同时，未来主义、表现主义、构成主义等都在工业文明下努力探索美的形式与功能。在进入信息时代后，人们普遍要求产品既有实用功能又有审美个性，设计与艺术在很多方面已走到了一起。从理论意义上讲，设计一直为它的学科美术和建筑理论所包容，其概念的本身就是从美术与建筑实践中引申出来的理论总结。

真正的美具有积极向上的精神力量，这是现代设计师和纯艺术家们一致的追求。现代设计要考虑产品或作品的艺术性，用恰当的审美形式和较高的艺术品位给受众以美的享受。现代设计与现代艺术之间的距离日趋缩小，新的艺术形式诱发新的设计观念，而新的设计观念也成为新艺术形式产生的契机。另外，现代设计的服务对象不是设计师自己或少数人，而是社会大众。在坚持设计的高雅艺术原则时，现代设计师首先要考虑或关注的不是个别人的审美爱好，而是客观存在的普遍性的美学原则和艺术标准，即某一社会、民族的共同美感。

3.1.1 设计与艺术的关系

3.1.1.1 设计与艺术的渊源

从历史角度来看，人类早期的设计活动与艺术融为一体。工具的使用促成人脑意识的形成，也在客观上孕育着形式美的种子。早期人类创造石器和陶器时，其审美能力隐藏在物品的使用功能中，处于自发状态。随着生产力的发展，人类对所制器具中一些偶然得到的肌理和形态有了模糊的审美意识，导致了原始美感的形成。随着劳动对人的生理、心理结构影响及造物的深入，人类形成了自身的心理结构、审美感官以及审美能力，人类造物活动开始具有审美特质。原始造物是设计与艺术的共同土壤。自从人类有意识的创造活动开始，艺术审美性便随着第一件工具的创造体现出来，砍砸器、陶器、骨针、兽皮衣物、玉器等大多数人工制品既是工具又是艺术品。

随着生产力的进步和社会的发展，人类的文化内涵由单一性向丰富性发展，社会出现细致分工，音乐、戏剧、舞蹈、绘画、雕塑、文学不再是实用的附属，而转化为一种纯粹的精神性艺术形式。在工业革命之前，设计、生产、销售都是工匠的个人行为，工匠会尽量使自己的作品在好用的基础上更加美观。而机器时代的产品不再精雕细琢，一些社会理论学家、艺术家和设计师发起了工艺美术运动，最先提出了产品与美结合的思想，开启了艺术与设计结合的时代。之后，经由新艺术运动、现代主义运动的努力，艺术美的特征开始走向实用，走向人们的日常生活。

设计的发展受到艺术多方面的影响。

（1）艺术家的影响

文艺复兴时期，艺术家就是设计的一支重要力量，如米开朗基罗、拉斐尔、瓦萨里等，他们不仅自己从事设计，并且训练了专门的设计师，大大加快了设计师走向职业化的进程。

（2）艺术运动的影响

各个时代设计与艺术的审美趣味是一致的，它们的发展并行不悖。构成主义、未来主义、风格派、波普艺术等几乎每次艺术运动都与相应的设计运动相伴而行。

（3）审美观念的影响

艺术是设计的直接美学资源，艺术的审美观念指导着设计审美创意的产生、视觉元素的安排、视觉形式的选择等，直接影响到设计的表现效果。没有对艺术的深刻认识，纯公式化的设计就不会创造出富有感染力的作品。

一件现代设计产品至少包括两个部分：一部分是数理的、科学的；另一部分是感性的，是艺术范畴的。从机械时代到电气时代，再到今天的信息时代，设计产品的数理科学性日益凸显，但是设计产品若想被人们接受还得具有人性化的特点。如果说设计的内核是理性的、抽象的，那么人机界面就是感性的、具体的。艺术对设计的影响，表现在艺术为设计提供了表达设计意图的手段，使设计构想从观念形态转变为可视形态。在现代产品中，能不能用，主要取决于工程技术；而用得舒不舒心，就体现艺术的这一方面，涉及产品的外观造型、形体布局、面饰效果、操纵安排、色彩调配等。

3.1.1.2　设计与艺术的本质区别

设计与艺术有很深的历史渊源，在发展的过程中互相影响，甚至缠绕到一起，难以区分。但设计是一种经济行为，而艺术是一种审美行为。设计的目的是实用，而艺术的目的在于审美。

作为经济行为，设计要考虑技术、成本、市场需求，要能解决实际问题，设计师必须与社会保持紧密联系，不能“闭门造车”；作为审美行为，艺术不受经济的制约，艺术家与社会接触只是为了获得审美经验与创作灵感。虽然也有艺术品市场，但艺术可以不考虑社会需求，甚至远离生活，创作极为自由。设计作品具有广泛的认同性，其好坏优劣由市场来决定；艺术作品具有非广泛认同性，其价值不以经济标准及公众喜好来衡量、区分，甚至往往出现优秀的艺术作品长时间不被公众认可的现象。

另外，设计是沟通、是传达，而艺术是表现、是创作。艺术是感性的，它不追求直接的实用性，不为大众而存在，不求得大众的理解。而设计更趋理性，有目的性，是为大众而存在，表达大众的感情，不仅要美观，还要有实用性。

3.1.1.3 设计与艺术的相辅相成

无论是作为精神存在的艺术，还是面向人们生活的设计，都是人创造的，也是为了人而创造的，且都关注人类的生活世界和生命存在。如果我们从关注人类生命存在的这一点上看，它们有着极为相似的地方，目标都是为更美好的人类生活世界而进行创造。

设计的艺术化，就是站在一种艺术的价值高度去对待生活，在设计人类活动所需物质的角度，在功用性的基础上，用艺术满足人的精神需求和审美内涵。通过艺术手法把人类的生活世界转化为一种综合的、整体的、多元和谐的艺术世界和人性世界。

设计的艺术化和艺术化的设计所体现的精神便是尽可能完美地把艺术和设计结合起来，充分关注人类多样的物质性需要，在物质性的世界中体现艺术的精神情感，也在艺术化的探索和追求中创造实实在在的物质世界。这两者都是人类生活得以存在和延续的最基本的领域。

3.1.2 艺术家和设计师

艺术家和设计师这两种职业有着各自历史演变的轨迹。设计与艺术在人类早期的活动中一直是融为一体的。现代主义之前，艺术几乎等同于技艺，科学家、艺术家和制造者之间没有清晰的界限。工艺匠人既是工匠又是技术专家和艺术家，从设计到装饰、加工、制作都由一个人完成。

文艺复兴之后，随着社会分工越来越细，各行各业的专业性越来越强，工艺和艺术在观念上开始有所区分。纯艺术和手工艺逐渐分离，艺术家作为学者从工匠中独立出来，获得受人尊敬的地位。同时，艺术的社会地位逐渐提高，越来越脱离社会生活、背离人民大众，从事所谓“纯艺术”的艺术家开始孤芳自赏，高傲自大；而从艺术分类中独立出来的另一类——实用艺术的“匠师”则更多地关注人民大众的生活，提倡艺术和生活相结合。

虽然社会分工导致艺术家和设计师分属不同的职业，但由于学科的交叉性和职业的自由选择性，艺术家从事设计，设计师从事艺术的现象时有发生，加上艺术家对设计的贡献，设计师对艺术的借鉴，艺术家和设计师有所交叉、有所影响，二者有分有合，处于一个复杂的、共同影响的状况。

艺术家从事设计，赋予了设计活动以创造性和艺术性的特征。从工艺美术运动，新艺术运动，装饰艺术运动，到德国工业同盟和包豪斯，其领袖人物既是艺术家又是带有艺术理想的建筑师。可以说，当这些“艺术家”介入现代生产并开始被社会接受时起，现代设计作为一种职业也就应运而生了。另外，设计师也从艺术和艺术家那里得到了借鉴和收益。设计师采用艺术家们的艺术成果，并将之运用于设计目的，现代主义的各种艺术运动和潮流也为设计师提供了设计制作的话语和灵感。

3.1.3 设计中的艺术表现手法

设计的艺术手法主要有：借用、解构、装饰、参照和创造。

（1）借用

在设计中借用某句诗、某段音乐或者某个镜头、某一雕塑或其他艺术作品，借用艺术创作的思想与风格、技巧等，是设计的一种手法。这种手法使广告设计直接借用艺术的力量吸引、娱乐观众，达到感动观众、传播信息的效果，从而达到广告的目的。环境设计中借用艺术作品营造特定的文化艺术空间，宣扬特定的精神主题，形成感人的人文氛围。

（2）解构

以古今纯艺术或设计艺术为对象，根据设计的需要，进行符号意义的分解，分解成语词、纹样、标识、单形、乐句之类，使之进入符号储备，有待设计重构。这是建筑、室内、家具、标志、包装、广告等设计的普遍做法。

（3）装饰

在解决设计的艺术品质问题时，装饰是最传统又最常用的方法。好的装饰可以掩去设计的冷漠，增添制品的情感因素，增强设计的艺术感染力；好的装饰是设计不可分割的部分，只有多余的装饰才是可以随意增减的附件。

（4）参照

设计属于创造。在解决设计的艺术品质问题时，无论是借用、解构、装饰，都不能简单地模仿，而要表现出适度的创新，参照不失为一个简便又有效的方法。参照的对象是前人和当代的艺术成果或设计成果。参照的核心是形式借鉴，规律借用，由此及彼，举一反三。参照的关键是根据设计课题，寻求成功的范例，反复参详考察，找出规律和可变的环节，在基本规律或基本形式不变的前提下，使设计呈现新的艺术面貌。

（5）创造

在设计遇到开创性课题时，选用的材料、设备、技术、构造、外形等，都有可能是最新的科学技术成果，设计要实现的艺术和符号功能，也可能没有先例可寻。这时，设计只可能依靠创造方法，在解决物质、技术、经济等功能的同时，予设计对象以合适的艺术形式。创造是设计艺术最根本的方法，是借用、解构、装饰、参照等方法的基础。

下面，我们以广告设计为例，来形象地了解设计中的这些艺术表现手法。

为了使广告画面达到最佳的表现效果，我们可以透过对文字、图形的艺术化加工来实现。广告在传递主题资讯的同时，需注意的是配合广告主题，恰当地使用这些艺术手法。基本的图形文字摆放在画面中难免有些乏味，如果你的广告充满智慧与想象，那可就不同了。丰富多彩的广告世界里是有规律可循的，首先针对广告的是题材，挑选最适合它的艺术手法，其次将这种手法灵活地运用到画面的各要素中，最后处理好各层次间的关系，这样才能达到最佳的表现效果。当然，艺术的表现效果既是抽象也是因人而异的，我们需要透过许多思考和实践才能做出既符合主题又能传递艺术效果的广告。

下面列举了广告设计中的六种艺术表现手法。

（1）对比手法

对比手法是艺术设计中常用的一种表现手法。主要是将两个或两个以上具有差异或有着矛盾对立的事物放置在一起，然后进行对照比较，令读者能够通过良性对比，直观地明确事物的好与坏，从而作出选择。

在设计中，可以将两个截然相反的事物进行比较，如一正一反、一明一暗等，利用这两者之间鲜明的差异感来突出其中一物的优越性。对比的事物虽然存在极大的差异，但是在根本上还是需要有本质联系的。

色彩的对比是最为鲜明、效果最为突出的对比方式。为了提升画面的注目度，许多广告都会大胆选用存在明显对比的色彩进行配色，使画面产生强烈的视觉效果，并对读者的视觉神经产生刺激，从而产生更为深刻的记忆。

案例1

“Mad Men in 2013”广告（图3.1）

① 版面采用左右均衡对称构图，将两个不同年代具有相同或相似功能的办公物件等比例水平排列在一起，两者的对比不言而喻。

② 左右两侧的底色不同，色彩之间的对比强化了主题的表达深度。

③ 处于对称位置关系的文字字体不同，有效地实现了版面划分，有助于观者对广告主题的理解。

图 3.1　“Mad Men in 2013”广告

（2）幽默手法

幽默是一种特定的情结表现，它与趣味一样带给人欢乐，但比趣味来得更深刻。幽默能使生活充满情趣，广告中呈现的幽默能使人的心情舒畅，淡化人的消极情绪，极大地增强了广告给观众的好感。

案例 2

Labello 唇膏广告（图3.2）

① Labello 唇膏，能让动物的嘴唇都变得性感，这种拟人化的表现手法非常具有幽默感和喜感，带给观众轻松的阅读氛围。

② 满版布置的动物面部写真图片，色彩独特的嘴部特写给人真实的视觉感受，让人有想去尝试唇膏的冲动。

③ 将广告宣传的主体物图片和宣传标题文字放置在版面的右下角，给人简洁、舒服的画面感。

图 3.2　Labello 唇膏广告

（3）渲染手法

渲染是指物象间的衬托。简单来说，渲染广告的目的就是使其增加真实性，使观者产生身临其境的感觉，当观者将自己“置身”于画面中时，广告的主题已经得到了最佳的宣传。

案例 3

Jeep广告（图3.3）

① 广告采用渲染的手法，大漠是无尽海洋，沙子就是惊涛骇浪。渲染使得广告的真实性十足，使观者产生身临其境的感觉，尤其是爱越野的人看在眼里，一定激动在心里。

② 满版布置场景图片给人视觉上的强大冲击力，强化了观者对广告主题的记忆和理解。

图 3.3 Jeep 广告

（4）对称手法

对称是广告设计中常见的构图形式，指将同样的物体或相似的物体以左右、上下或倾斜的交换方式进行着有规律的重复现象。作为形态学的基本原则，对称产出整齐、规范、平衡的美，要素对称的广告往往能在视觉上构成牢固的平衡，给人单纯、值得信赖的印象。

垂直对称是指以画面水平中轴线为轴心，将画面中的视觉元素按此线进行上下的对称摆放，引导视线形成从上至下的浏览走向，画面干净、利落，具有简洁的力道感。

水平对称与垂直对称相反，是以画面的垂直中心线为轴心，将画面划分为左、右两部分，并分别将视觉元素放置在左、右页面中，使画面产生对称的平衡美。相比垂直对称，水平对称在视觉上更具延展性和直观性，能够给人留下简单、直观的印象。

（5）意境手法

设计者通过省去广告中多余的视觉元素，使画面中形成流动的视觉空间，因空旷而产生令人遐想的意境，并使观者的视觉精神得以放松，从而能够将注意力集中在主体信息上。

案例 4

里斯本机场宣传广告（图3.4）

① 版面采用色彩渐变的“线”元素组成鸟类的形象，给人精致、优雅、栩栩如生的感觉，让人立即对里斯本机场产生好感和无限的憧憬。

② 版面中说明性文字也给人线的形态感，与广告主体图形形成形式上的统一。

③ 除了图形及文字，版面中周围的环境是一片空白，这样容易使观者的注意力都集中在广告的主体物上。大面积的空间色调为冷色系的深蓝色，使人的神经得以放松，而主题也显得更为突出。

图 3.4　里斯本机场宣传广告

通过意境手法，不仅能起到集中主题信息的作用，还能打破传统的构图体系制度，达到意想不到的画面效果。意境也是一种简化的过程，它能帮助观者归纳出画面中涵盖信息最深的视觉元素，使其以最迅速的方式找到广告的中心内容。

（6）虚实手法

从字面意思上理解，虚实就是虚化与真实的对比。其中虚表现为轮廓不够清晰，给人朦胧之感的物象；而实表现为轮廓坚实、深刻，给人真实感受的物象。在广告设计中，将虚与实的刻画手法同时运用于画面之中，通过对比，使虚者更虚，实者更实，画面层次更加分明，广告主体更加突出。

案例 5

体育运动广告（图3.5）

① 体育运动需要激情，需要像动物一般的凶悍，尤其在体能竞技项目方面。这系列由NBA球星为主角的广告设计，很好地将虚幻、空灵、凶猛的动物与球星的善于进攻、动作灵活、飞速弹跳的个人特质做了融合，极具视觉效果冲击力。

② 黑白灰的版面色调，将主体图形元素的形象凸显出来，强化了主题的氛围。

图 3.5　体育运动广告

3.2　文化

3.2.1　设计与文化

从产品设计角度来看，产品的设计属于器物文化的领域，它是有别于自然物的人工创造物。“人通过自己的活动按照对自己有用的方式来改变自然物质的形态。例如，用木头做桌子，木头的形状就改变了。可是桌子还是木头，还是一个普通的可以感觉的物。但是桌子一旦作为商品出现，就变成一个可感觉而又超感觉的物了。”文化产品区别于自然物的地方，正是它所具有的这种“可感觉而又超感觉”的性质。一块天然的金矿石，可以由人凭借自己的感觉能力判定它的物理特性，而一件人工装饰品，除了具有可感觉的物理特性以外，还包含大量超感觉的文化内涵。它不是仅凭人的感觉能力所能把握的，而要在对它的款式、色彩、造型等的社会意义的领悟中才能把握。这些超自然、超感觉性质的东西，便是文化赋予它的价值和意义。审美的内涵正是产品形象的这种文化底蕴。

设计是通过文化对自然物的人工组合，总是以一定文化形态为中介的。那么，文化到底是什么呢？林顿在《文化之树》中给出了精辟的回答：“一个社会的文化是其成员的生活方式，是他们习得、共享，并代代相传的观念和习惯的总汇。”

文化是一个大系统，它包括诸多子系统。根据文化学的观点，可以将文化现象区分为四种形态。

① 物质文化：或称器物文化，是人类生产劳动所创造的物质成果，如工具、器物、建筑和机械设备等。

② 智能文化：是人类认识自然和改造自然的过程中所积累的科学技术知识。

③ 制度文化：是调整和控制社会环境所取得的成果，表现为社会的组织、制度、法律、习俗、道德和语言等规范。

④ 观念文化：表现在人的意识形态中的价值观、世界观、审美观以及文学艺术等精神成果。

案例 6

日本的色彩设计文化

在日本，随处可见的是青山绿水，表明了“青”在日本人审美意识中的重要性。日语中“青”一词包括从青、绿、蓝至灰。同样“白”也是日本文化推崇的干净纯净的色彩，受到这一色彩观的影响，日本的许多设计师都热衷于运用体现自己国家民族色彩的颜色。

日本动画大师宫崎骏的动画，以崇尚自然事物、植物生命和崇尚水的清纯无色为主，整个动画电影海报大量使用了海蓝色，并通过色彩深浅的自然变化，营造出浓厚的氛围，体现出民族色彩感与民族文化（图3.6）。

图 3.6　日本动画大师宫崎骏的动画《悬崖上的金鱼姬》海报

来自日本包装设计师Kota Kobayashi的作品——One Pine Tree松树啤酒，松树代表作为2011年海啸后的生存证明，它的设计是一个慈善机构，为日本光明的未来和希望象征。该标签是一个孤独的松树，由三个三角形朝上，黑白两色为日本设计中常用色，象征着灾后重建工作进展的愿望（图3.7）。

设计需要借助一定的“符号”来显现出自身的文化内涵。艺术符号具有双重意义，一方面是其表面的意思，是一种物质的形式；另一方面则是其类比或联想的意义，是精神的表现，而这两者又是紧密联系不可分割的。

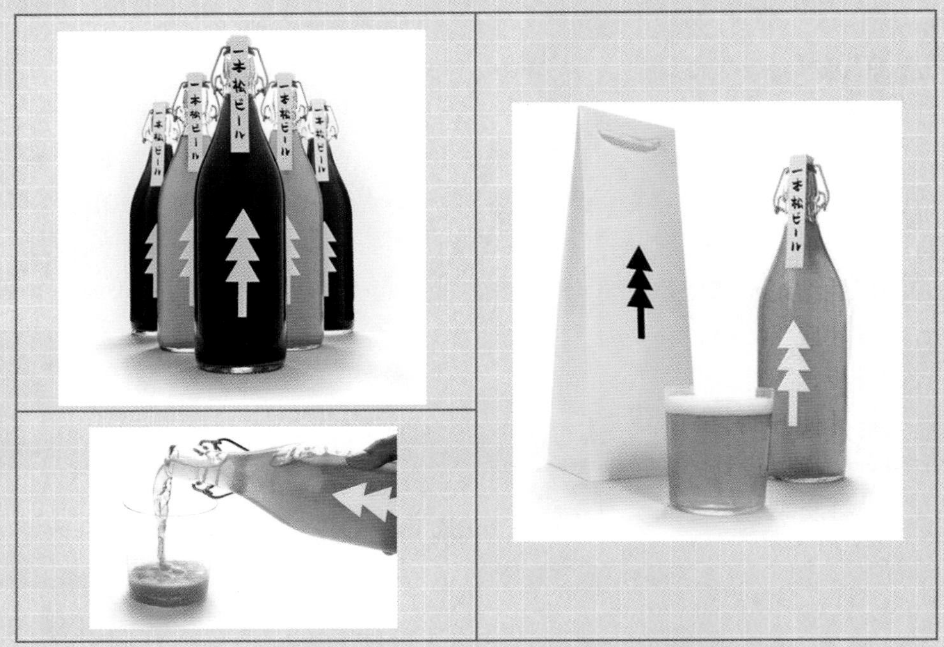

图 3.7　日本 One Pine Tree 松树啤酒包装

3.2.2　设计与生活方式

设计是为了人，具体地说就是为了人的生活。生活方式在一定意义上表现为一种消费方式，一种对产品的消费方式，而产品设计和生产实际上是直接为消费服务的。因此，生活方式与产品的设计与生产密切相关。消费与设计的关系实际上是设计与生活方式的关系。产品构成了人生活中的物质基础，是生活方式结构要素中环境要素的重要组成部分，也是影响生活活动形成的重要物质力量。自古以来，这一物质基础始终发挥着重要的作用，而且会通过自身品质和形成的变化，产生更大的影响，甚至成为生活方式的表征之一。

生活方式是文化的具体内容和形式，克鲁柯亨在《文化之镜》中把文化具体定义为十个方面，其中第一个就是“一个民族的全部生活方式”。设计大师索特·萨斯认为设计是研讨生活的途径，是建造一种关于生活形象的途径，应该首先去研究生活，只有生活才能最终决定设计，也就是说人们的生活方式决定了设计。

设计提供了人们日常生活的物质基础和条件。日常生活即以衣食住行、饮食男女、婚丧嫁娶、言谈交往为主要内容的个人生活领域，这一领域中的家具、用具、产品——从碗、杯、餐具到沙发、卧具，从电脑、电话到汽车、飞机等物质设施组成了个人日常生活的物质基础。所以，产品不同于一般意义上的“艺术品”。对人类的日常生活来说，少不了它、离不开它，比如我们每天都要用的牙刷、杯子，再比如现代人对手机、电脑的依赖。因此，产品与人的生活方式的关系，以及它对人的影响，是一般艺术品所不及的。由此我们可以看出，设计的对象将不再是物，而是一种生活方式。物只是承载生活方式的媒介。设计师应该承担起打造生活方式、生活态度和价值观的责任。设计作为生活方式的创造者，体现了人们对物质和精神的双重要求，承担着人类文明延续的角色。

设计创新了生活方式，一旦设计失去了与人类生活的永恒联系，将无法生存。正是因为如此，设计便没有一个固定的模式。试想如果设计只能作出一个思辨性、逻辑性、唯一确定的理性结论，那就等于给人们铸就了一种凝固的生活模式，那将是一种僵死的文明。所以设计应当始终走在社会发展的前面，不断创造新的生活方式，引导现代社会生活方式的进步，提升人类的生活质量。只有把设计作为一种目的而不是一种手段去认识的时候，设计便开始真正进入了生活。也就是说，设计师设计了一种功能，而不是为了功能去设计，所以设计的其实是人的生活。设计创新生活方式，从过去的马车代步到如今的汽车、公交车、地铁代步，从过去的写信到如今的智能手机、Email、QQ、微信，人们的生活因为这些设计而发生了翻天覆地的变化，人们之间的距离变短了，世界变成了地球村。

案例 7

微信红包

2014年中国马年春节期间，“微信红包”一夜走红。几块钱甚至几分钱的“利市”，在相互讨要、分发的欢乐中拉近了人际距离，让传统的“发红包”注入社交网络的新时尚（图3.8）。

图 3.8　微信红包

（1）微信红包的诞生

微信红包是怎样诞生的呢？

设计之初，微信红包团队曾经想到的是“要红包”，即一个用户向其他用户讨要红包，这个逻辑更接近AA收款。但是要红包会让被索要者产生抗拒感，而抢红包则相对更符合人的心理活动。所以，最终上线的红包就从“要”转成了“抢”。

那么如何产生不同的收益金额呢？这是由一种随机算法产生的。在如何分配红包时，团队最初也考虑过给用户一个吉利的数字，比如末尾为8。但是这势必造成另一些用户得到并不喜欢的数字组合。于是，就决定采用生成随机数字的方式，而这对技术团队来说并不难。在微信早期产品中就曾出现过两个互动小游戏，隐藏在了表情功能里。一个是石头剪子布，另一个是摇骰子。这两个游戏原本用于朋友之间通过随机事件做出决策，比如谁赢谁付款。

这种随机算法就被运用到了微信红包中，于是用户就看到了各种随机生成的红包“收益”，甚至由于份数被设定得足够多，也会产生0.01元的情况。

正是由于这样的技术积累，才使得微信红包能够在短期内迅速上线。不过在技术的支持下，产品自身的用户体验同样重要。

（2）微信红包的设计原则

将一切做到最简单，这是微信支付与支付宝最大的差别。微信支付只是在微信中的一个功能，而支付宝钱包的功能则十分繁多。这种功能差异与产品定位有关，微信首先还是一个社交产品，用户的需求只是简单的收支和其延伸功能。

从用户的操作过程来看，发送方通过“新年红包”公众号，选择发送红包的数量和金额，以及祝福的话语，通过“微信支付”进行支付，就可以发送给好友；接收方则在打开后获得相应收益，只需要将储蓄卡与微信关联，就可以在一个工作日后提现。

为了达到这种简单的操作，产品本身是经历过调整的。2014年1月27日前，用户在抢红包之前要先写上祝福，然后才可以抢。之后，已经改为先抢红包再发送祝福。用户通过微信红包得到的收益，没有设置更多的出路，而是让用户直接提现。虽然从短期来看，损失了让用户可以接触其他业务的机会，但是从用户使用习惯来看，减小了用户的使用负担。

设计的内涵就是创造一种新的生活方式，这里的“新”并非一定是完全前所未有的、指向未来的设计，有创意、体贴人性的回归也是一种“新”。比如GETS HOT男士专用结婚戒指，用来在特殊的节日给你提醒，方式是发热。现在很多产品都有提醒功能，比如闹钟、手机、平板电脑等，而这个设计的特殊之处就是和特殊用途的特殊产品结合，并且以一种让人感觉有冲击力的方式表现出来。从这一点出发，我们就会发现很多围绕着我们的产品发生着巨大变化，手机有了，手表该是什么样；空调有了，电扇该是什么样；网络有了，邮局该是什么样……有些东西本质并没有变化，但是一种新的交互方式就让其成为一个几乎全新的东西。

3.3　科技

设计在消费增长以及市场这一难以被合理化和系统化的现代生活领域的重新确立中扮演社会文化角色，这成为定义现代设计的一个重要方面，但更理性化的批量制造和技术革新是定义现代设计的另一个重要方面。的确，消费和市场需求的增长过程本身不足以说明现代设计这个概念的发展；现代设计的定义也取决于它在大批量标准化产品的制造领域所扮演的关键角色。这些标准化产品尽管是为满足扩大市场需求而生产的，但由于大批量生产需要较高的投资成本，它们必须依靠有力的销售。设计是技术和文化的交界作为批量生产的固有环节，同时也是传达社会文化价值的一种现象，已深入消费和生产两个领域。的确，要使消费和生产两个领域产生联系并紧密地结合在一起，设计是关键的力量之一。

除了在消费的社会文化背景中理解设计的作用之外，到技术革新的历史中去认识设计的位置也很重要，因为设计既影响了制造和材料领域，也同时受它们的影响。技术革新为大量制造自19世纪晚期起诞生的新颖产品奠定了基础。它们挑战和激发设计师的想象力，并构成了一个完整的物质文化新领域，成为对更传统的装饰艺术领域的补充。大量供应的新商品如真空吸尘器、电器和新交通工具，以及这些年形成的广告和零售展示新方式，为已有的和新的消费者都提供了一种途径，使他们得以为自己创建新的身份认同，并探索步入现代生活的道路。

3.3.1　产品设计中的科技应用

案例 8

C-Thru 消防头盔概念设计

这款C-Thru消防头盔概念设计最大的亮点是在头盔上安装了高科技先进仪器，让消防队员可在浓烟密布的火场中保持清晰的视野（图3.9）。

图 3.9　C-Thru 消防头盔概念设计

案例 9

Lumiquitous 鼠标虚拟键盘设计

这款Lumiquitous鼠标虚拟键盘由两个鼠标组成，鼠标上的键盘投影仪将虚拟的键盘投影到桌面上，而三倍的运动传感器和光学传感器可以检测到人手和手指的运动，由于直接在鼠标键盘上操作所以就不需要在鼠标和键盘上来回切换，省去了不少麻烦，提高了效率（图3.10）。

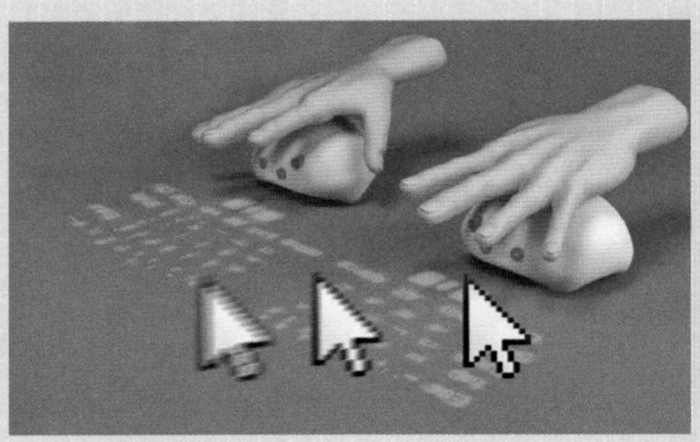

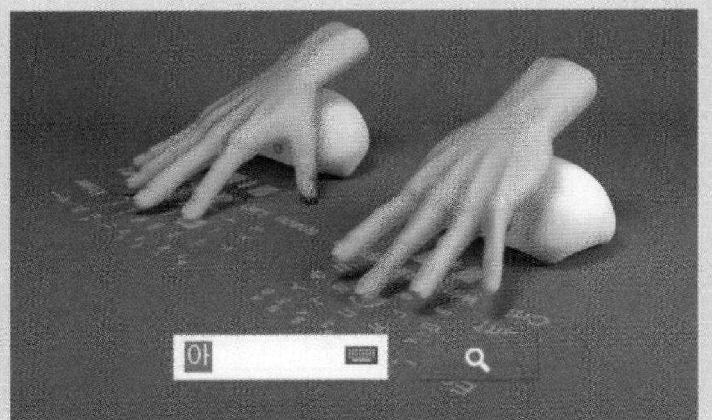

图 3.10　Lumiquitous 鼠标虚拟键盘设计

3.3.2 科技发展趋势

下面，我们从苹果产品设计教父哈特穆特·艾斯林格（Hartmut Esslinger）（图3.11）眼中来了解一下科技的发展趋势。

Hartmut Esslinger是设计咨询公司Frog Design创始人，曾为苹果、微软、三星、索尼、LV、阿迪达斯等多家全球知名企业设计了经典产品。Hartmut Esslinger被《商业周刊》称为“自1930年以来美国最有影响力的工业设计师”。

1982年，乔布斯与Hartmut Esslinger达成合作，后者为苹果设计出白色、简洁的电脑产品，与当时电脑单调的米色设计截然不同，为苹果打造出全新的设计语言，颠覆了整个PC产业。Esslinger与乔布斯的合作为苹果“以用户为主，以设计为中心”的价值观奠定了基础。

图 3.11　Hartmut Esslinger

Esslinger在他《极简设计——苹果崛起之道》一书中讲述了他与乔布斯的合作。他在书中提道：“当时我很清楚，我们所争取的这次合作不仅仅是为了帮助乔布斯打造一种可视化设计语言。苹果需要的是一个引领潮流的新系统，这样才能让乔布斯把他的愿景转化为市场化产品。我们帮助苹果打造的就是这样的一个产品，这是一次革命，一次远不止于改变苹果命运的革命。”

在那个时代，苹果的复兴是多种元素共同作用的结果。以人为本的设计理念、先进的制造技术以及出色的供应链管理一直以来都是苹果成功的关键。那时，乔布斯曾将苹果定位为一家以设计师为中心的公司。Esslinger在20世纪80年代为苹果打造的设计语言不仅引领了新一代PC的潮流，还为苹果此后设计的触屏式平板，甚至腕表产品奠定了基础。

就在全世界都盼着苹果能再次创造出全新的产品时，Esslinger已开始专注其他的设计领域。“今天所看到的产品其实已经是很久以前的创意了。我们现在必须为未来的产品进行规划、设计、实验并制作雏形。”Esslinger现在仍清楚地记得他在德国学习时，他的导师向他展示的一款非常实用的产品模型，“我们都知道，未来正在加速发展。过去40 ~ 50年的产品发展路线将会浓缩为未来10年的产品发展规律，遵循这一规律，我们就能把握未来。”

在谈及未来的产品创新时，Esslinger指出4个值得关注的领域。

（1）更柔软的硬件

案例 10

Gelfrog智能笔记本

当众人还在热议可穿戴设备时，Esslinger已将目光投向了使用可弯曲的柔性材料制作的产品。早在2004年，Frog Design就设计出一款低成本、用于教育的概念笔记本，名为Gelfrog智能笔记本（图3.12）。该产品配置了一个柔韧的外壳，比一般电脑的外壳要软，也更加易用和耐用。Esslinger表示，Gelfrog的外壳类似运动鞋底，十分耐摔。这款产品与OLPC最新发布的平板产品有异曲同工之处。

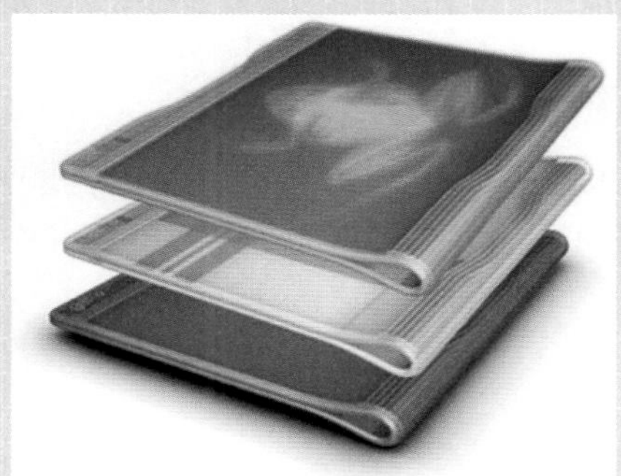

图 3.12　Gelfrog 智能笔记本

自Gelfrog概念产品出现以来，柔性材料在科技产品领域有了无限的可能，研究员们提出了“创可贴式处理器”“可以像报纸一样卷曲的电子阅读器显示屏”等带有柔性材料元素的产品设想。Esslinger表示，如今几乎所有的东西都可以弯曲。

（2）更人性化的设备

第二个具有较大开发空间的领域是用户与设备的互动体验。Esslinger认为，设备仅仅是简单实用还远远不够。未来的设备应该搭载个人助手式的应用，这样设备才能真正成为用户的伴侣，不仅能管理用户的数据流，还能把握用户的性格、脾气及生活习惯。

Esslinger说，这就像结婚几十年后，他与他的妻子只需通过一个眼神，彼此间就能心领神会，知道在聚会上谁来当主讲者。Esslinger认为，用户并不想总是下达一样的命令。未来的设备将基于与用户的熟悉度而变得更加人性化，设备配置的应用会更加智能，有时还能娱乐用户。想想看，相对智能的Siri哪怕只是讲个老笑话，也能逗得用户哈哈大笑。所以，这一领域或许真的很有开发潜力。

案例 11

Safeye自行车安全系统

Safeye自行车安全系统由把手、后置摄像头和警示灯组成，手机通过蓝牙连接把手和后置摄像头，如有汽车等物体靠近，把手会通过触觉振动反馈给驾驶者，而后可以通过手机观看摄像头的实时视频，无须回头，如此更安全（图3.13）。

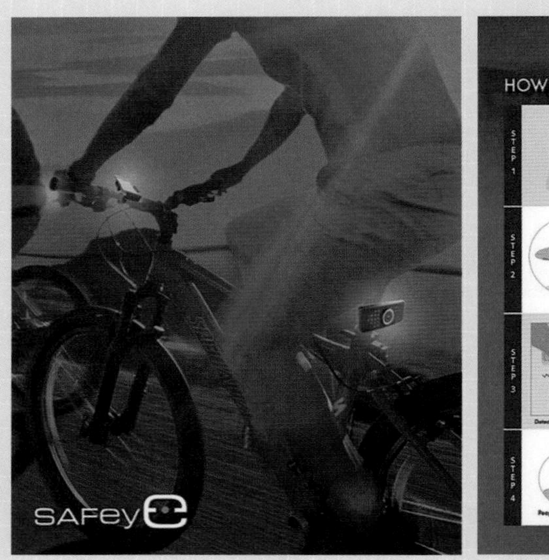

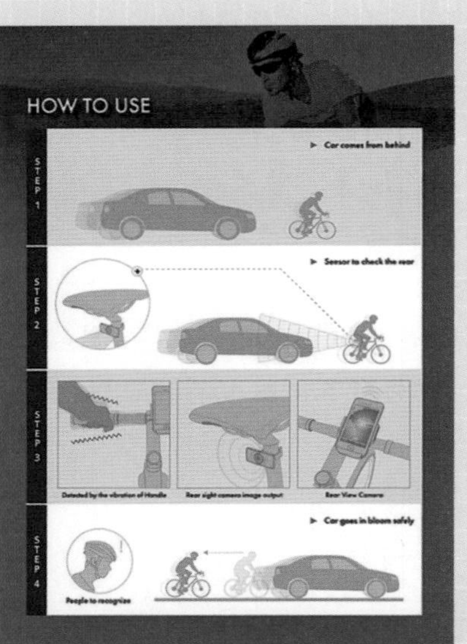

图3.13 Safeye自行车安全系统

（3）更智能的软件

“硬件制作工序复杂、供应链庞大。制造商会对硬件产品进行改进，因此，新产品可以与上一代产品有天壤之别。软件则不同，它更像是一个永远杀不死的生物。”在Esslinger看来，软件过时的版本、驱动程序、代码及其兼容性问题会大大减慢系统运行速度、浪费资源、减缓信息挖掘进度。

他认为，软件开发应该借鉴硬件的生产思路，与硬件一起形成并实施同步开发程序。“软件与硬件的结合开发还有很大的提升空间。”

（4）3D 界面

“3D是个必然趋势，因为我们生活在一个3D的世界中。然而，目前的设备界面还停留在2D上。”近年来，从Kinect的体感控制设计，到Leap Motion的手势控制器，再到iOS 7的3D视觉效果，3D界面的发展十分迅速。

当然，如何开发出实用合理的3D界面仍是我们面临的挑战。几十年来，用户已经用惯了2D的界面，但现阶段的硬件创新似乎已经开始引领用户向3D界面转变。“我认为3D将是一个充满机会的领域，因为如今的计算设备已经具备了搭载3D界面的能力。一直以来，实现3D最大的瓶颈在于计算能力，然而，现在的设备计算能力已经很强，而且以后也只会变得更强。”

案例 12

Glyph 视网膜播放设备

想象一套家庭影院绑在了你的头上！并不是开玩笑，Glyph 眼罩+耳机准备将高清显示放在人们的眼球前——它内置了上百万个微镜片，可以将图像直接反射在眼球内视网膜上，颜色逼真、图像锐利，观影的沉浸度比其他产品有大幅提高。能通过 HDMI 线连接不同的设备进行读取文件，接受范围非常广泛，从 iPhone 到 Mac，甚至是 PC 上 Netflix 的视频也能在设备上播放，如果你有 Playstation，还可以接入 Glyph 上玩一盘极品飞车。还有个优势，因为在 Glyph 上，两只眼睛的投射是相对独立的，所以还可以直接戴上看3D电影了（图3.14）。

图 3.14　Glyph 视网膜播放设备

3.4 材料

整个20世纪，新材料的发明与生产技术的变革不断向设计师发出探寻形式与内涵的挑战。制造商一直渴求更高利润，始终在寻找更廉价的产品制造方法，尽可能用适合批量生产的廉价新材料取代手工制作使用的传统材料。这种技术与经济的前进动力本来需要消费者的认可来推动，但现在有了广告和设计构成的积极销售技术，就可以创造“需求”和增加上述材料的现代魅力。设计因而成为技术与文化之间的重要桥梁。它能够预测消费需求，使新技术和材料能进入市场，获得销路。

19世纪和20世纪早期，钢铁改造了环境，而平板玻璃将前所未有的景观带进了城市街道。在室内装潢师的推动下，印花棉布走出乡村，取代了维多利亚客厅厚重的天鹅绒和生织锦，成为时尚家居的必要元素。艺术家洞察到人们居住环境的新视觉本质，由此形成的关于形式的抽象观念引起了变化，现代性的大众化也催生了日常生活材料的新面貌。的确，可以说新材料使每一样事物摸起来和看起来都不一样了，从而赋予这些事物自身以特有的视觉和触觉现代性。

3.4.1 塑料

发明新材料的愿望对激发技术创新起着重要作用。实际上，创造新事物的愿望从没有像19世纪那么强烈，塑料和铝是在19世纪中叶发明和发现的。塑料用于替代贵重材料，如供应不足的玻油、黑玉和菇翠，但铝这种材料在发明的时候缺乏用途，因此被称为“一种没有问题的解决方案”。这两种材料的发展尽管在很多方面相似，但区别也很大。然而至20世纪30年代，这两种材料都被设计师和消费者视为杰出的现代材料，充满了难以确切描述但象征现代生活的某种微妙的东西。几年后，法国文化批评家罗兰巴特最为贴切地解释了塑料为何对现代物质文化消费者具有超凡魅力，他写道，“塑料……是魔力材料”。

历史学家将塑料和铝视为文化变迁的重要因素。罗伯特·弗里德尔在其著作《先锋塑料：赛璐珞的制造与销售》（Pioneer Plastic：The Making and Selling of Celluloid）中揭示，这种早期的半合成材料之所以能站住脚，是因为它与早期电影工业的关联和在台球等产品中的应用，以及它能够用来制造新商品，如帽针和裁纸刀等，从而得以初次面市就拥有广泛的用户。

塑料是批量生产的理想材料，在20世纪的发展本质上与大众化产品的理念相关联，以致在1945年之后被我国香港等地用来生产廉价、艳俗的产品，因而失去了“光环”。然而，它们在20世纪50年代和60年代得到一批顶级意大利设计师的救治，回到高雅文化的安全地带。塑料珠宝甚至在珍贵物品之列获得了一席之地，日常的家庭用品如发刷、粉盒、烟灰缸等也因为与现代性的象征关联而获得某种程度的认可。这类物品有助于巩固中产阶级女性新获得的自由，让她们沉浸在舒适的家庭环境中尽情打扮。

在“装饰”应用方面，塑料物品在很大程度上只是模仿了现有物品的形式。尽管塑料材料可以具有明亮的色彩意味着它必然会将自身的“面貌”融入这些廉价的人工制品，然而当涉及的是收音机这类新产品时，便有足够的创新空间。许多设计师迎接了挑战，创造了很多令人振奋的新形式。这些形式迅速转变成现代性的象征，现在被看作现代设计的“经典”物品。由于收音机作为大众传播发展的形式具有重大的文化意义，以及它们对20世纪30年代英国现代市民的生活产生了重大影响，这些物品的象征意义极其深远，为塑料赢得了大众的高度认可。收音机的例子揭示了这一点，没有设计师插手，材料本身无力传达意义，只有设计师能够赋予它们重要的形式和意象。

塑料种类很多，到目前为止世界上投入生产的塑料有三百多种。塑料材料因为性能优异，加工容易，在塑料、橡胶和合成纤维三大合成材料中，是产量最大、应用最广的一种材料。目前，塑料材料的应用领域仍在进一步扩大，已经涉及国民经济及人们生活的各个方面。

各种不同种类的塑料提供不同容纳需求的品质与属性。它们可以是坚硬或柔软、清澈、白色或彩色、透明或不透明，也可以塑造成许多不同的形状与尺寸。热塑性塑料是经加热后熔化为液体，再通过铸模、挤压与压缩等加工技法成形。

以下是包装中最常见的塑料类型。

① 低密度聚乙烯（LDPE）。指的是具有收缩性的薄膜，专门用来包装衣物与食品。

② 高密度聚乙烯（HDPE）。是坚硬且不透明的塑料，一般适用于包装衣物洗涤剂、家庭清洁剂、个人护理品与美容瓶罐。

③ 聚乙烯对苯二甲酸酯（PET）。如同透明玻璃，负责盛装水及碳酸饮料，芥末、花生酱、食用油与糖浆等食品，以及作为食物与药品的盒子。

④ 聚丙烯（PP）。用于瓶子、盖子与防潮包装。

⑤ 聚苯乙烯（PS）。透明的聚苯乙烯应用于CD盒或药品罐；耐冲击的聚苯乙烯是以热塑性塑料制成乳制品容器；发泡聚苯乙烯则可用来做杯子包装与食品对折盒、内衬盘、鸡蛋盒等。

3.4.2 金属

与塑料相比，铝更能引起注意，一部分原因是它们无数的应用方式，另一部分原因是它们能够更迅速地获得公众的普遍认可。

在铝的早期应用中，无论制造商怎么努力说服消费者相信铝的现代价值，大多数民众都认为它是一种不确定的现代材料。然而至20世纪30年代末，铝由于在飞机机身、飞艇、餐具、车身以及前卫家具中的应用而获得一种现代形象。

铝在早期的交通工具中得到了最有效的应用，特别是在飞机中，因为轻金属铝具有巨大的优势。通过在现代产品中的应用，铝逐渐开始获得这个时代的气息。在两次世界大战之间，设计师如马塞尔布劳耶和后来的荷兰人赫里特·里特费尔德在家具设计中试用了铝材料，用来替代沉重的钢材。由于美国设计师拉瑟尔·赖特的采用，铝在这个时期走入了家庭。赖特的拉丝铝餐具瞄准了获得新女主人形象的家庭主妇，十分畅销，在家庭中和餐桌上广泛使用。随后，美国铝业公司借助设计师吕雷勒·吉德也进入家庭和小装饰品的生产领域。

然而，铝最终是作为交通工具的新材料而获得最强烈的现代身份的。例如，它呈现为闪耀的飞机机身，挑战地球引力。反过来，飞机又成为拥有现代气质的设计师设计的无数其他形式和物品的灵感来源。于是，铝的其他各种现代形式接踵而至。20世纪40年代，宝马赛车车身结合了铝的象征性与功能性，分量轻的铝也为赛道上的赛车带来了优势。至1945年，由于设计的介入，闪亮的轻金属成为所有现代材料中最富于象征性的材料之一。

20世纪30年代在美国诞生的许多现代设计形式中，新材料扮演了关键角色，设计师塑造的形象通常具有惊人的创新性。新材料拥有自身内在的现代身份这一思想得到许多设计师的响应，他们因此在工作中都选用新材料。越来越多的消费者寻找使用新材料的日常商品，以示他们对现代性的喜爱。

新材料的使用是由美国大公司推动的，并由美国设计师赋予材料以形式，这些设计师很乐于将他们的视觉想象力运用到这些材料上。先进的欧洲建筑师和设计师也尝试运用新材料，尤其是在家具制造领域里。在马塞尔·布劳耶和米斯·范·德·罗厄的努力下，德国在钢管方面取得的成就如同法国建筑师柯布西耶的成就一样，得到广泛的记载。钢管是19世纪的发明，并因为重量轻、强度高，被用作自行车的车架。钢管在家具设计中可以充当结构材料。经过布劳耶、米斯、柯布西耶以及荷兰人马特斯坦的实践，它促进了软座椅从实心向骨架结构的根本转变，这种骨架结构运用空间而非质量的审美可能性。

然而，对现代设计形式和形象做出贡献的并不只是技术带来的新材料。产品工程师对新形式的诞生也起到了关键作用。例如，钢铁制造业的挑战就是制造越来越大片的钢板，这样可以尽可能减少产品外壳上的接缝。现代外观将天然远远抛在身后，让人觉得这些新的人工制品好像是天上掉下来的。无缝外壳很神奇，好像未经过人类之手的科技产品。这一时期，人们在全钢车身的制造上投入了大量的努力。早期的汽车是各种部件和材料的组装，而这种组装很少考虑最终的视觉效果。这种状况逐渐改变，因为钢车身开发出来了，并且流线型美学开始将汽车的形式统一起来。20世纪前十年，批量制造的全钢车身最终在美国出现，而稍后法国雪铁龙首先在欧洲取得了同样的成就。在电冰箱制造方面，人们努力使它达到仿佛整块钢板制成的效果，制造技术上的发展也促进了愿望的实现。至20世纪30年代中期，冰箱的箱体（除了门之外）是由整块钢板制成的。然而，那时还没有能力将钢材进行小半径弯曲，这意味着冰箱体积庞大，因此被安置在最突出的位置，强化了它们作为身份象征的角色。冰箱从此取代了19世纪中叶以来扮演身份象征角色的家具。

案例 13

Tne New Mac Pro

Tne New Mac Pro，其整体外形设计是最大的亮点，整个电脑的观感已被改变。采用了铝合金材料，侧面相当薄，并取消了沉重的主机箱（图3.15）。

图 3.15　Tne New Mac Pro

案例 14

UBC Coren轻质单车设计

这款单车是UBC今年新推出名为Coren的轻质产品。框架采用的是Umeco的MTM 49-3环氧树脂体系，该体系在80～160℃间固化。在适当的固化周期后，其具有优良的耐候性和高温力学性能，是运动休闲和赛车应用的理想材料。整车质量仅有17磅（7.7千克）（图3.16）。

图 3.16　UBC Coren 轻质单车设计

3.4.3 木材

当今社会，可持续发展是各行业普遍重视的课题，建筑、建材行业也不例外。建筑材料是建筑工程的物质基础，我们对于建筑的可持续发展研究，首先就必须考虑到建筑材料的可持续发展。其中，木材以其自身特点将在建筑材料可持续发展研究中占有重要一席。

所谓建筑材料的可持续发展，就是强调使用可再生、可循环、可重复使用、可降低污染的自然资源，具体表现为“4R”原则：Re-new，Re-cycle，Reuse，Reduce。

作为一种综合性能优良的建筑材料，木材在建材的可持续发展领域中具有无法替代的优势。木材是一种自然的、较安全、节能、环保、经济的建筑材料。除了可再生以外，木材还是可以循环利用的，越是自然未经过处理的木材，其可循环利用能力就越强。所以我们应该认识到：面对日益严重的环境危机，使用木材，扩大木材的使用范围，积极尝试对木结构建筑进行一定范围内的恢复，是建筑建材行业可持续发展研究的一个新思路、新方向。

案例 15

CONDE HOUSE木制家具SPLINTER系列

CONDE HOUSE 公司是日本高端民用及商用家具制造领域的佼佼者，持久的设计、精致的工艺以及对细节的追求是其贯彻始终的产品理念。

专注于固体和单板木构建筑，建造精美，采用传统工艺和现代计算机化的工具生产制造，所有的家具精雕细琢，风格独特。

公司认为可持续发展是在制造过程中一个重要的价值。自2000年以来，公司在其日本的自有土地种植栎树，并将此木材作为家具材料的主要资源之一。另外，还致力于在家具生产中只使用无毒胶水和饰面。

“SPLINTER”系列是日本跨领域设计师Nendo为CONDE HOUSE公司所做的民用家具系列设计，包括了扶手椅、茶几、衣帽架和镜子。

概念源于整块木料的分裂产生出更多细节以及完整的结构。设计师将每一件木制部件都拆分开来，从椅子的靠背、扶手、椅腿，到挂衣杆顶端的钩架都能拆分。设计师将大块的木材按其原厚度打造，从而在必要时提供足够的强度，同时利用木材薄件打造更细致的部分。设计师顺着纹理，让木头保持原始的韧度。扶手椅的靠背分裂出椅腿，衣帽架在顶端分裂成挂钩，茶几则是由一条木料自然地分裂出三条桌腿。设计师采用较大的木料提供必要的强度，较薄的木料和分裂部分则带来微妙的细节。

原木色简约不花哨，最大限度地保留了木材的原始色彩和质感，贴近自然。将这样的原木色椅无论置于什么样装修风格的家居环境中，木质的干净清新搭配温暖的光线，都给人以舒适温柔的感触。在这样的环境里，视线、身心都得到一种放松（图3.17～图3.20）。

图 3.17　扶手椅细节设计

图 3.18　衣帽架细节设计

图 3.19　茶几细节设计

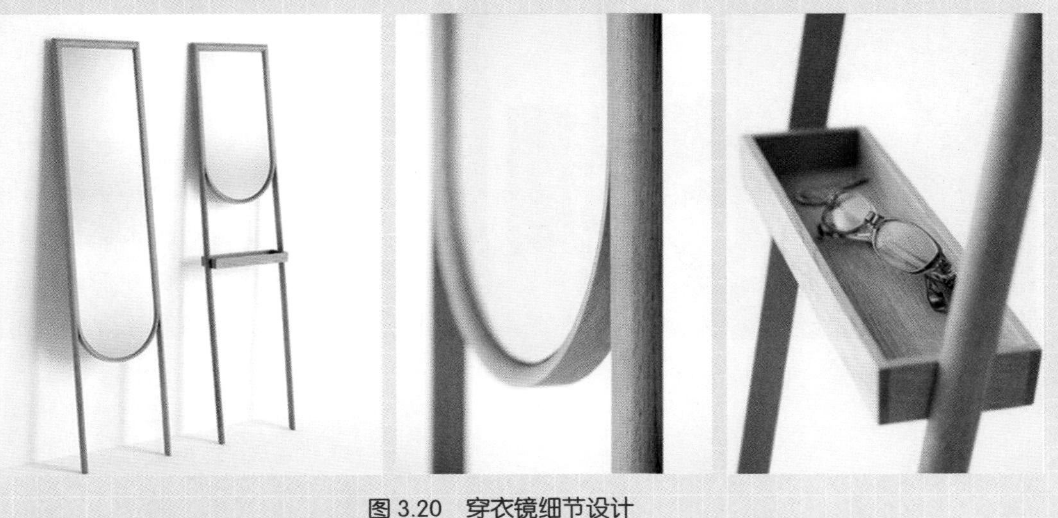

图 3.20　穿衣镜细节设计

3.4.4 玻璃

玻璃具有清晰透明、光泽好的特点。玻璃对光具有强烈的反射效应。琢磨成各种角度的玻璃棱面，能产生特殊的折光效果。

玻璃硬度高，耐磨性能好，脆性大，易破裂和折断。玻璃表面光滑。在制造过程中加入各种溶剂，可以让玻璃呈现不同的色彩。加入各种助剂，可以明显地改善玻璃的强度性能，如钢化玻璃比普通玻璃的强度提高许多倍。采用不同的加工工艺，可以得到各种不同的玻璃制品，如中空玻璃、夹丝玻璃等。熔融状态的玻璃可弯、可吹塑成型、可铸造成型，得到不同形状和状态的玻璃制品。玻璃成品可锯、可磨、可雕。玻璃表面可进行喷砂、化学腐蚀等艺术处理，能产生透明和不透明的对比。

案例 16

Dinuovo 玻璃制品

由Uufie和Jeff goodman工作室共同推出的手工吹制玻璃制品（图3-21），它最有趣的地方在于，外形像极了一个倒立的鸡蛋，依托自身重力保持站立，可当作灯具或者花瓶来使用。

在建筑中，玻璃因为其透明性而被广泛使用。然而，玻璃是一种透光且抗热性差的材料，可能危及建筑最主要的功能——遮蔽和保护。

整合玻璃和铁的技术在1851年建造水晶宫（图3.22）的过程中得到了很好的实行，这座建筑被认为是推动现代运动的重要标志。它由约瑟夫·帕克斯顿设计，长564m，高3m。建筑使用了大量预制构件和镶嵌玻璃。水晶宫的影响力巨大，成了铁和玻璃建筑的典范，铁柱、铁艺护栏和玻璃模块的搭配，成为当时大型车站、仓库和市场的标准结构。

图 3.21　Dinuovo 玻璃制品

图 3.22　水晶宫

玻璃的技术革新沿着两条相互冲突的道路前进。一条道路是通过减少几何缺陷、色差、表面异常，制造出尽可能透明、无形的玻璃。这个目标是显而易见的，例如，由添加了抗反射涂层的透明玻璃制成的光滑的店面橱窗。第二条道路是追求材料在形式、结构和美学上的多种可能性——更注重尝试而不是完美，物质性而不是透明性。高强度玻璃和先进的夹层叠加技术的发展，使玻璃系统可以在小尺度结构中代替钢材、混凝土和木材。

3.4.5 陶瓷

陶瓷通常指以黏土为主要原料，经原料处理、成型、焙烧而成的无机非金属材料。普通陶瓷制品按所用原材料种类不同以及坯体的密实程度不同，可分为陶器、瓷器和炻器三大类。

（1）陶器

陶器以陶土为主要原料，经低温烧制而成。断面粗糙无光，不透明，不明亮，敲击声粗哑，有的无釉，有的施釉。陶器根据其原料土杂质含量的不同，又可分为粗陶和精陶两种。烧结黏土砖、瓦、盆、罐、管等，都是最普通的粗陶制品；建筑饰面用的彩陶、美术陶瓷、釉面砖等属于精陶制品。

（2）瓷器

瓷器以磨细岩粉为原料，经高温烧制而成。胚体密度好，基本不吸水，具有半透明性，产品都有涂布和釉层，敲击时声音清脆。瓷器按其原料的化学成分与工艺制作的不同，分为粗瓷和细瓷两种。瓷质制品多为日用细瓷、陈设瓷、美术瓷、高压电瓷、高频装置瓷等（图3.23）。

图 3.23　瓷盘墙面装饰

（3）炻器

炻是介于陶和瓷之间的一类产品，也称半瓷或石胎瓷。炻的吸水率介于陶和瓷之间。炻器按其坯体的细密程度不同，分为粗炻器和细炻器两种。建筑饰面用的外墙面砖、地砖等属于粗炻器；日用器皿、化工及电器工业用陶瓷等属于细炻器。

案例 17

三头怪台灯

设计师Jonathan Entler的父亲是一名木匠，母亲是一位优秀的裁缝，成长背景使他独具设计天赋。这一系列的台灯是他对炻这一材料的探索和对蛇的形态的再创造。

炻器打磨而成一体化的灯体，光滑圆润。管状灯体上的黄铜线圈调节了一体化的单调。每个灯头下安装了一个3.5W的LED灯。底座尾部有一个很小的金属开关可以控制。相比塑料材质或者金属材质的台灯，这款台灯更有质感。抛光的炻器台灯光滑可爱，不抛光的显得很质朴（图3.24）。

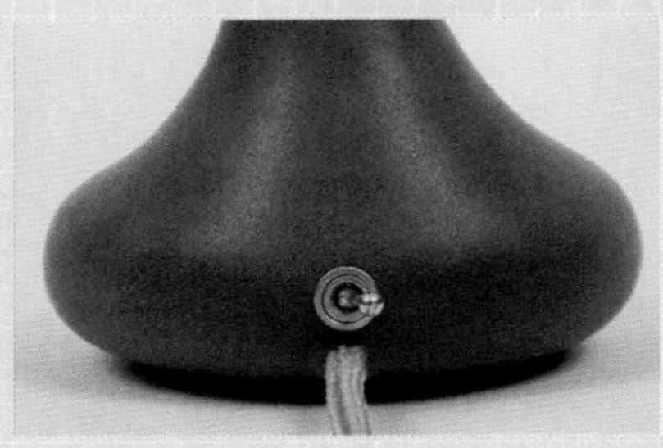

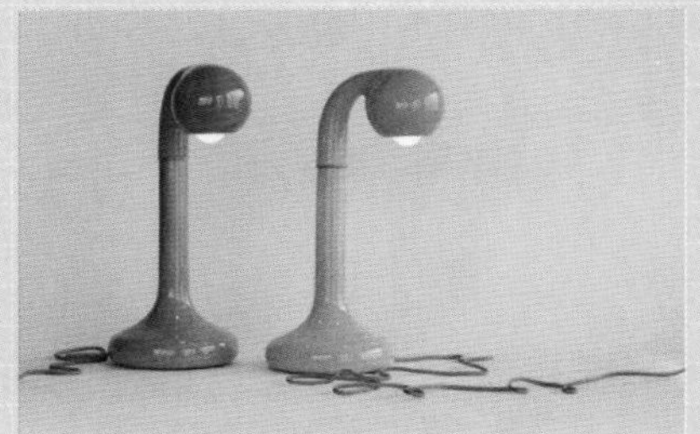

图3.24　三头怪台灯

颜色有黑、白、裸粉、黄色，可根据室内家具来选择配色。这样的台灯做摆件是个不错的选择。

3.4.6 石材

天然石材中应用最多的是大理石，它因盛产于云南大理而得名。纯大理石为白色，也称汉白玉，如在变质过程中混进其他杂质，就会出现不同的颜色、花纹、斑点。如含碳呈黑色；含氧化铁呈玫瑰色、橘红色；含铜等呈绿色等。

天然石材一般硬度高，耐磨，较脆，易折断和破损。

天然石材资源有限，加工异型制品难度大，成本高。而人造石材则较好地解决了这些问题。

人造石材是利用各种有机高分子合成树脂、无机材料等通过注塑处理制成的在外观和性能上均相似于天然石材的合成高分子材料。根据使用原料和制造方法的不同，人造石材可以分成树脂型人造石材、水泥型人造石材、复合型人造石材、烧结型人造石材。

案例18

kora浴缸的高贵优雅范儿

Kreoo是一家来自意大利的年轻的家具公司，钟爱大理石设计，在2016年的米兰国际家具展上展出了这款浴缸。

它选用一整块大理石作为原料，首先采用专业的技术去“挖”这块石头，再手工对细节进行加工打磨，最终则由铁架来进行固定（图3.25）。

“kora”这个名字和灵感来源于西非的一种椭圆形乐器，安静或流动的水声也正像是人们在沐浴过程中的配乐，让这款浴缸在优雅中又多了几分灵动的气质。

图3.25　kora浴缸

3.4.7 织物与皮革

（1）纤维织物

纤维织物在家具设计中应用广泛，它具有良好的质感、保暖性、弹性、柔韧性、透气性，并且可以印染上色彩和纹样多变的图案（图3.26）。纤维织物种类繁多，面料质地、花样、风格、品种丰富，可以供各种不同的消费者使用。因为质地及材料的不同，化学及物理性能差异较大，所以要求设计师熟悉各种纤维材料的性能，根据需要来选择适合的材料。

图3.26　用毛线织成的凳子

纤维织物主要分为以下种类。

① 棉纤维织物。具有良好的柔软性、触感、透气性、吸湿性、耐洗性，品种多，广泛应用于布艺沙发和室内装饰中。但弹性较差，容易起皱。

② 麻、革纤维织物。质地粗糙挺括、耐磨性强、吸潮性强，不容易变形，且价格便宜。装饰效果独特，具有古朴自然之感。

③ 动物毛纤维织物。细致柔软有弹性，耐磨损易清洗，多用于地毯和壁毯。但毛纤维制品在潮湿、不透气的环境下容易受虫蛀和受潮，并且价格较昂贵。

④ 蚕丝纤维织物。具有柔韧、光泽的质地，易染色。

⑤ 人造纤维织物。用木材、棉短绒、芦苇等天然材料经过化学处理和机械加工制成。吸湿性好，容易上色，但强度差，不耐脏、不耐用。一般与其他纤维混合使用。

⑥ 聚丙烯腈纤维（腈纶）织物。质感好、强度高、不吸湿、不发霉、不虫蛀，表面质地和羊毛织物很相像。但耐磨性欠佳，容易产生静电，所以经常与其他纤维混纺，提高植物的耐磨性，并增加装饰效果，例如天鹅绒就是腈纶的混纺产品。

⑦ 聚酰胺纤维（尼龙、锦纶）织物。牢固柔韧，弹性与耐脏性强，一般也与其他纤

维混纺。缺点是耐光、耐热性较差，容易老化变硬。

⑧ 聚酯纤维（涤纶）织物。不易褶皱，价格便宜，能很好地与其他纤维织物混纺。

⑨ 聚丙烯纤维（丙纶）织物。重量轻，具有较高的保暖性、弹性、耐蚀性、蓬松性等优点，但质感较差，不如羊毛织物，染色性和耐光性欠佳。

⑩ 无纺纤维布。不经过纺织和编制，而是用粘接技术，将纤维均匀地粘成布。

案例 19

APPLE WATCH精织尼龙表带

每根精织尼龙表带都由超过500股纤维织造而成，这些纤维被精心编制成独特、缤纷的图案，四层精织纤维再通过多根单丝紧密相连，从而打造出一支具有舒适面料触感的耐用表带（图3.27）。

图 3.27　Apple Watch 精织尼龙表带

（2）皮革

① 动物皮革。动物皮革是高级家具常用的材料，主要有牛皮、羊皮、猪皮、马皮等。动物皮透气性、耐磨性、牢固性、保暖性、触感等比较好。好的动物皮革手握时感到紧实，手摸时感到如丝般柔软。制作皮质家具要求质地较均匀柔软，表面细致光滑又不失真。

② 复合皮革。复合皮革是用纺织物和其他材料，经过粘接或涂覆等工艺合成的皮革，主要有人造革、合成革、橡胶复合革、改性聚酯复合革、泡沫塑料复合革等。复合皮革外表很像动物皮革，并且具有价格便宜、易于清洗、耐磨性强等优点，在家具制作中广泛运用。但是，复合皮革不透气、不吸汗、易老化、耐久性差，一般作为中低档产品材料。

案例 20

皮革座椅

这把椅子采用了椅子最原始简单的结构，金属支架搭配木腿。座位和靠背部分包裹上全天然的皮革，在交接处进行缝线，使这把座椅有了柔和的温度，并且保持了一种古朴原始的美感（图3.28）。

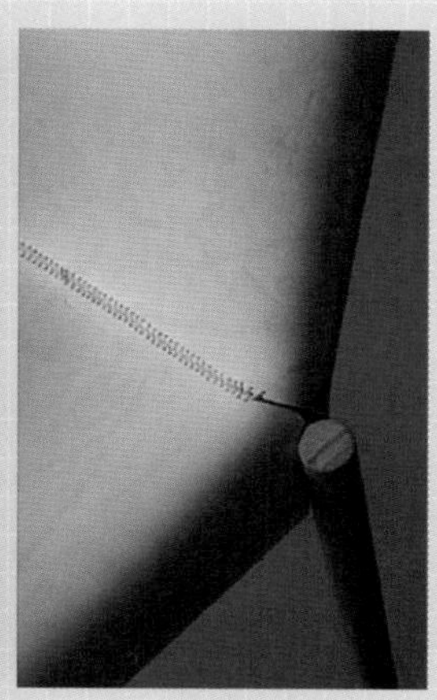

图 3.28　皮革座椅

3.5　色彩

3.5.1　色彩的重要作用

在产品同质化趋势日益加剧的今天，如何能让你的产品第一时间“跳”出来，快速锁定消费者的目光？

人类生活在一个斑斓多彩的世界，在五彩缤纷的自然界中，色彩起到了巨大的作用。人类进入文明时代后，在对色彩进行了充分研究的基础上，认识到色彩对人的心理和生理会产生巨大影响。色彩是一种语言，一种全世界的视觉通用语言，色彩通过视觉传达信息，传达包括文化、种族、地位、特征、意识、情感、秉性等各种有形无形的信息。

产品，是指根据社会和人们的需要，通过有目的的生产创造出来的物品。它是由一定结构形式结合而成的、具有相应功能的客观实体，对使用者而言，它是用品；对市场来讲，它是商品。

产品设计，即根据人们的需求，对产品的造型、结构功能等方面进行综合性的设计，以便生产出符合人们需要的实用、经济、美观的产品。产品设计既要满足人们对产品的功能需求，又要满足人们审美及精神需求。

产品设计效果主要受到以下几个因素的影响：功能，造型，色彩，物质技术条件，经济性和宜人性。

这些因素在产品设计中是相互影响、相互促进和相互制约的。在产品设计因素之中，产品色彩是决定产品能否受欢迎很重要的一个因素。有关研究表明，人们在观察物体时，最初20秒内，色彩的影响占80%，形态占20%；2分钟后，色彩的影响占60%，形态占40%；5分钟后，色彩和形态各占50%。也就是说，人们在购买产品时，首先会被吸引的是产品的色彩，其次才会注意到产品的形态。色彩与这些因素也有着密不可分的联系，色彩运用得当，可以强化产品的功能性，利用色彩也可以完善产品的形态，起到修饰美化的作用。虽然产品的色彩是依附于形态的，但是色彩比形态更具有先声夺人的魅力。色彩是商品最重要的外部特征，由于色彩具有主动的、吸引人的感染力，能先于形态而影响人们的情感。应用色彩设计，对于产品的结构性也可以起到强调的作用，至于产品设计的经济性和宜人性在有了色彩的巧妙运用之后，都可以起到事半功倍的效用。

现代产品使用一定的色彩来装饰外观，往往能够增强产品形象的感染力，加强记忆的识别，影响消费者心理和传达某种意义的作用。在产品的色彩设计中，色彩需要同产品的性质和使用者、使用环境相结合。优秀的色彩设计能提高工作效率、使用的安全性和增加产品的销售量。色彩是使产品富有吸引力的另外一种手段，色彩的正确应用能使产品成为消费者的朋友，人机可以互动，人机可以在精神上沟通。所以在给不同职业、地区、年龄的人设计产品时，在色彩上要考虑他们的接受心理和审美趣味。如：给老年人设计的产品如果使用太强烈的色彩会使他们感到头晕眼花，因此要以宁静、安详的色调为主；给小孩设计玩具产品时就应该采用一些鲜艳、缤纷的色彩，从而使孩子可以对这些玩具多一些好奇和新鲜感。

在产品设计中，色彩的应用主要起到以下作用。

（1）美化促销功能

产品的色彩设计对提高产品的外观质量和增强产品在市场中的竞争力有着十分重要的作用。色彩可以为产品增添无穷的艺术魅力。在产品同质化到来的时代，任何产品为了促销，必须引人注目。一件产品之所以引人注目，色彩起着比外形更强、更直接的作用。著名的“7秒钟定律”告诉我们，面对琳琅满目的商品，人们只需要7秒钟，就可以确定对这些商品是否有兴趣，而这7秒之中，色彩的决定作用就达到了67%。色彩的合理运用美化了产品，同时也必将提升产品的市场竞争力，带来销售的成功。

（2）满足人们的精神需求

在产品质量趋同化，物质生活较为丰富的现代社会中，人们更关心情感上的需求、精神上的安慰。功能、结构已不是衡量设计水平的唯一标准。人们要求产品不仅能满足物质需求，更重要的是要具有一定的文化品位，从精神需求上当作人类心灵和情感的投射。色彩设计使产品不仅具有基本的使用功能，更将产品变作一件件艺术品，从精神方面愉悦用户，体现使用者的喜好和个性。甚至有些产品还提供给用户订制色彩和DIY色彩的服务，阿迪达斯就推出了一款经典白色运动鞋，这款鞋子与专用彩色笔一同出售，用户可以按照自己的喜好亲自绘制自己的鞋子的色彩。还有现在的手机一般都可以更换不同颜色的外壳，满足人们对手机色彩的变化需求。

（3）提高工效

色彩工学是人类工程学的一个分支，研究色彩与人类行为之间的关系。以往人们多重视色彩的艺术效果，而忽视了色彩的功效性。大量的事实表明，产品色彩设计的好坏，将直接影响人们的情绪和工作质量以及工作效率。当人们在紧张工作的时候，产品良好的色彩设计给人以新颖、舒适、安全、可靠等视觉感受，这能使他们精神振奋、精力集中，提高工作质量和工作效率；不恰当的色彩设计会给使用者的生理和心理带来不良的影响，如引起视疲劳、紧张、错视等，因此降低工作效率，甚至可造成误操作而发生事故。很多车间工人抱怨他们工作环境的色调太过单一，特别是车床与工作台的色彩太过接近，使他们很容易感到疲劳，一家工厂通过改变车床的色彩，与工作台的颜色形成对比，结果使工作效率提高了7.5%。我们知道飞机的操作面板上有大量的仪表和按钮，以前的设计区分度不是很明确，在操作的过程中，特别是遇到紧急情况的时候，很容易读错数据或产生误操作，因而发生事故。一家飞机制造公司通过对操作面板上的仪表和按钮进行色彩和位置的分区调整，大大提高了该型飞机的安全飞行系数。

所以，在产品设计过程中，我们一定要注意通过对产品色彩的设计，来提高产品的易用性，从而达到提高工作效率和使用安全性的目的。

（4）增强产品功能语义

不少新产品通过对产品色彩的设计，增强了产品的语义功能，提醒用户如何正确使用和操作，即便是第一次使用该产品的用户，也可以不用先阅读使用说明就方便地进行操作。当然，这时也离不开色彩与形态的结合。但是色彩的作用是非常直观和迅速的。如，录音机上的录音功能键和播放键通常被安排在一起，以前没有用色彩进行区分的时候，人们经常会不小心按错而覆盖掉磁带上原来的内容。通过将录音功能键变成红色的设计，大大减少了错误操作发生的可能。再如，手机的拨号按键一般都是绿色，电源开关按键通常设计为红色，所以人们不用查阅使用说明书就能凭借经验很顺利地进行操作。再如，电器遥控器上的开关控制按键通常被设计成红色等与其他控制按键色彩差异很大的颜色，所以哪怕是初次使用，也可以正确操作。相比之下其他功能键的操作易用性就不是那么理想了，所以人们抱怨，现在的产品操作太复杂了，不看说明书的话，就只会开关而已。飞利浦电视机遥控器就此做了改进，它设计了红、黄、绿、蓝四个功能按键，每个按键可以存储10个不同的电视频道，方便用户分类存放自己喜欢的频道，并可以实现设定频道间的快速切换。这样一来就省去了人们在百余个频道间盲目转台要花的大量时间。甚至，这样的设计改变了人们使用遥控器选台的思维方式。

在如今科学不断进步、商业高速发展的时代，越来越多的产品都呈现出大众化的现象，消费市场也正逐步迈向成熟期。好的色彩设计可以创造独特的产品形象，满足现在消费者“个性化、差异化、多样化”的需求。产品色彩传达的不仅仅是一种视觉上的美感，并且其中还承载着消费者生理和心理的需求，以及需要传达的一种文化意义。

产品色彩规划上比较成功的例子就是苹果公司的iMac。出色的色彩搭配形成了营销的最佳亮点，采用了草莓色、蓝莓色、葡萄色、橘黄色、石灰色糖果般鲜亮的色彩，不仅推翻了以往计算机惯用的色彩，也改变了普通消费者的购买习惯，在1999年为苹果公司增加了40%的营业额。

色彩正在成为一种消费时尚走进百姓的生活。色彩的重要性和科学性也日益受到重视，在发达国家色彩咨询已风行十多年，作为一个“色彩工程”，色彩咨询早已不仅仅局限于个人服饰，还运用于产品的色彩设计甚至城市的色彩形象设计等范畴，使得色彩也成了商品附加值的一部分。

3.5.2 色彩的情感性

色彩具有精神的价值。人常常感受到色彩对自己心理的影响，这些影响总是在不知不觉中发生作用，左右我们的情绪。色彩的心理效应发生在不同层次中，有些属直接的刺激，有些要通过间接的联想，更高层次则涉及人的观念与信仰。

人们的切身体验表明，色彩对人们的心理活动有着重要影响，特别是和情绪有非常密切的关系。

在我们的日常生活、文娱活动、军事活动等各种领域都有各种色彩影响着人们的心理和情绪。各种各样的人都在自觉不自觉地应用色彩来影响、控制人们的心理和情绪。人们的衣、食、住、行也无时无刻不体现着对色彩的应用：夏天穿上湖蓝色衣服会让人觉得清凉；把肉类调成酱红色，会让人感觉更有食欲。

心理学家认为，人的第一感觉就是视觉，而对视觉影响最大的则是色彩。人的行为之所以受到色彩的影响，是因人的行为很多时候容易受情绪的支配。颜色之所以能影响人的精神状态和心绪，在于颜色源于大自然的色彩，蓝色的天空、鲜红的血液、金色的太阳……看到这些与大自然的色彩一样的颜色，人们自然就会联想到与这些自然物相关的感觉体验，这是最原始的影响。这也可能是不同地域、不同国度和民族、不同性格的人对一些颜色具有共同感觉体验的原因。

对色彩与人的心理情绪关系的科学研究发现，色彩对人的心理和生理都会产生影响。 国外科学家研究发现：在红光的照射下，人们的脑电波和皮肤电活动都会发生改变。在红光的照射下，人们的听觉感受性下降，握力增加。同一物体在红光下看要比在蓝光下看显得大些。在红光下工作的人比一般工人反应快，可是工作效率反而低。

（1）色彩的冷暖感

冷色与暖色是依据心理错觉对色彩的物理性分类，对于颜色的物质性印象，大致由冷暖两个色系产生。波长长的红光和橙、黄色光，本身有暖和感。相反，波长短的紫色光、蓝色光、绿色光，有寒冷的感觉。夏日，我们关掉室内的白炽灯光，打开日光灯，就会有变凉爽的感觉。

冷色与暖色除去给我们以温度上的不同感觉外，还会带来其他的一些感受。例如，重量感、湿度感等。比方说，暖色偏重，冷色偏轻；暖色有密度强的感觉，冷色有稀薄的感觉；两者相比较，冷色的透明感更强，暖色则透明感较弱；冷色显得湿润，暖色显得干燥；冷色有退远的感觉，暖色则有迫近感。这些感觉都是受我们的心理作用而产生的主观印象，它属于一种心理错觉。

红、橙、黄色常常使人联想到旭日东升和燃烧的火焰，因此有温暖的感觉；蓝、青色常常使人联想到大海、晴空、阴影，因此有寒冷的感觉；凡是带红、橙、黄的色调都带暖感；凡是带蓝、青的色调都带冷感。色彩的冷暖与明度、纯度也有关。高明度的色一般有冷感，低明度的色一般有暖感。高纯度的色一般有暖感，低纯度的色一般有冷感。白色有冷感，黑色有暖感，灰色属中。

（2）色彩的轻重感

物体表面的色彩不同，看上去也有轻重不同的感觉，这种与实际重量不相符的视觉效果，称为色彩的轻重感。感觉轻的色彩称为轻感色，如白、浅绿、浅蓝、浅黄色等；感觉重的色彩称重感色，如藏蓝、黑、棕黑、深红、土黄色等。

色彩的轻重感一般由明度决定。高明度具有轻感，低明度具有重感；白色最轻，黑色最重；低明度基调的配色具有重感，高明度基调的配色具有轻感。

明度高的色彩使人联想到蓝天、白云等，产生轻柔、飘浮、上升、敏捷、灵活等感觉。

明度低的色彩使人联想到钢铁、石头等物品，产生沉重、沉闷、稳定、安定、神秘等感觉。

色彩给人的轻重感觉在不同行业的网页设计中有着不同的表现。例如，工业、钢铁等重工业领域可以用重一点的色彩；纺织、文化等科学教育领域可以用轻一点的色彩。色彩的轻重感主要取决于明度上的对比，明度高的亮色感觉轻，明度低的暗色感觉重。另外，物体表面的质感效果对轻重感也有较大影响。

在网站设计中，还应注意色彩轻重感的心理效应，如网站上灰下艳、上白下黑、上素下艳，就有一种稳重沉静之感；相反上黑下白、上艳下素，则会使人感到轻盈、失重、不安的感觉。

（3）色彩的软硬感

与色彩的轻重感类似，软硬感和明度有着密切关系。通常说来，明度高的色彩给人以软感，明度低的色彩给人以硬感。此外，色彩的软硬也与纯度有关，中纯度的颜色呈软感，高纯度和低纯度的颜色呈硬感。强对比色调具有硬感，弱对比色调具有软感。从色相方面色彩给人的轻重感觉为，暖色黄、橙、红给人的感觉轻，冷色蓝、蓝绿、蓝紫给人的感觉重。

色彩的软硬感觉为，凡感觉轻的色彩给人的感觉均为软而有膨胀的感觉；凡是感觉重的色彩给人的感觉均为硬而有收缩的感觉。

在设计中，可利用此特征来准确把握服装色调。在女性服装设计中为体现女性的温柔、优雅、亲切宜采用软感色，但一般的职业装或特殊功能服装宜采用硬感色。

（4）色彩的强弱感

色彩的强弱决定色彩的知觉度，凡是知觉度高的明亮鲜艳的色彩具有强感，知觉度低下的灰暗的色彩具有弱感。色彩的纯度提高时则强，反之则弱。色彩的强弱与色彩的对比有关，对比强烈鲜明则强，对比微弱则弱。有彩色系中，以波长最长的红色为最强，波长最短的紫色为最弱。有彩色与无彩色相比，前者强，后者弱。

（5）色彩的距离感

色彩的距离与色彩的色相、明度和纯度都有关。人们看到明度低的色感到远，看明度高的色感到近，看纯度低的色感到远，看纯度高的色感到近。环境和背景对色彩的远近感影响很大：在深底色上，明度高的色彩或暖色系色彩让人感觉近；在浅底色上，明度低的色彩让人感觉近；在灰底色上，纯度高的色彩让人感觉近；在其他底色上，使用色相环上与底色差120° ~ 180° 的对比色或互补色，也会让人感觉近。色彩给人的远近感可归纳为：暖的近，冷的远；明的近，暗的远；纯的近，灰的远；鲜明的近，模糊的远；对比强烈的近，对比微弱的远。

（6）色彩的明快感与忧郁感

色彩的明快与忧郁感主要与明度、纯度有关，明度较高的鲜艳之色具有明快感，灰暗浑浊之色具有忧郁感。高明度基调的配色容易取得明快感低明基调的配色容易产生忧郁感，对比强者趋向明快，弱者趋向忧郁。纯色与白组合易明快，浊色与黑组合易忧郁。

（7）色彩的兴奋感与沉静感

色彩的兴奋与沉静取决于刺激视觉的强弱。在色相方面，红、橙、黄色具有兴奋感，青、蓝、蓝紫色具有沉静感，绿与紫为中性。偏暖的色系容易使人兴奋，即“热闹”；偏冷的色系容易使人沉静，即“冷静”。在明度方面，高明度之色具有兴奋感，低明度之色具有沉静感。在纯度方面，高纯度之色具有兴奋感，低纯度之色具有沉静感。色彩组合的对比强弱程度直接影响兴奋与沉静感，强者容易使人兴奋，弱者容易使人沉静。

（8）色彩的华丽感与朴素感

色彩的华丽与朴素感以色相关系为最大，其次纯度与明度。红、黄等暖色和鲜艳而明亮的色彩具有华丽感，青、蓝等冷色和浑浊而灰暗的色彩具有朴素感。有彩色系具有华丽感，无彩色系具有朴素感。

色彩的华丽与朴素感也与色彩组合有关，运用色相对比的配色具有华丽感，其中以补色组合为最华丽。为了增加色彩的华丽感，金、银色的运用最为常见，金碧辉煌、富丽堂皇的宫殿色彩，昂贵的金、银装饰是必不可少的。

（9）色彩的舒适与疲劳感

色彩的舒适与疲劳感实际上是色彩刺激视觉生理和心理的综合反应。红色刺激性最大，容易使人产生兴奋，也容易使人产生疲劳。凡是视觉刺激强烈的色或色组都容易使人疲劳，反之则容易使人舒适。绿色是视觉中最为舒适的色，因为它能吸收对眼睛刺激性强的紫外线，当人们用眼过度产生疲劳时，多看看绿色植物或到室外树林、草地中散散步，可以帮助消除疲劳。一般讲，纯度过强，色相过多，明度反差过大的对比色组容易使人疲劳。但是过分暧昧的配色，由于难以分辨，也容易使人产生疲劳。

（10）色彩的积极与消极感

色彩的积极与消极感和色彩的兴奋与沉静感相似。体育教练为了充分发挥运动员的体力潜能，曾尝试将运动员的休息室、更衣室刷成蓝色，以便创造一种放松的气氛；当运动员进入比赛场地时，要求先进入红色的房间，以便创造一种强烈的紧张气氛，用于鼓动士气，使运动员提前进入最佳的竞技状态。

（11）色彩的季节感

① 春天。是具有朝气、生命的特性，一般各种高明度和高纯度的色彩，以黄绿色为典型。黄色是最接近于白光的色彩，黄绿色则是它的强化色。浅的粉红色和浅蓝色调子扩大并丰富了这种和谐色。黄色、粉红色和淡紫色是在植物的蓓蕾中常见的。

② 夏天。具有阳光、强烈的特性，一般是高纯度的色彩形成的对比，以高纯度的绿色、高明度的黄色和红色为典型。

③ 秋天。具有成熟、萧索的特性，一般是黄色以及暗色调为主的色彩。秋季的色彩同春季的色彩对比最为强烈。在秋季，草木的绿色已经消失，即将衰败而变为阴暗的褐色和紫灰色。

④ 冬天。具有冰冻、寒冷的特性，一般是灰色、高明度的蓝色、白色等冷色（图 3.29）。

图 3.29　色彩的季节感

（12）色彩的音感

人们有时会在看色彩时感受到音乐的效果，这是由于色彩的明度、纯度、色相等的对比所引起的一种心理感应现象。通过色彩的搭配组合，使色彩的明度、纯度、色相产生节奏和韵律，同样能给人一种有声之感。

一般来说，明度越高的色彩，感觉其音阶越高，而明度很低的色彩有重低音的感觉。

有时我们会借助音乐的创作来进行广告色彩的设计，在广告色彩设计说运用音乐的情感进行搭配，就可以使广告画面的情绪得到更好的渲染，而达到良好的记忆留存。在色彩上，黄色代表快乐之音，橙色代表欢畅之音，红色代表热情之音，绿色代表闲情之音，蓝色代表哀伤之音。

（13）色彩的味觉感

使色彩产生味觉的，主要在于色相上的差异，往往因为事物的颜色刺激，而产生味觉的联想。能激发食欲的色彩源于美味事物的外表印象，例如刚出炉的面包；烘烤谷物与烤肉；熟透的西红柿、葡萄等。按味觉的印象可以把色彩分成各种类型。最具芳香感的色彩是浅黄、浅绿色，其次是高明度的蓝紫色。芳香色是女人的色彩，因此这些色彩在香水、化妆品与美容、护肤、护发用品的包装上经常看到。浓味色，主要依附于调味品、咖啡、巧克力、白兰地、葡萄酒、红茶等，这些气味浓烈的东西在色彩上也较深浓，暗褐色、暗紫色、茶青色等便属于这类使人感到味道浓烈的色彩。

下面把色彩的其他味觉列出，供读者在设计时参考（图3.30）。

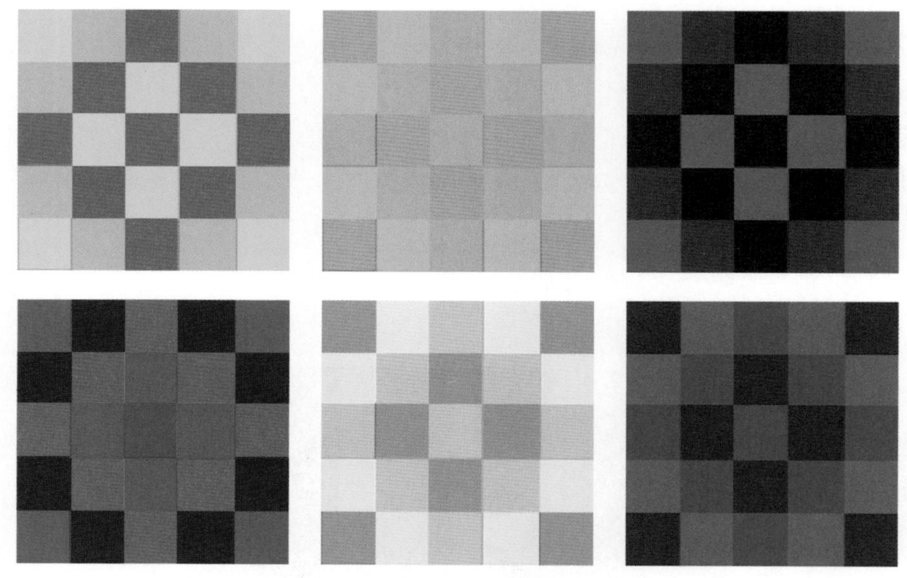

图 3.30　色彩的味觉感

① 酸：黄绿、绿、青绿，主要来自未熟果实的联想。

② 甜：洋红、橙、黄橙、黄等比较具有甜味，主要来自成熟果实的联想，加白色后甜味转淡。

③ 苦：黑褐、黑、深灰色，苦的印象主要来自烤焦的食物与浓厚的中药。

④ 辣：红、深红为主色，搭配黄绿、青绿可体现辣味，主要来自辣椒的刺激。

⑤ 咸：盐或酱油之味觉，以灰、黑搭配及黑褐色为主。

⑥ 涩：以加灰和绿色为主，搭配青绿、橄榄绿来表现。

（14）色彩的形状感

色彩也具有各自的几何形状的特性，如果能和形状结合起来，可以加强本身的特性。

① 圆形：具有温和、圆滑的特性，适合蓝色的特性。

② 正方形：具有方正、有重量感，适合红色的特性。

③ 三角形：具有尖锐、积极感，适合黄色的特性。

④ 长方形：介于黄与红色之间，适合橙色的特性。

⑤ 椭圆：介于红与蓝之间，适合紫色的特性。

3.5.3 色彩的心理差异

产生色彩心理差异的原因很多，如人们的性别、年龄、性格、气质、健康状况、爱好、习惯等。此外不同国家或民族的生活环境、传统习惯、宗教信仰等存在差异，因此产生对色彩的区域性偏爱和禁忌。

（1）色彩的民族特征

色彩设计大师朗科罗在“色彩地理学”方面的研究成果证明：每一个地域都有其构成当地色彩的特质，而这种特质导致了特殊的具有文化意味的色谱系统及其组合，也由于这些来自不同地域文化基因的色彩不同的组合，才产出了不同凡响的色彩效果。

从时间来看，脆弱的人类由于外界恶劣的环境而本能地渴望掌握征服环境的技术，以求得安全感。随着时间的推移，氏族发展成部落，部落组成部落联盟，成为民族的最初形态。而这些在相同环境中生活的人群慢慢形成相似的生活习惯和生存态度。这种态度逐步演变成某种约定、规范，最终积淀下来，产生了民族的习惯。色彩的特殊意味是在本民族长期的历史发展过程中，由特定的本族的经济、政治、哲学、宗教和艺术等社会活动凝聚而成的，它有一定的时间稳定性。

从空间来看，这种文化意味是特定民族的经济、政治、宗教和艺术等文化与民族审美趣味互相融合的结果。在一定程度上这种色彩已经成为该民族独特文化的象征。

（2）色彩的性别特征

男性性格一般较为冷静、刚毅、硬朗、沉稳。喜好色彩一般多为冷色，喜爱的颜色大致相仿，色调集中褐色系列，并且喜好暗色调、明度较低的中纯度色彩，但同时喜欢具有男性有力特征的对比强烈的色彩，表现其力量感。女性性格一般较为温婉，通常喜好表现温柔和亲切的对比较弱的明亮色调，特别是纯度较高的粉色系。女性喜爱的颜色各不相同、色调较为分散，但多为温暖的、雅致的、明亮的色彩。紫色认为是最具有女性魅力的色彩。

（3）色彩的年龄特征

出生不到一岁的婴儿，由于视网膜没有发育成熟，大都喜欢柔和明亮的色调。儿童性格活泼，充满好奇心，对红、橙、黄、绿这类鲜艳的纯色色调的刺激很感兴趣。青年人喜欢的色彩跨度很大，从充满活力的纯色到强壮有力的暗色，都是年轻人喜欢的色彩。一般城市里的年轻人偏爱成熟理性的冷色。中年人更期待宁静恬淡的生活氛围，喜欢稳重温和的色调。老年人的心理期待健康、喜庆、热闹，因此喜欢平静素雅的色彩和象征喜庆的红色。

（4）色彩的性格特征

人们由于性格类型的不同对色彩的喜好和心理感受是不相同的。一般性格外向、活泼的人喜欢明亮的高纯度、对比强烈的色调。性格内向、沉稳的人一般喜欢纯度低、温和的色调。最典型的例子就是中国京剧脸谱。京剧脸谱大致分为红脸、黄脸、黑脸、白脸、蓝脸、绿脸等，不同色调的脸谱表达了不同人物角色的性格、社会地位等信息，以及观众对角色的理解和评价。如：黑色表示刚直和勇敢，红色表示忠义、勇猛、热心肠，紫色表示高贵、善良、耿直等等。

第 4 章
设计形态

如今随着科学技术的不断进步，设计随着现代工业的发展和社会精神文明的提高，并且在人类文化、艺术及新生活方式的增长和需求下发展起来，成为一门集科学与美学、技术与艺术、物质文明与精神文明、自然科学与社会科学结合的边缘学科。

设计是一个相当多元化的领域，亦是技术的化身，同时也是美学的表现和文化的象征。设计行为是一种知识的转换、理性的思考、创新的理念及感性的整合。设计行为所涵盖的范围相当广泛，举凡与人类生活及环境相关的事物，都是设计行为所要发展与改进的范围。在20世纪90年代前，一般在学术界中将设计的领域归纳为三大范围：产品设计、视觉设计与空间设计。这是依设计内容所定出的平面、立体与空间元素之综合性分类描述。但到了90年代后，由于电子与数字媒体技术的进步与广泛应用，设计领域自然而然地又产生了“数字媒体”领域，使得在原有的平面、立体和空间三元素外，又多出了一项四度空间之时间性视觉感受表现元素。此四种设计领域各有其专业的内容、呈现的样式与制作的方法。

随着人类生活形态的演进，设计领域的体验渐趋多元化，然其最终的目标却是相同的，就是提供人类舒适而有质量的生活。例如，产品设计就是提供人类高质量的生活机能，包括家电产品、家具、信息产品、交通工具和流行商品等；视觉设计就是提供人类不同的视觉震撼效果，包括包装设计、商标、海报、广告、企业识别和图案设计等；空间设计则可提升人类在生活空间与居住环境的质量，其中包括室内、展示空间、建筑、橱窗、舞台、户外空间设计和公共艺术等。而数字媒体更是跨越了二度及三度空间之外另一个层次的心灵、视觉、触觉与听觉的体验，其中包括动画、多媒体影片、网页、互联网、视讯及虚拟现实等内容。

林崇宏在其所著的《设计概论——新设计理念的思考与解析》中指出，设计领域的多元化，在今日应用数字科技所设计的成果中，已超乎过去传统设计领域的分类。21世纪社会文化急速的变迁，让设计形态的趋势也随之改变。在新科技技术的进展下，新设计领域的分类必须重新界定，大概分为工商业产品设计（Industrialand commercial product design）、生活形态设计（Life style design）、商机导向设计（Commercial strategy design）和文化创意产业设计（Cultural creative industry design）四大类（表4.1）。

表 4.1　新设计领域的分类

设计形式	设计的分类	设计参与者
工商业产品设计	电子产品：家电用具、通信产品、计算机设备、网络设备 工业产品：医疗设备、交通工具、机械产品、办公用品 生活产品：家具、手工艺品、流行产品、移动电话用品 族群产品：儿童玩具、银发族用品、残障者用具	工业设计师 软件设计师 电子设计师 工程设计师
生活形态设计	休闲形态：咖啡屋、KTV、PUB 娱乐形态：网络线上购物、交友、电动玩具 多媒体商业形态：电子邮件、商业网络、网络学习与咨询、移动电话网络	计算机设计师 工业设计师 平面设计师
商机导向设计	商业策略：品牌建立、形象规划、企划导向 商业产品：电影、企业识别、产品发行、多媒体产品 休闲商机：主题公园、休闲中心、健康中心	管理师 平面设计师 建筑师
文化创意产业设计	社会文化：公共艺术、生活空间、公园、博物馆、美术馆 传统艺术：表演艺术、古迹维护、本土文化、传统工艺 环境景观：建筑、购物中心、游乐园、绿化环境	艺术家 建筑师 环境设计师 工业设计师

（1）工商业产品设计

工商业产品包括生活性产品、工具、休闲与流行商品，只要是一种可使用及可操作而产生功能效果的产品，都归纳为此类设计形态。其涵括的范围相当广泛，由最小的流行饰物到最大的工业用设备。此类设计所要考虑到的是商品的操作接口形式，是否合乎人类的各种特质（人性、物性、文化、逻辑和语意）。所以，借由使用者操作上的反应来决定设计的条件和状况，让商品的操作尽量可以满足使用者的需求，诸如人因工程、语意学、色彩、生产技术、材料、产品造型、操作接口等，都是考虑的因素。

（2）生活形态设计

借着电子科技、计算机信息与网络的进步，人类的生活进入了另一个形态模式，它包含了休闲生活、流行设计、网络生活、SOHO、E化休闲、MSN、电子商务等生活方式。此乃一种开放性的生活形态，不会因时间、地点、空间和设计形式而限制。设计师必须针对新的生活趋势或流行导向，为各种族群爱好者创意设计出所向往的各种生活形态方式。例如，以网络线上为主的各种网络沟通、交易和互动学习等形式，会是未来十年的生活主流。网络族群是一个很大的消费族群，无论是商业、教育学习、交友、购物、运动休闲、健康养生等，设计师必须替这些族群构想出一些新的生活点子、新的娱乐方式或者生活形态。以目前网络的技术，已可达到任何与生活上有关的各种活动，都可以网络形式来完成人类的各种需求，且会比传统的形式来得快速、准确及方便。

（3）商机导向设计

商机导向设计是属于商业策略的品牌形象设计，包含商业用宣传品，以及商业产品中的包装、品牌形象等，以宣传企业商品、服务及建立企业形象为主。此类设计不只与视觉传达活动相关，与设计管理行为、品牌提升、形象、产品制作及规划也都息息相关。借由设计的策略，成功地将企业目标与形象导入消费者的观念里，建立起企业的品牌象征，使消费者都能使用他们的商品或服务。全世界连锁的快餐店麦当劳就是典型成功的例子：它成功地抓住了儿童的心理需求，以购餐附赠玩具用品或者附加特值餐的手法，抢攻全世界的快餐营业市场，成为龙头老大。不只是在食品界，其他如娱乐界的电影及其附属的周边产品、服务界的银行、旅游业、工业界的家电公司和汽车公司等，都需要有商机导向的规划，利用设计管理的方法，与策略、创意品牌、形象、营销等手法来创造商机。这是属于商业契机的设计，故设计师所定的策略和规划方法对商机的成功或失败有很大的影响。

（4）文化创意产业设计

高科技的发明带来了人类在物质上的享受，许多设计产物提供了人类生活上的方便，例如家电产品、视觉享受的多媒体和网络沟通形式等。人类逐渐被电子产物与数字化生活所包围，却渐渐地与自身文化特质越离越远。人与人的沟通感知也越来越淡，这是人类的一项社会危机。为了防范人类远离文化与道德，设计师扮演了承先启后的角色，唤起人类回到文化的起源。提升文化须以人文思想为背景，美术、戏剧、电影、音乐、建筑、雕塑、设计、文学都是属于此类。例如，歌剧维护代表本土文化的古迹遗物；提升生活质量的公共艺术及各种博物馆、美术馆的设立等。无论是建筑师、景观设计师、工业设计师、平面设计师或是艺术工作者，都应积极参与文化提升的行列，并贡献其专长，让整个社会文化能在新时代的人类文明中延续其生命与价值。

设计世界中有一点令人困惑不解，那就是设计并没有明确的分类范畴。每个企业和教育机构对设计的解释、定义也都略有出入，“工业设计”和“产品设计”就是一个例子。工业设计是指工业制品的设计，产品设计则比较倾向日常生活用品的设计，两者经常被交错使用，而通常可以把产品设计归列在工业设计之下。

设计的分类范畴多且重叠，所以明确的分门别类并没有太大意义。为方便读者了解，以下先整理出具有代表性的设计对象，归纳几个类别与关键字。

4.1　工业设计

4.1.1　工业设计概述

4.1.1.1　工业设计的概念

国际工业设计协会（ICSID）自1957年成立以来，加强了各国工业设计专家的交流，并组织研究人员给工业设计下过两次定义。在1980年举行的第十一次年会上公布的修订后的工业设计的定义为："就批量生产的产品而言，凭借训练、技术知识、经验及视觉感受而赋予材料、结构、构造、形态、色彩、表面加工以及装饰以新的品质和资格，这叫作工业设计。根据当时的具体情况，工业设计师应在上述工业产品的全部侧面或其中几个方面进行工作，而且，当需要工业设计师对包装、宣传、展示、市场开发等问题的解决付出自己的技术知识和经验以及视觉评价能力时，也属于工业设计的范畴。"

2001年，国际工业设计协会第22届大会在韩国汉城举行，大会发表了《2001汉城工业设计家宣言》。宣言从起草到完成历经10个月，集合了来自53个国家专业人士的经验与智慧，对现代工业设计所涉及的对象、范畴、使命等做出了详尽的、较为完满的回答。

（1）我们现在所处之地

① 工业设计将不再只依赖工业上的制造方法；

② 工业设计将不再只是对物体的外观感兴趣；

③ 工业设计将不再只热衷于追求材料的完善；

④ 工业设计将不再受到"新"这个观念的迷惑；

⑤ 工业设计不会将舒适的状态和运动感觉模拟的缺乏相混淆；

⑥ 工业设计不会将我们身处的环境视为和我们自身隔离；

⑦ 工业设计不能成为满足无止境的需求的工具或手段。

（2）我们希望前进之处

① 工业设计评价"为什么"的问题更甚于"如何做"的问题；

② 工业设计利用技术的进步去创造较佳的人类生活状态；

③ 工业设计恢复了社会中业已失去的完善涵义；

④ 工业设计促进了多种文化间的对话；

⑤ 工业设计推动一项滋养人类潜能及尊严的"存在科学"；

⑥ 工业设计追寻身体与心灵的完全和谐；

⑦ 工业设计同时将天然和人造的环境视为欢庆生活的伙伴。

（3）我们希望成为何种角色以达此目的

① 工业设计师是介于不同生活力量间的平衡使者；

② 工业设计师鼓励使用者以独特的方式与所设计的对象进行互动；

③ 工业设计师开启使用者创造经验的大门；

④ 工业设计师需要重新接受发现日常生活意义的教育；

⑤ 工业设计师追寻可持续发展的方法；

⑥ 工业设计师在寻求企业及资本之前会先注意到人性和自然；

⑦ 工业设计师是选择未来文明发展方向的创造团队成员之一。

《2001汉城工业设计家宣言》的发表不但在设计的对象、设计的意义、设计的价值等方面比较全面、准确地回答了世界工业设计发展的需求，对工业设计家应该承担的责任与义务也提出了全面的、深刻的、具体的要求，为当代设计师指明了应该为之努力的具体方向，同时也为中国工业设计及中国工业设计教育的发展提供了一份深刻的、极有研究价值的文本。

2006年国际工业设计协会的《设计的定义》，涵盖了设计的所有学科，从内容和任务两个方面对“设计”概念的内涵和外延重新进行了限定，为ICSID的协会成员发展的战略、目标提供了统一的基础。

设计是一种创造性的活动，其目的是为物品、过程、服务以及它们在整个生命周期中构成的系统建立起多方面的品质。因此，设计既是创新技术人性化的重要因素，也是经济文化交流的关键因素。

设计的任务，致力于发现和评估与下列项目在结构、组织、功能、表现和经济上的关系：增强全球可持续发展意识和环境保护意识（全球道德规范）；给社会、个人和集体带来利益和自由；最终用户、制造者和市场经营者（社会道德规范）；在全球化的背景下支持文化的多样性（文化道德规范）；赋予产品、服务和系统以表现性的形式（语义学），并与它们的内涵相协调（美学）。

设计关注于由工业化，而不只是由生产时用的几种工艺所衍生的工具、组织和逻辑创造出来的产品、服务和系统。限定“设计”的形容词“工业的”（industrial）必然与工业（industry）一词有关，也与它在生产部门所具有的含义，或者其古老的含义“勤奋工作”（industrious activity）相关。也就是说，设计是一种包含了广泛专业的活动，产品、服务、平面、室内和建筑都在其中。这些活动都应该和其他相关专业协调配合，进一步提高生命的价值。

从以上ICSID对工业设计定义的发展变化中可以看出，工业设计的概念并非僵化的、一成不变的，而是随着社会的发展不断向前演进：从最初的大工业生产条件下的产品装饰，到随后的人机工程学的加入，以及后来在功能与形式之间的徘徊，工业设计已由纯形式的审美设计发展为方式设计和产品的文化设计。我们可将这一过程描述为：由产品的表征设计发展为人的生存方式的设计，由对产品形式的研究发展为对特定社会形态中人的行为方式及需求的研究，由产品的外在表现形式发展为对人的生存方式、人的价值以及生命意义的关注。

4.1.1.2　工业设计的特征

工业发展和劳动分工所带来的工业设计，与其他的艺术活动、生产活动、工艺制作等都有着明显的不同，它是各种学科、技术和审美观念交叉融合的产物。工业设计的特点如下。

（1）时代性

现代科学技术的飞速发展，新材料、新工艺、新技术不断涌现，极大地推进了经济进步和社会发展。计算机和网络技术、纳米技术、航天技术为现代工业设计提供了日益宽广的平台。工业设计与时代发展的脉搏互相契合，互相促进。

在航空制造发展的过程中，材料的更新换代呈现出高速的更迭变换，材料和飞机一直在相互推动下不断发展。“一代材料，一代飞机”正是世界航空发展史的一个真实写照。

案例 1

全球最轻的材料——“飞行石墨”

英国基尔大学和德国汉堡科技大学的科学家们研制出了迄今为止全球最轻的材料“飞行石墨”（Aerographite），其密度仅为0.2毫克/立方厘米。虽然它看起来像一块黑色不透明的海绵，却是由99.99%的空气构成的。研究人员表示，新材料性能稳定，具有良好的导电性、可延展性，而且非常坚固，因此可广泛应用于电池、航空航天和电气屏蔽等领域。研究发表在《先进材料》杂志上。

“飞行石墨”是由多孔的碳管在纳米和微米尺度三维交织在一起组成的网状结构。尽管其质量很轻，弹性却非常好，拥有极强的抗压缩能力和张力负荷。它可以被压缩95%，然后恢复到原有大小。另外，它还几乎能吸收所有光线。

因为其独具的特性，“飞行石墨”能被安装在锂离子电池的电极上，这就使电池需要的电解质溶液很少，电池的质量由此大为减轻，得到的小电池可以用在电动汽车或电动自行车上。其未来的应用领域还包括让合成材料具有导电性，困扰很多人的静电干扰可能会因此得以避免。

另外，“飞行石墨”还可以应用于航空航天和卫星领域所用的电子设备上，因为这些设备必须能耐受大量的振动；而且，新材料也有望应用于水净化方面，作为吸附剂吸附水中的污染物，因为它能氧化或分解并移除水中的污染物。其卓越的力学稳定性、导电性以及表面积大等优点也会让科学家们大大受益，甚至还可以用于恒温箱或通风设备以净化环境空气。

（2）创新性

设计就是创新，创新是工业设计的灵魂和永恒不变的主题。设计不仅是为现有社会的需求提供一个直接而短暂的答案，更要去发掘潜在的不易觉察的社会需求，并且有针对性地提出具有前瞻性的解决方案。现代企业面临的竞争往往是国际化的，没有创新性的设计就没有市场竞争力，最终将被市场淘汰。

案例 2

Walmart未来派载货卡车

非奔驰、宝马，也非奥迪、福特等著名车厂设计，这辆流线型的未来派载货卡车“竟然”出自大型连锁超市Walmart之手！作为一家拥有超过7000辆载货卡车的公司，他们确实在这方面下足了功夫。这辆卡车全名 Walmart Advanced Vehicle Experience（WAVE），除了核燃料，它的混合动力引擎能够使用任何现有的以及未来会出现的燃料，比如柴油、生物柴油、天然气、电力等。此外，该车拥有更符合空气动力学的车头造型以及几乎全碳纤维车身，使其比现有同类卡车要更省油、更轻、容积更大。它的车头采用中央驾驶室样式，司机通过全景玻璃与LCD的配合获得开阔的车外视野（图4.1）。

图 4.1　Walmart 未来派载货卡车

（3）市场性

工业设计是现代化大生产的产物，研究的是现代工业产品，要满足的是现代社会的需求。工业设计不是纯艺术，它有一定的商业目的，是企业在市场竞争中必须采用的策略、商业行为和必要方式。尽管拥有创新技术可以在激烈的市场竞争中占有优势，但技术的开发非常艰难，代价和费用极其昂贵。相比之下，利用现有技术，依靠工业设计，则可用较低的费用提高产品的功能与质量，使其更便于使用、更美观，从而增强产品的竞争能力，提高企业的经济效益。例如我们都知道，把电视机的显示方式由阴极射线式（CRT）的变成液晶式（LCD）的，这是一大技术进步，但又是何等艰难。而对电视机的结构、外观造型、色彩进行的调整和设计则相对简单、便利，如果这些设计能够与消费者的需求相契合，也能收到很好的市场效果。因此，这些非核心技术方面的工业设计要素往往也是现今国际市场商品竞争的焦点。企业要重视工业设计，增强产品的附加值和市场竞争力，增加企业的经济效益。

案例 3

软木塞LED灯

将软木塞截取一节套上可通过USB充电的LED灯，再塞在通透的空玻璃瓶口上，柔和的光线溢出，折射出一室温馨……充电一小时可保证两个半小时照明，透着简约而自然的北欧风情。套在不同颜色大小的玻璃瓶上还能发出不同色彩强度的光线（图4.2）。

图4.2　软木塞LED灯

（4）组织性

现代工业设计是有组织的活动。工业时代的生产，批量大、技术性强，不可能由一个人单独完成。为了把需求、设计、生产和销售协同起来，就必须进行有组织的活动，发挥团队优势和专业分工所带来的效率，更好地完成满足社会需求的最高目标。现代产品的高科技性和复杂性也决定了产品设计必须以团队合作的方式进行。

（5）系统性

设计的根本目的是满足人的需求，或者说“以人为本”，要将人、产品（人造物上）、人所生存生活的环境作为一个有机联系的整体统一考虑，使人安全、高效、舒适、健康和经济地使用（或操作）产品（或机器），同时考虑资源保护和环境的可持续发展，使人-产品（人造物）-环境之间协调发展。特别是面对越来越严峻的生存环境和诸多挑战，诸如气候变暖、能源危机、竞争国际化等，企业要在竞争中生存并赢得胜利，必先谋定而后动，设计因此显现出前所未有的重要性。工业设计是人-产品-环境的中介，工业设计的基本思想之一就是协调与统一，它不仅寻求产品本身（如功能与美感）的统一，更寻求产品与人、产品与环境之间的协调一致。树立“以人为本”的设计理念，运用最先进的设计解决方案，不仅能成就企业的创新和可持续发展，还能为整个世界的可持续发展提供保障。

案例4

日本折叠头盔设计

作为地震多发地带，日本人对于防护性用具的设计可谓精益求精。这款折叠头盔使用牢固ABS材质制作，但仅重430克，平时折叠起来放在书包里毫不碍事，而一旦遇到紧急情况，只需拉动头盔后面的绳索，扁扁的头盔便立刻恢复原状，起到快速防护的作用（图 4.3）。

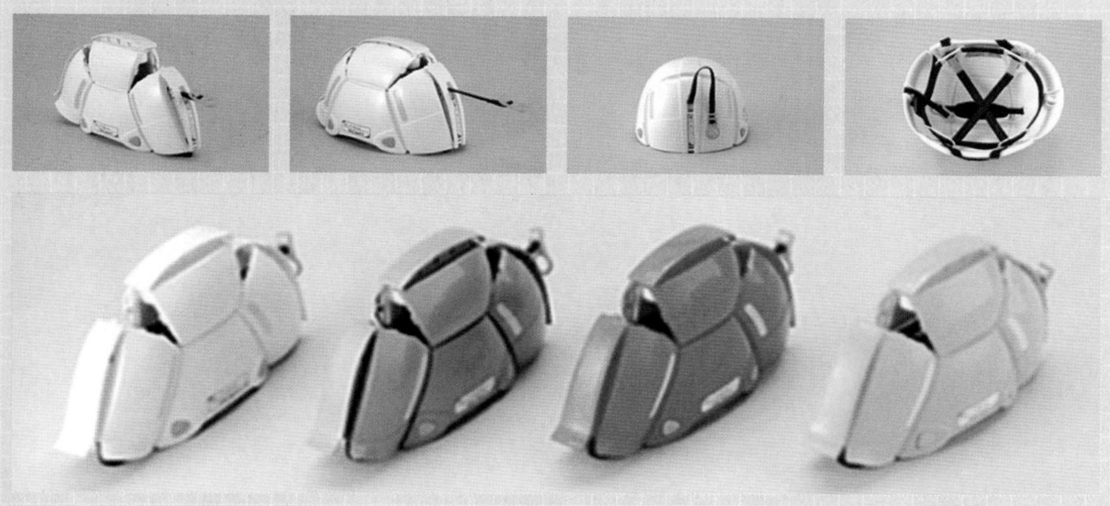

图 4.3　日本折叠头盔设计

4.1.1.3　工业设计的意义

工业设计的作用可以总结为满足人们的需求、促进工业化生产方式、促进科学技术的转化、满足市场需求、提升产品附加值、提高企业效益、促进可持续发展和提升国家竞争力等。工业设计的意义主要体现在以下几个方面。

（1）满足人们的需求

首先，满足人们对产品功能的需求。工业设计侧重于解决人与物之间的关系，既要倾向于满足人们的直接需要，又要保证产品生产的安全性、产品的易用性、制造成本的低廉性等，使产品的造型、功能、结构科学合理，符合人们的使用需要。

其次，满足人们对美的需求。爱美是人类的天性，工业设计既体现了艺术美，又体现了技术美，实现了技术与艺术的完美结合。通过工业设计不仅能够提高产品造型的艺术性，还能够通过对产品各部件的合理布局，增强产品自身的形体美以及与环境协调的功能美。

案例 5

日本设计师 Yasutoshi Mifune 衣帽架设计

日本设计师 Yasutoshi Mifune 采用一个弯曲的金属棒创建了一个简单的解决方案来挂衣服或外套，可以在两个不同的高度保持衣服进行多个角度移动（图 4.4）。

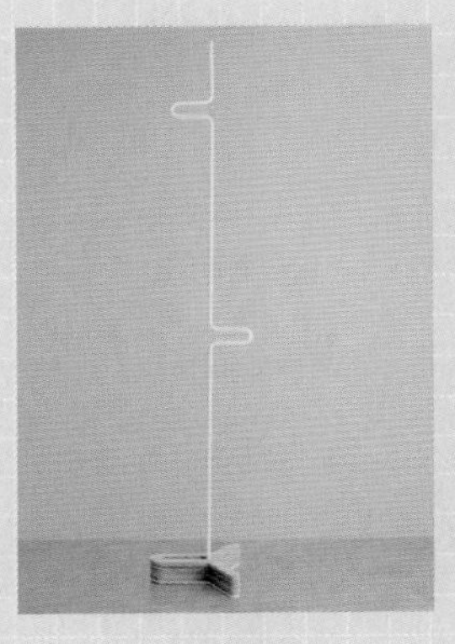

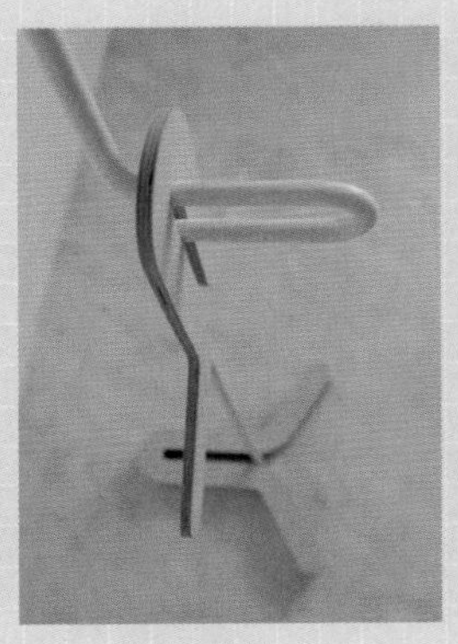

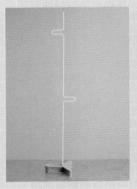

图 4.4　一个简单的衣帽架设计

最后，满足人们的精神需求。随着生活质量的提高，人们在物质功能得到满足的同时追求更多的精神功能，注重产品风格差异和精神享受，重视产品所带来的体验；在满足消费者使用需求的同时，提供了文化审美。

（2）促进工业化生产方式

工业设计源于大生产，并以批量生产的产品为设计对象，所以进行标准化、系列化，加快大批量生产为人们提供更多更好的产品，是其目的之一。除此之外，工业设计还有使产品便于包装、存储、运输、维修、回收、降低环境污染等作用。

（3）促进科学技术的转化，满足市场需要

据估算，在整个研发新产品的过程中，技术方面的投入占80%~90%，设计方面的投入占10%~20%，但设计方面的投入往往对技术方面投入的成败起决定性作用。一方面，工业设计可促进科技成果的商品化。长期以来，把科技成果转化成商品一直是人们关注的一个问题。在新产品开发过程中，技术研究与实验的成功仅仅是完成了一半的工作，只有经过工业设计才能将科技成果转化为生产力，为企业创造经济效益。另一方面，工业设计还决定着技术的商品化程度、市场占有率和对销售利润的贡献。企业开发新产品的实力不仅表现在技术进步、产品质量和生产效率的提高上，还表现在对于动态市场需求的把握和把技术成果转化成商品的能力上。也就是说，企业在技术方面和工业设计方面的综合能力，才能反映一个企业开发新产品的实力。另外，工业设计创新水平直接影响技术创新水平，好的设计创意会极大地推动企业技术创新的发展。

（4）提升产品附加值，提高企业效益

工业设计是提高产品附加值的有效手段。经过工业设计师精心设计的产品，容易受到消费者的喜爱，同时也将给生产企业带来更大的利润空间。产品的生产成本、运输费用等都是固定的价值，但是产品的功能、色彩、形态和它带给人的心理感受是很难计算出来的，都可以给产品带来很大的附加值，为企业创造更多的财富。因此，通过优良设计创造新价值将成为未来市场潮流的重要特征。

设计不仅是在设计产品，同时也是在设计企业。通过工业设计还可以实现对企业形象的重塑。一个重视设计的企业会将设计作为一项重要的资源，对产品开发设计、广告宣传、展览、包装、建筑、企业识别系统以及企业经营的其他项目等进行综合观察与思考，进行统一的策划和设计，在激烈的市场竞争中树立突出的、有公信力的、不断开拓进取的企业形象。现代企业都把企业形象战略视为崭新而又具体的经营要素，通过工业设计提升企业形象，引导消费潮流，促进产品的销售。另外，工业设计也是企业文化中的重要组成部分。

设计创新是保持企业旺盛生命力和竞争力的重要手段。当今世界企业之间的竞争已由产品价格和质量竞争转入品牌的竞争，而设计是成就企业品牌的重要因素。通过设计不断创新，不断推出新产品，使企业在市场上保持旺盛的生命力。

（5）促进可持续发展

可持续发展是指既满足当代人的需求，又不危及后代人满足其需求的发展。服务于大工业生产的工业设计在为人类创造现代生活方式和生活环境的同时，也加速了对资源、能源的消耗，并对地球的生态平衡造成了极大的破坏。这些都引起了设计师的反思，使设计师从最初只关注人与物的关系发展到开始关注人与环境及环境自身的存在，可持续发展的设计观逐渐为设计界所广泛认可。

（6）提升国家竞争力

如今，工业设计被称为“创造之神”“富国之源”，一直被经济发达国家或地区作为核心战略予以普及与推广。

发达国家发展的实践表明，工业设计已成为制造业竞争的源泉和核心动力之一。尤其是在经济全球化日趋深入、国际市场竞争激烈的情况下，产品的国际竞争力将首先取决于产品的设计开发能力。各国企业界已纷纷认识到，设计就是竞争力，众多企业迅速调整结构，将产品开发设计作为头等大事来抓，设计的竞争正成为现代企业间竞争的核心。

4.1.2 人机工程学

4.1.2.1 人机工程学概念

社会的发展、技术的进步、产品的更新、生活节奏的加快等一系列的社会与物质的因素，使人们在享受物质生活的同时，更加注重产品在“方便”“舒适”“可靠”“价值”“安全”和“效率”等方面的评价，也就是在产品设计中常提到的人性化问题。

所谓人性化产品，就是包含人机工程的产品，只要是“人”所使用的产品，都应在人机工程上加以考虑，产品的造型与人机工程无疑是结合在一起的。我们可以将它们描述为：以心理为圆心，生理为半径，用以建立人与物(产品)之间和谐关系的方式，最大限度地挖掘人的潜能，综合平衡地使用人的机能，保护人体健康，从而提高生产率。仅从工业设计这一范畴来看，大至宇航系统、城市规划、建筑设施、自动化工厂、机械设备、交通工具，小至家具、服装、文具以及盆、杯、碗筷之类各种生产与生活所创造的“物”，在设计和制造时都必须把“人的因素”作为一个重要的条件来考虑。若将产品类别区分为专业用品和一般用品的话，专业用品在人机工程上则会有更多的考虑，它比较偏重于生理学的层面；而一般性产品则必须兼顾心理层面的问题，需要更多地符合美学及潮流的设计，也就是应以产品人性化的需求为主。

人机工程学是一门新兴的边缘科学。它起源于欧洲，形成和发展于美国。人机工程学在欧洲称为Ergonomics，最早是由波兰学者雅斯特莱鲍夫斯基提出来的，它是由两个希腊词根组成的。“ergo”的意思是“出力、工作”，“nomics”表示“规律、法则”的意思，因此Ergonomics的含义也就是“人出力的规律”或“人工作的规律”。也就是说，这门学科是研究人在生产或操作过程中合理地、适度地劳动和用力的规律问题。人机工程学在美国称为“Human Engineering”（人类工程学）或“Human Factor Engineering”（人类因素工程学）。在我国，所用名称也各不相同，有“人类工程学”“人体工程学”“工效学”“机器设备利用学”和“人机工程学”等。为便于学科发展，统一命名为“人机工程学”，简称“人机学”。“人机工程学”的确切定义是，把人-机-环境系统作为研究的基本对象，运用生理学、心理学和其他有关学科知识，根据人和机器的条件和特点，合理分配人和机器承担的操作职能，并使之相互适应，从而为人创造出舒适和安全的工作环境，使工效达到最优的一门综合性学科。

4.1.2.2 人机工程学特点

人机工程学的显著特点是，在认真研究人、机、环境三个要素本身特性的基础上，不单纯着眼于个别要素的优良与否，而是将使用“物”的人和所设计的“物”以及人与“物”所共处的环境作为一个系统来研究。在人机工程学中将这个系统称为“人-机-环境”系统。这个系统中，人、机、环境三个要素之间相互作用、相互依存的关系决定着系统总体的性能。本学科的人机系统设计理论，就是科学地利用三个要素间的有机联系来寻求系统的最佳参数。

系统设计的一般方法，通常是在明确系统总体要求的前提下，着重分析和研究人、机、环境三个要素对系统总体性能的影响，如系统中人和机的职能如何分工、如何配合、环境如何适应人、机对环境又有何影响等问题，经过不断修正和完善三要素的结构方式，最终确保系统最优组合方案的实现。这是人机工程学为工业设计开拓了新的思路，并提供了独特的设计方法和有关理论依据。

设计优良的产品作为一个全息系统的局部，一个产品中包括了我们这个商品社会中的全部信息。一件设计优良的产品，必然是人、环境、经济、技术、文化等因素巧妙融合与平衡的产物。开始一项产品设计的动机可能来自各个方面，有的是为了改进功能，有的是为了降低成本，有的是为了改变外观，强化“柜台效应”，以吸引购买者，更多的情况是上述几方面兼而有之。于是，对设计师的要求就可能来自功能、技术、成本、使用者的爱好等各种角度。不同的产品设计的重点也大不相同。我们可以借由挪威Stokke公司在不同阶段对儿童座椅系统的设计来进行理解。

案例 6

挪威Stokke公司儿童座椅设计

斯托克公司（Stokke）是挪威目前最大的家具制造和出口公司，也是声望最高的一家家具公司。该公司成功之处在于其设计方向明确严格的人体工程学原则及对原创作品平衡系列（Balans-Group）的研究和应用。其首席设计师彼得·奥普斯韦克（Peter Opsvik）进一步发展了公司的设计思想：即使在坐着的时候，人也在不停地运动。

（1）Tripp Trapp®成长椅系统

Tripp Trapp®成长椅由设计师Peter Opsvik于1972年创造，如图4.5所示，他说：“在1972年，能供两岁及以上儿童使用的座椅唯有一种特制的小椅子，或只适用于成人而勉强供儿童使用的普通椅子。我的目标是设计一种椅子，它能让各种身材的人以自然的方式坐在同一张桌子旁。我希望坐在桌边的人更加愉快并活动得更为自如”。

图 4.5　成长椅造型上的进化

这种椅子的高度可调，可陪小孩从6个月“长到”8岁，至今已售出300多万把，获奖无数，无可企及。事实上在那个年代这属于前所未有的设计，而Tripp Trapp®这样的产品更是后无来者，至今超过四十年，它还是独一无二（图4.6）。

图 4.6　成长椅是伴随孩子一起成长的好伙伴

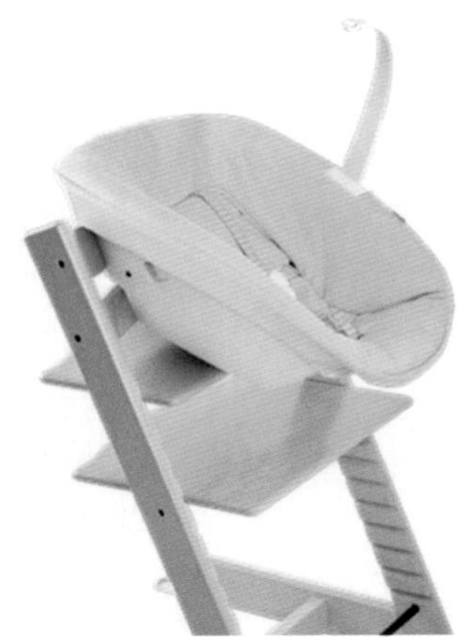
图 4.7　初生婴儿套件

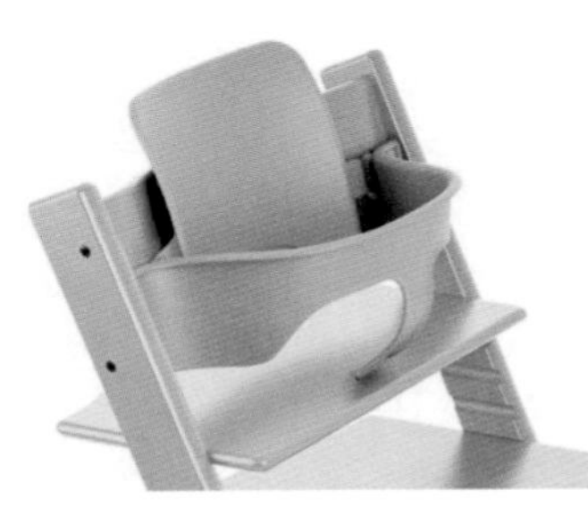
图 4.8　婴儿套件

Tripp Trapp®成长椅是伴随孩子一起成长的好伙伴，非常耐用，能使用至孩子长大成人，创造了一个更安全及稳妥的活动环境。

成长椅所呈现出来的是非常接近自然的原生态美感的北欧风格，没有一点多余的装饰，一切材质都袒露出原有的肌理和色泽。采用的木材来自橡树，质地柔韧，不变形，因此座椅的经典颜色选用了体现材质特点的天然色和核桃咖啡色。经过长期的产品售卖和市场反馈，为满足消费者个性化的配件和色彩搭配需求，如今的成长椅系统包括多种颜色和图案的初生婴儿套件、婴儿套件、坐垫、加长助滑装置和儿童餐盘。

① 初生婴儿套件。初生婴儿套件适用于初生到9千克的婴儿。当初生婴儿套件正确安装到Tripp Trapp®成长椅时，红色显示器会显示为绿色。初生婴儿套件的织品套件包括座椅套、肩垫和围嘴，均容易更换及清洗，并且是用可双面使用的面料制造的（图4.7）。

② 婴儿套件。到大约六个月大的时候，宝宝背部和脊柱将发育完善，足够支撑头部，开始可以端坐起来，这个时候初生婴儿套件的使用频率将大大降低，而要更换婴儿套件（图4.8）。

③ 坐垫。另外还配备了坐垫，坐垫柔软舒适。十分适合孩子使用。随着孩子渐渐长大，坐在椅子上玩耍、吃饭、与大人互动的时间变长，木制的坐板太过硬实，进入秋冬季节也太过冰凉。这个时候给孩子用上坐垫，给予孩子更多关爱，更能增加孩子和家长之间的情感（图4.9）。

④ 加长助滑装置。为了进一步增强成长椅靠背的稳固性，公司新开发了可拆换的后部加长助滑装置（图4.10）。

图 4.9　坐垫

图 4.10　加长助滑装置

⑤ 餐盘。当孩子可以画画、用颜料绘画和学习时，餐盘为什么只用来吃饭呢？六个月大时，孩子已经不仅仅想要吃固态食物，而是更多的娱乐。Stokke®儿童餐盘是一个游戏室、一个课堂，也是一个餐厅，各适其适。年龄较小的宝宝也应该可以跟家庭中的其他成员一样，一起分享，互相交流（图4.11）。

图 4.11　儿童餐盘——用餐、玩耍、学习

（2）新推出的儿童座椅系统

下面的产品是Stokke新推出的儿童座椅系统，包括一个婴儿助行器，当连接到椅子上会形成一个婴儿躺椅，也可以创建一个安全功能的高脚椅（图4.12）。

相比于市场上其他同类型的产品，即使售价比一般产品高出许多，也一样大受欢迎，足见其魅力所在。但也有这样一种产品，在市场上受到欢迎，是因其外形讨好且成本不高所致，缺点是产品轻。因此，在使用时本来一只手操作很方便，却不得不双手并用才行，这就是该产品在人机工程学上的不足之处；但在成本、售价及市场因素的考虑下，厂商还是推出了此种产品。而对于专业用品就不同了，例如美发师每天所使用的吹风机，除草机工人所使用的修剪机就绝对不能轻视人机工程学在生理层面上的考虑。

然而，一个好的产品设计是可以涵盖形态和人机因素的，产品的外形一样也可以有机会进行人机工程的发挥。

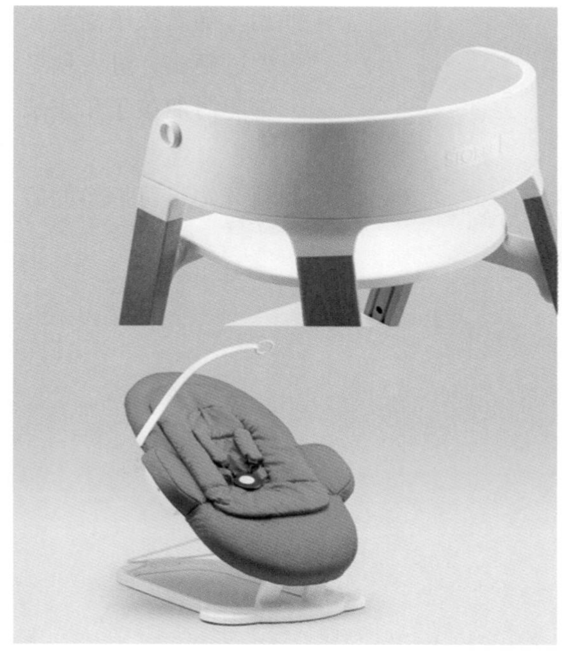

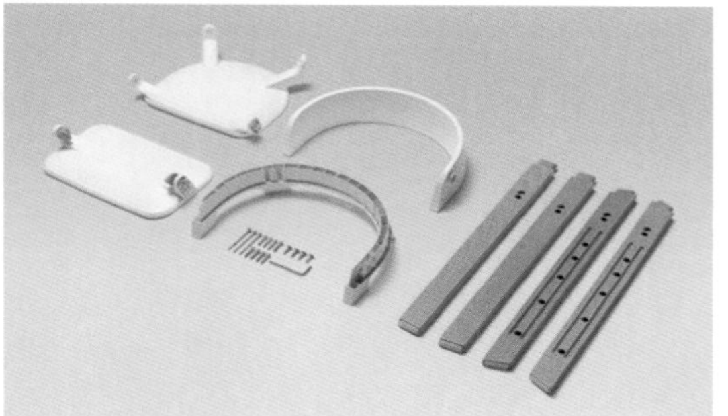

图 4.12　Stokke 新推出的儿童座椅系统

4.2 视觉传达设计

4.2.1 视觉传达设计概述

4.2.1.1 视觉传达设计的概念

视觉传达设计简称视觉设计，形成于20世纪60年代，是指利用视觉符号来传递各种信息的设计。符号和传达是视觉传达设计的两个基本概念。

广义的符号，是指利用一定的媒介来代表或指称某一事物的东西。符号既是实现信息储存和记忆的工具，又是表达思想感情的物质手段。人类的思维和语言交流都离不开符号，符号具有现实表现、信息叙述和传达的功能，是信息的载体。只有依靠符号的作用，人类才能进行信息传递和交流。

传达是指信息发送者利用符号向接受者传递信息的过程。它既可能是个体内的传达，也可能是个体之间的传达。一般可以把传达过程归纳为“谁”“把什么”“向谁传达”和“效果、影响如何”这四个程序。

“视觉传达设计”由英文“Visual Communication Design”翻译而来，但在西方仍普遍使用“Graphic Design”一词，甚至在概念上与平面设计等同。设计理论家王受之先生在《世界现代平面设计史》一书中对“平面设计”的界定是：平面设计是设计范畴中非常重要的组成部分，平面设计师把平面上的几个基本元素，包括图形、文字、插图、色彩、标志等以符合传达目的的方式组合起来，使之成为批量生产印刷品，使之具有进行准确视觉传达的功能，同时给观众带来视觉心理满足感。

在西方，有时也称视觉传达设计为信息设计（Information Design），它更强调视觉传达设计的信息传达这一功能，区别于以使用功能为主的产品设计和环境设计，并且强调以视觉符号进行传达，不同于靠语言进行的抽象概念的传达。视觉传达设计的过程，是设计者将思想和概念转变为视觉符号形式的过程。简而言之，视觉传达设计是“给人看的设计、告知的设计”。

4.2.1.2 视觉传达设计的特点

视觉传达设计包含的内容很多，涉及的领域也比较广泛，但一般表现为以下4个特点。

（1）符号性

在现代设计领域里，视觉传达设计主要是利用视觉形象承载着信息传递的职能进行文化沟通的一种设计。它作为一种特殊的符号，既有抽象功能，又有表现性，是一种深受个人情绪影响、反映审美意识的认知。通过视觉传达设计艺术的符号化表现特征，可以充分发挥图形在视觉传达中的作用。在设计和使用过程中，可以通过图像的视觉符号、视觉规律、视觉感受等，来寻求和创造设计的个性化和风格化。

案例 7

国外啤酒瓶包装设计

豪华的瓶身设计源于经典的瑞士现代设计，每一瓶都有不同的形象和三角形，体现魅力的成熟和优雅（图 4.13）。

图 4.13　国外啤酒瓶包装设计

（2）沟通性

视觉传达设计是一种双向沟通，并且是一种带有说服性的沟通，是信息发出者将信息通过大众媒体传递给目标受众，以求说服、诱导人们接收某种信息的沟通。只有当目标受众接收了信息，即认为信息是真实和可信的，并同意传播者所传递的观点时，信息才能真正发挥作用，从而实现双向沟通的过程。

案例 8

REBBL Tonic强度草药补品包装设计

每瓶都含有丰富美丽的排版插图，讲述该品牌的故事，以及有关各中草药成分的好处（图 4.14）。

图 4.14　REBBL Tonic 强度草药补品包装设计

（3）交叉性

视觉传达设计包含的内容很多，所以与其他学科关系也很密切。例如，包装设计就是视觉传达设计与产品设计的交叉；标志设计是视觉传达设计与环境设计的交叉。因此，视觉传达设计是一门交叉性很强的设计学科。这就要求设计师不仅要有图形设计的基本功，还要学习其他学科的知识，以利于提高自己的创作水平。

案例 9

环保干草鸡蛋盒

这套直接使用干草压缩而成的鸡蛋盒不仅要比纸浆包装盒更柔软，更蓬松，更易于降解回收，而且也让鸡蛋看上去更新鲜，仿佛刚刚从鸡窝里拿出来一般，再配上鲜艳的标签，一定会吸引大量顾客的（图4.15）。

图 4.15　环保干草鸡蛋盒

（4）时代性

视觉传达设计的时代性表现在多个方面，在表现内容和制作形式上体现得尤为明显。在物质生活和精神生活丰富的今天，设计师更应紧追时尚潮流，表现内容要迎合大众需求，也要能满足人们审美的时代性需求。

案例 10

索契冬奥会复古性感女郎招贴

最近索契冬奥会推出了宣传年历海报，大胆地采用了pin-up girl（复古性感女郎招贴）插画（图4.16）。

图 4.16　索契冬奥会复古性感女郎招贴

4.2.1.3　视觉传达设计的构成要素

视觉传达设计是使用各种形态和色彩将具有某种意义的内容，通过构图方式组合到一起传达给观者的设计，其基本构成要素有文字、图形和色彩。

（1）文字

文字是人类社会生活中使用最为普遍的信息要素。在视觉传达设计中，文字构成要素的运用是整个设计得以有效传达的基础，只有准确运用文字构成要素，才能将视觉传达设计的艺术性、表现性和功能性体现出来，达到较完美的视觉传达设计效果。同时，也能获得视觉传达信息接收者对信息的认知和反馈。

案例 11

Come into one“和合”海报设计

① 将表达主题的“和”“合”二字图形化、艺术化、放大放置在版面中央，给人很强的视觉冲击力。

② 其他所有文字信息采用左对齐的方式，使松散的文字段落整体化，打造舒适的阅读空间（图4.17）。

图 4.17　Come into one“和合”海报设计

案例 12

福杰仕星冰乐平面广告

① 将杯子的照片放置在版面下方，密集有序排列的字母组合放置在上方，杯子的大体量与纤细的字母形成重—轻对比，给人由下至上的上升视觉感。

② 杯子上方浮动的热蒸汽，产生向上的视觉牵引力（图4.18）。

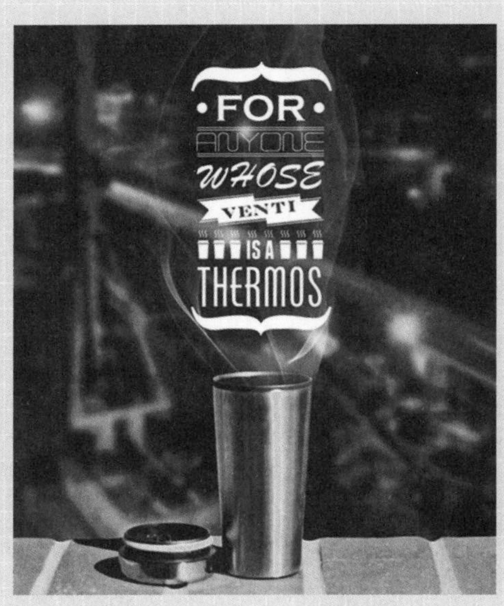

图 4.18　福杰仕星冰乐平面广告

（2）图形

图形语言是视觉传达设计的基础构成要素，利用各种图形将理念视觉化、形象化、信息化地加以表达。作为一种视觉形态，图形本身就具有语言信息的表达特征，例如锐角形态的三角形，具有好斗、顽强的感觉；六边形既不是圆形，又不是方形，给人平稳和灵活的感觉；圆形线条圆滑，给人平静的感觉；而正方形具有四平八稳的形态，表现出庄重、静止的特征。一个图形可以代表一个客观形象，而一组图形则可能说明一个故事、一个事件、一个完整的包含时空深度和广度的思维概念。

案例 13

日本京王百货宣传广告海报

日本平面设计大师福田繁雄在1975年为日本京王百货设计宣传广告海报，就开始利用“图”“底”间互生互存的关系来探究错视原理。作品巧妙利用黑白、正负形成男女的腿，上下重复并置，黑色“底”上白色女性的腿与白色“底”上黑色男性的腿，虚实互补，互生互存，创造出简洁而有趣的效果，其手法为“正倒位图底反转”。作品中的男女腿的元素，也成为福田海报中有代表性的视觉符号（图4.19）。

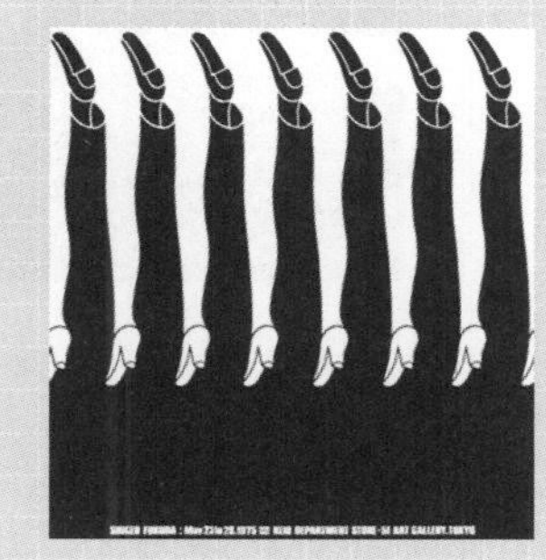

图 4.19 日本京王百货宣传广告海报

（3）色彩

在视觉传达过程中，色彩是第一刺激信息，视觉传达信息接收者对色彩的感知和反射是最敏感和最强烈的。色彩对人眼刺激的最佳时间值约为0.7秒，也就是在0.7秒内人们会产生对色彩的第一印象。在视觉传达设计中如何运用色彩构成要素，是设计成败的关键。因此，研究和探索色彩的运用，不仅要学习色彩基本知识、色彩应用原理，更重要的是掌握色彩搭配的理念，充分发挥色彩在视觉传达中的作用和功能。

案例 14

Vodafone沃达丰移动电话营办商广告

① 设计者用气球编织成不同的卡通人物形象，生动有趣，营造出轻松惬意的生活情趣。

② 画面中使用了蓝、红、紫、黄、橙等多种颜色的气球，这些颜色的色相相互组合使人物的形象十分鲜明，高纯度的色彩在黑色的背景中显得十分夺目。

③ 版面左下方的白色文字辅以红色底色色块，使得左对齐的文字信息显得十分具有秩序感，带给读者轻松、快捷的阅读体验（图 4.20）。

图 4.20　Vodafone 沃达丰移动电话营办商广告

案例 15

波纳尔食品包装设计

波纳尔是墨西哥专卖法国风味的茶和糖果的商店。他们推出的商品包装由不同颜色和笔触的色块组成基本的背景，然后配上无衬底的字体，其设计的灵感来自法国后印象派画家波纳尔。这种简洁、鲜艳和多彩的包装设计非常符合糖果、点心给人们的印象（图 4.21）。

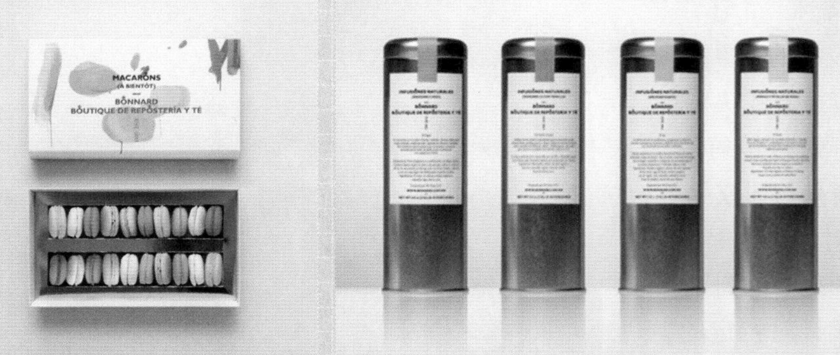

图 4.21　波纳尔食品包装设计

4.2.2 视觉传达设计应用

4.2.2.1　广告设计

（1）广告设计的定义

广告，从字面上看即“广而告之”之意，也就是向大众传播资讯的活动。这是对广告一种广义的释义。从狭义上讲，广告则是一种付费的宣传。

广告一词源于拉丁文“adverture”，其意思是“吸引别人的注意”。在1300~1475年间，演变为“advertise”，其含义衍化为“使某人注意到某件事”或“通知别人某事，以引起他人的注意”。直到17世纪末，英国开始进行大规模的商业活动，这时广告一词便广泛地流行并被使用。此时的“广告”不再单指一则广告，而是指一系列的广告活动。

广告的定义在每个国家不尽相同，《美国百科全书》对广告的定义为：“广告由可以辨认的个人或组织支付费用，以各种形式介绍或推广产品、劳务或观念，在介绍或推广时不用员工来进行。”

中国大百科全书出版社出版的《简明不列颠百科全书》对广告的释义是：“广告是传播信息的一种方式，其目的在于推销商品、劳务，影响舆论，博得政治支持，推进一种事业或引起刊登广告者所希望的其他反应。广告信息通过各种宣传工具，其中包括报纸、杂志、电视、无线电广播、张贴广告及直接邮送等，传递给它所想要吸引的观众或听众。广告不同于其他传递信息形式，必须由登广告者付给传播信息的媒介以一定的报酬。”

随着市场经济的日益发展、科技的进步、传播信息手段的多样化，广告的定义、内涵与外延也在不断变化。

（2）广告设计的特点

广告不同于一般大众传播和宣传活动，主要通过视觉或与听觉相结合来展现。伴随着社会经济的发展，广告的形式形成空前繁荣的态势，各式各样的广告铺天盖地。即使这些广告具有不同的形式特点，也有相同点，即传播性、针对性、可读性、感官性和可存性。

① 传播性。由于广告是一种公开向公众传递信息的宣传手段，因此常被广泛地放置在人流量较大的公共场所，以便更加快捷、有效地将信息及时传递给大家。其中，广告的定义和传播方式决定了它的特点，广告主通常会采用各种传播途径，包括CI识别系统、人员销售、直接销售等方式，将信息传递给消费者。这样可以扩大商品的市场占有率，达到宣传商品与树立品牌的目的。

② 针对性。为保护广告效果的最大化传播，广告的设计需针对特定的目标人群进行，这种目标明确、有针对性的广告更加被特定观众所接受。在广告设计和制作的初期，设计者就应该针对特定的观众制定相应的方案。例如在产品广告的制作中，可针对产品的观众群体进行分析，根据消费者的性别、年龄以及职业等不同，设计出具有不同诉求效果的广告作品。

③ 可读性。广告的画面信息在传递的同时，内容的可读性也是比较重要的。对于没有可读性或可读性不强的广告作品，读者一般只会匆匆一瞥，对商品本身不会留有深刻的印象，对广告画面的意义也不会有特别的了解。所以，可读性在广告设计中也是很重要的。

广告的可读性使得广告内容能更快速地被大众所吸收、理解，使消费者能够深入、准确地了解到作品本身想要带给读者的信息，避免错误的理解让消费者对商品产生误会。如果造成误会不仅会使商品影响力和品牌形象受到损害，而且也会减少商品的利益，从而使广告的本质效果受到影响，广告信息则不能引起消费者的购买欲望。

④ 感官性。所谓感官性强，是指广告在设计上具有鲜明的特点，或是具有醒目的设计主题。通常情况下，设计者会利用对比强烈的色彩或拉大图像、文字之间的反差等方式，使广告画面富有张力和视觉跳跃性，从而刺激观众群体的视觉语言，在给人留下深刻印象的同时，也能达到推销产品、引起消费者注意的目的。

⑤ 可存性。广告同时也具有很强的可存性。由于广告中有很大一部分属于平面广告，它们依附于平面媒体，主要以纸为介质，如报纸广告、宣传海报等。它们既可以在多个人之间进行广泛传阅，也可以在妥善保存之后便于今后翻阅，这样一来就保证了广告的可存性。

（3）广告设计案例

案例 16

“包豪斯五十年”展览海报

① 设计师赫伯特·拜耶（Herbert Bayer，1900—1985）出生于澳大利亚，1921~1923年就读于包豪斯，1924~1925年重归包豪斯任教，直至1928年格罗皮乌斯辞去校长职务时离开。作为画家、摄影家、设计师和建筑师，拜耶最富创意、最具影响力的作品在邮票印刷和美术设计、图形设计领域。他于1938年移民美国，并在同年与格罗皮乌斯在纽约现代艺术博物馆举办了轰动一时的大型包豪斯艺术展。

图 4.22 “包豪斯五十年”展览海报

② 他设计的这款海报上三个相互连接的几何造型：蓝色圆形、红色正方形和黄色三角形，成对角线状排列在蓝色背景上。此外，还呈现为浅色的漂浮的立体造型。早在1923年，赫伯特·拜耶为包豪斯展览设计的明信片上就采用了圆形、方形和三角形，体现出包豪斯这所20世纪最重要的建筑、设计和艺术学校的基本造型原则（图4.22）。

案例 17

田中一光为三宅一生服装设计的系列海报

①19世纪80年代，三宅一生从前辈设计师VIONNET的风格中找到了以褶皱为特色的设计语言并加以发扬光大，他希望自己设计的服装像人体的第二层皮肤一样舒适服帖，用“褶皱（Pleats）”完成这个任务。三宅一生在服装设计上有两个重要突破，一个是“褶皱（Pleats）”，另一个是“一块布（A-POC）裁剪技巧”。“褶皱（Pleats）”让衣服与身体之间不再是固定的关系，而能够随着人们站、坐、行走或横躺，而有机地延伸弯曲。“褶皱（Pleats）”的材料本身分量很轻，无论是追、赶、跑、跳、碰，“褶皱（Pleats）”都能让人的身体自由自在地伸展，摆脱了身体受限于衣服结构的传统，三宅一生很好地解决了东方服装注重给人留出空间和西式服装严谨结构间的协调问题。

② 针对西方服装设计思想和设计传统，三宅一生从东方服饰文化与哲学观中出发，重新寻找到以“一块布”为出发点，设计出了前所未有的新观念服装。在造型上，他借鉴东方平裁制衣技术，裁开、拼接，再组合。三宅一生时装与西方传统的设计思想相反的是，它的服装给人提供的是第二皮肤，而不是让穿衣人被动地局限在设计师设计完成的造型中。在服装材料运用上，三宅一生也改变了高级时装及成衣的用材定式，以各种自然材料：日本宣纸、白棉布、针织棉布、亚麻等来丰富服装细节。他使用任何可能与不可能的材料来织造布料，从香蕉叶片纤维到最新的人造纤维，从粗糙的麻料到支数最细的丝织物。

③ 三宅一生在日本服装设计领域独树一帜。作为日本设计界的泰斗，田中一光不仅为三宅一生设计了标志，更是多年担任三宅一生的平面设计工作。以下这组三宅一生系列推广海报，跨度从1987~1999年，长达十二年之久（图 4.23）。

图 4.23　田中一光为三宅一生服装设计的系列海报

4.2.2.2 包装设计

（1）包装设计的定义

包装伴随着商品的产生而产生。包装已成为现代商品生产不可分割的一部分，也成为各商家竞争的强力利器。各厂商纷纷打着“全新包装，全新上市”去吸引消费者，绞尽脑汁，不惜重金，以期改变其产品在消费者心中的形象，从而提升企业自身的形象。就像唱片公司为歌星全新打造、全新包装，并以此来改变其在歌迷心中的形象一样，而今包装已融合在各类商品的开发设计和生产之中，几乎所有的产品都需要通过包装才能成为商品进入流通过程。

对于包装的理解与定义，在不同的时期、不同的国家也不尽相同。以前很多人都认为，包装就是以转动流通物资为目的，是包裹、捆扎、容装物品的手段和工具，也是包扎与盛装物品时的操作活动。20世纪60年代以来，随着各种自选超市与卖场的普及与发展，使包装由原来保护产品的安全流通为主，一跃而转向销售员的作用，人们对包装也赋予了新的内涵和使命。包装的重要性，已深被人们认可。

从狭义上讲，包装是为在流通过程中保护产品，方便储运，促进销售，按一定的技术方法所用的容器、材料和辅助物等的总体名称；也指为达到上述目的，在采用容器、材料和辅助物的过程中施加一定技术方法等的操作活动。

从广义上讲，一切事物的外部形式都是包装。

中国国家标准GB/T 4122.1—2008中规定，包装的定义：在流通过程中保护产品、方便储运、促进销售，按一定技术方法而采用的容器、材料及辅助物等的总体名称。也指为了达到上述目的而采用容器、材料和辅助物的过程中施加一定技术方法等的操作活动。

美国对包装的定义：包装是使用适当的材料，容器并施与技术，使其能使产品安全地到达目的地——在产品输送过程的每一阶段，无论遭遇到怎样的外来影响皆能保护其内容物，而不影响产品的价值。

英国对包装的定义：包装是为货物的储存、运输和销售所做的艺术、科学和技术上的准备行为。

日本工业标准规格［JISZ1010（1951）］对包装的定义：包装，是指在运输和保管物品时，为了保护其价值及原有状态，使用适当的材料、容器和包装技术包裹起来的状态。

综上所述，每个国家或组织对包装的含义有不同的表述和理解，但基本意思是一致的，都以包装功能和作用为其核心内容，一般有两重含义。

① 关于盛装商品的容器、材料及辅助物品，即包装物。

② 关于实施盛装和封缄、包扎等的技术活动。

由此可见，包装设计是指选用合适的包装材料，运用巧妙的工艺手段，为商品包装进行容器结构造型和包装的美化装饰设计。

包装是使产品从企业到消费者的过程中保护其使用价值和价值的一个整体的系统设计工程，它贯穿着多元的、系统的设计构成要素，有效地、正确地处理设计各要素之间的关系。包装是商品不可或缺的组成部分，是商品生产和产品消费之间的纽带，是与人们的生活息息相关的。

（2）包装设计的传达

产品生产的最终目的是销售给消费者。行销的重点在于将构思与发展、定价、定位、宣传与产品的经销及服务等，予以计划和执行后，创造出满足个人与群体的需求。这些活动包含了将产品从制造商的工厂运送至消费者的手中，因此行销也包含了广告宣传、包装设计、经营与销售等。

若要能吸引消费者购买，包装设计则应提供给消费者明确并且具体的产品资讯，如果能给予产品比较（像某商品机能性较强、价格便宜、更方便的包装）则会更理想。不论是精打细算的消费者或是冲动购买的顾客，产品的外观形式通常都是销售量的决定性因素。这些最终目的（从所有竞争对手中脱颖而出、避免消费者混淆及影响消费者的购买决定）都使得包装设计成为企业品牌整合行销计划中成功的最重要的因素。

包装设计是一种将产品信息与造型、结构、色彩、图形、排版及设计辅助元素做连接，而使产品可以在市场上销售的行为。包装设计本身则是为产品提供容纳、保护、运输、经销、识别与产品区分，最终以独特的方式传达商品特色或功能，从而达到产品的行销目的。

包装设计必须通过综合设计方法中的许多不同方式来解决复杂的行销问题，比如头脑风暴、探索、实验与策略性思维等，都是将图形与文字信息塑造成概念、想法或设计策略的几个基本方法。经由有效设计解决策略的运用，产品信息便可以顺利地传达给消费者。

包装设计必须以审美功能作为产品信息传达的手段，由于产品信息是传递给具有不同背景、兴趣与经验的人，因此人类学、社会学、心理学、语言学等多领域的涉猎可以辅助设计流程与设计选择。若要了解视觉元素是如何传达的，就需要具体了解社会与文化差异、人类的非生物行为与文化偏好及差异等。

（3）包装设计案例

案例 18

火之鸟 DA 润滑油包装

DA 润滑油公司于1919年成立，其专业性在美国国防工业、汽车工业、重工业、传统工业及运输行业中享有盛名，尖端品质和高性价比是其产品的主要特点。

火之鸟为其Sport系列(赛车油)和Relilant系列（来力发动机油）的油瓶包装进行改造设计，从品牌传播的角度去增强产品的产品力。这也是一个软性产品力的概念，以形象的符号表现硬性的产品力，增强依附在产品上的品牌识别，传达给受众独特准确的品牌感受。

针对Sport系列(赛车油)和Relilant系列（来力发动机油）各自不同的特点，火之鸟聚焦于自然界中象征力与速度的猎豹形象，分别选取了猎豹的后腿和咆哮时的口型作为原型，在油瓶设计上形象体现出强劲的动力和咬合力。这种以“形”象“力”的表达，形象地诉求了DA产品的尖端品质以及独特的品牌形象（图4.24）。

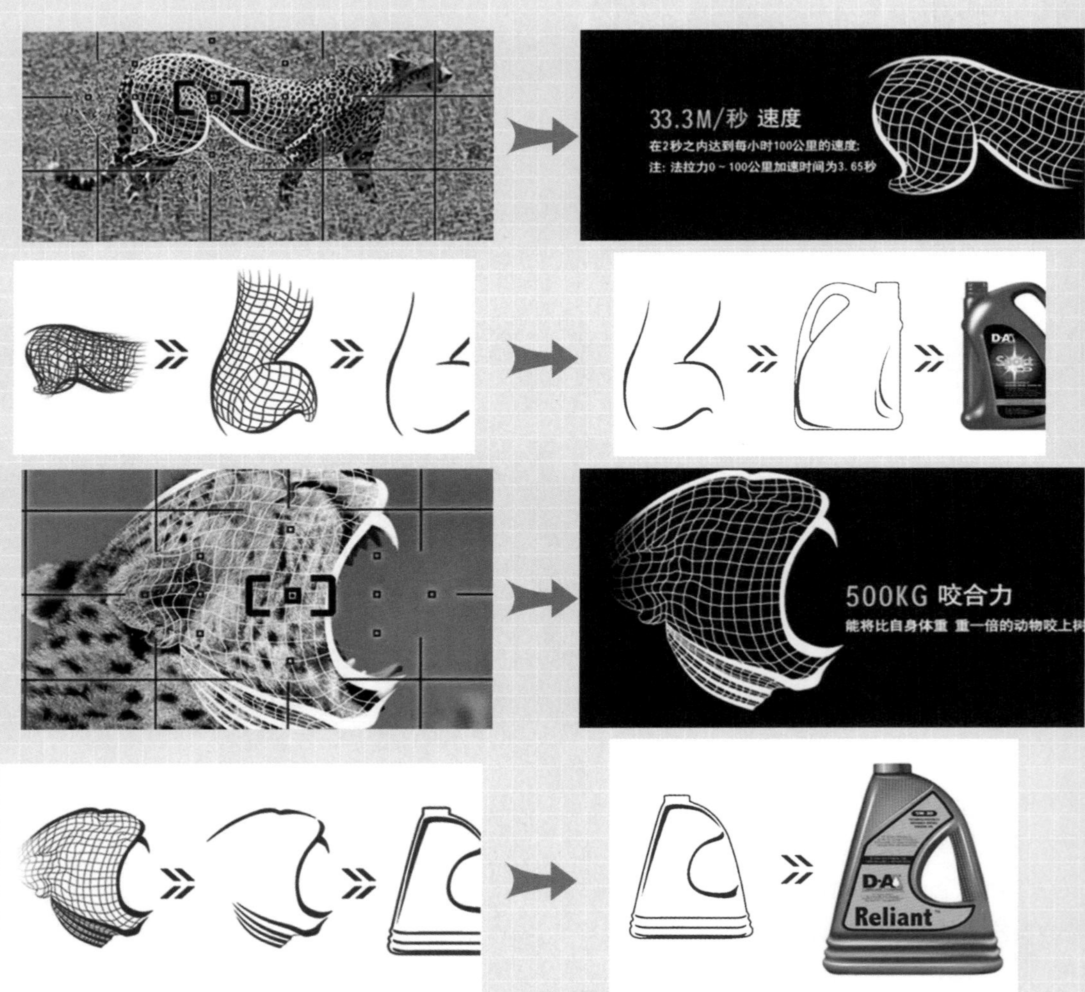

图 4.24　火之鸟 DA 润滑油包装

案例 19

瑞典斯蒂卡 Pure 系列乒乓球拍包装

斯蒂卡（STIGA）体育用品有限公司成立于1944年，是一家有着70多年历史，全球领先的乒乓球用品生产商，在全球范围内有100多家合作伙伴。在过去的半个多世纪以来，STIGA的产品得到了广大乒乓球选手和爱好者的认可，STIGA在乒乓领域保持着领先地位。STIGA与瑞典国家队签订了长达十年的合作协议，同时与中国国家队也有合作。

来自瑞典的斯蒂卡 Pure 系列乒乓球拍包装，其初衷是吸引年轻的目标群体。由于过去的外观和包装一直偏于保守，斯蒂卡尝试改变乒乓球拍的色彩，采用彩色橡胶让它变得更为明快。通过严格的白色和透明色的搭配，彩色的乒乓球拍也变成了包装的一部分，消费者可以从视觉上感觉到更为现代的乒乓球运动（图4.25）。

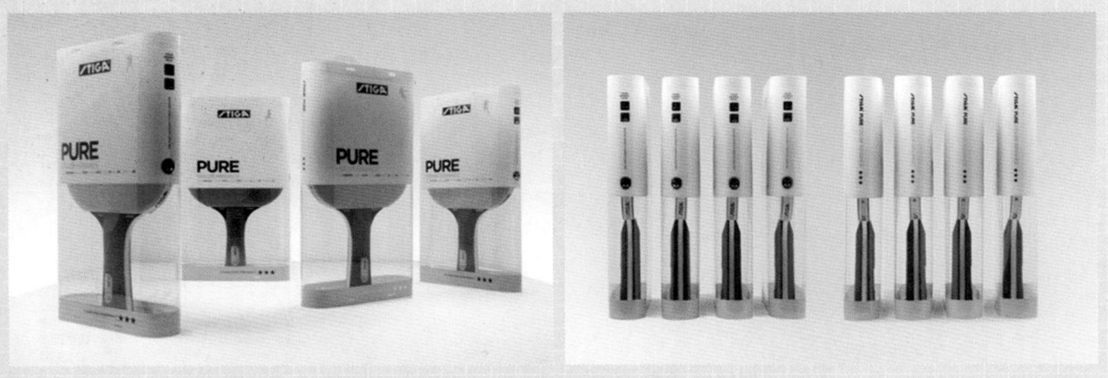

图4.25　瑞典斯蒂卡 Pure 系列乒乓球拍包装

4.2.2.3　品牌形象设计

（1）品牌形象设计的概念

企业形象设计简称“CI”设计，20世纪60年代初在美国首先被提出，70年代在日本得到广泛推广和应用。企业形象设计的目的是将企业经营理念和企业精神文化加以整合和传达，使观众产生一致的认同感。

企业形象设计是现代工业设计和现代企业管理运营相结合的产物。以IBM公司为代表的美国企业在20世纪60年代开始把企业形象作为新的经营要素。在研究企业形象塑造具体方法的过程中，逐渐出现了Corporate Design（企业设计）、Corporate Look（企业形貌）、Specific Design（特殊设计）、Design Policy（设计政策）等不同的名词，后来统一称为企业识别（或企业形象），简称CI（Corporate Identity）。而由这个领域规划出来的设计系统，称为企业识别系统（Corporate Identity System），简称CIS。CIS的一般定义：将企业经营理念与精神文化，运用整体传达系统（特别是视觉传达系统）传达给企业周边的关系者，并使其对企业产生一致的认同感与价值观。也就是说，通过现代设计观念与企业管理理论的整体运作，刻画企业个性，塑造企业优良形象，这样一个整体系统称为企业形象识别系统。其具体由三部分构成：一是MI，即企业经营理念定位，用以确定企业发展的目标，是企业对当前和未来一个时期的经营目标、经营思想、营销方式和营销形态所作的总体规划和界定；二是BI，即企业实际经营理念与创造企业文化的准则，是对企业运作方式所作的统一规划而形成的识别形态；三是VI，即企业的视觉识别系统，将企业理念、企业文化、服务内容、企业规范等抽象概念转换为具体符号，塑造出独特的企业形象。三个部分是一个整体，紧密联系在一起，在设计应用的过程中要强调差异性、标准性、规范性与传播性。

对于一个企业而言，确立品牌战略是关键，统一企业形象，将广告宣传品、产品、包装、车辆、名片、办公用品等所有显示企业存在的媒介者都在视觉上统一，树立鲜明的企业形象，不仅可以增强企业员工的凝聚力、认同感，而且可以强化受众的意识，提高企业的社会知名度。

（2）品牌形象设计案例

案例 20

瑞典冷冻酸奶品牌店铺标识设计

引进的木材，颜色和纹理的灵感都来自瑞典的本土文化。为了进一步赋予品牌独特的东西，推出了一些特殊的口味和配料，如姜面包、云莓，整体品牌色调给人新鲜与俏皮的感觉，颜色搭配灵感来自瑞典经典浆果色（图4.26）。

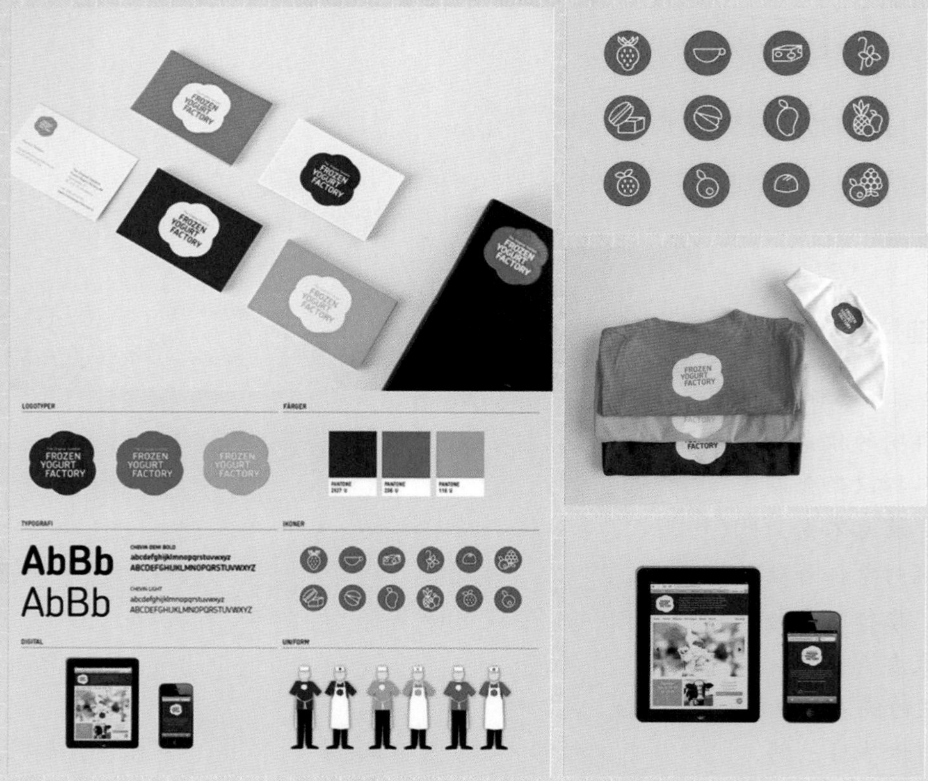

图 4.26　瑞典冷冻酸奶品牌店铺标识设计

案例 21

凯迪拉克 2014 年新形象

凯迪拉克车标，是著名的花冠盾形徽章，含有大胆而轮廓鲜明的棱角，象征着凯迪拉克在行业内的领导地位。车标以铂金颜色为底色，盾象征着凯迪拉克英勇善战、攻无不克，代表该车具有巨大的市场竞争能力；花冠则象征着胜利与荣耀。盾形里面以金黄与纯黑相映，象征智慧与财富；红色，象征行动果敢；银白色，代表着纯洁、仁慈、美德与富足；蓝色，代表着骑士般的侠义精神（图 4.27）。

图 4.27　凯迪拉克 1999 年以前车标

所谓十年磨一剑，1999 年，伴随着凯迪拉克品牌

图4.28　凯迪拉克1999年经过微调的车标

全球复兴号角的吹响，它的经典车标也迎来了自1963年之后的27年里首次大手笔的革新。此时凯迪拉克有了全新的设计理念“艺术与科技”，车标上原来名为merlettes的六只小鸟和皇冠图标被巧妙简化（图4.28）。

与奥迪调整标志一样，这回凯迪拉克也对它的标志强化了金属气息，变得更有质感了。新标志更像是一个铸造品，立体感极强，带有一丝丝狂野，咄咄逼人的气势，充满了力量感，将凯迪拉克作为运动型轿车的气质演绎得淋漓尽致（图4.29）。

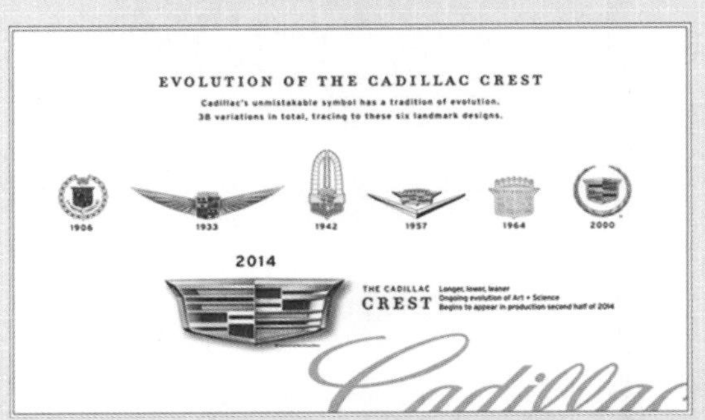

图4.29　凯迪拉克2014年新LOGO

4.2.2.4　字体设计

（1）字体设计的定义

文字是人类为了记录语言、事物和交流思想感情而发明的视觉文化符号。文字主要有象形、表意和表音三种类型。经过数千年的文明历程，世界文字在数量、种类和造型等方面都有了很大的发展。

字体设计主要有中文字体设计和西文字体设计。要在把握表音和表意文字基本特征的基础上，充分表达文字的图形意义和内在情感，从字形、字义和文字编排中体会不同文字形式所具有的不同艺术表现力，如汉字宋体的典雅端庄、黑体的粗壮有力、罗马体的和谐古典、哥特体的坚挺神秘等。

字体设计需要运用视觉美学规律，配合文字本身的含义和所要传达的目的，对文字的大小、笔画结构、排列乃至赋色等方面加以研究和设计，并遵循一定的字体塑造规格和设计原则，使其具有适合传达内容的感性或理性表现和优美造型，能有效地传达文字深层次的意味和内涵，发挥更佳的信息传达效果。字体设计既是一种相对独立的平面设计形式，又是广告设计、包装设计、书籍装帧设计、报刊版式设计、CIS设计等视觉传达设计中的重要设计元素。

（2）字体设计案例

案例 22

老舍茶行品牌形象字体设计

老舍茶行是一家专售云南原始茶林的普洱古树茶茶行，每棵茶树都成长500年以上，长年无污染，原生态，只有当地的茶农才知道如何去摘采。

老舍茶行标志以字体为主标识，每个字均为专门设计。字体与茶舍建筑结合，突出了古朴的茶舍气息。在整套视觉上还设计了许多与品牌相关的印章，使整套产品与市场有了自身形象的识别，在销售推广和传播中有着一定的感染力。这套形象由林韶斌设计机构设计，获得了第24届日本东京（TDC）字体协会年度奖（图4.30）。

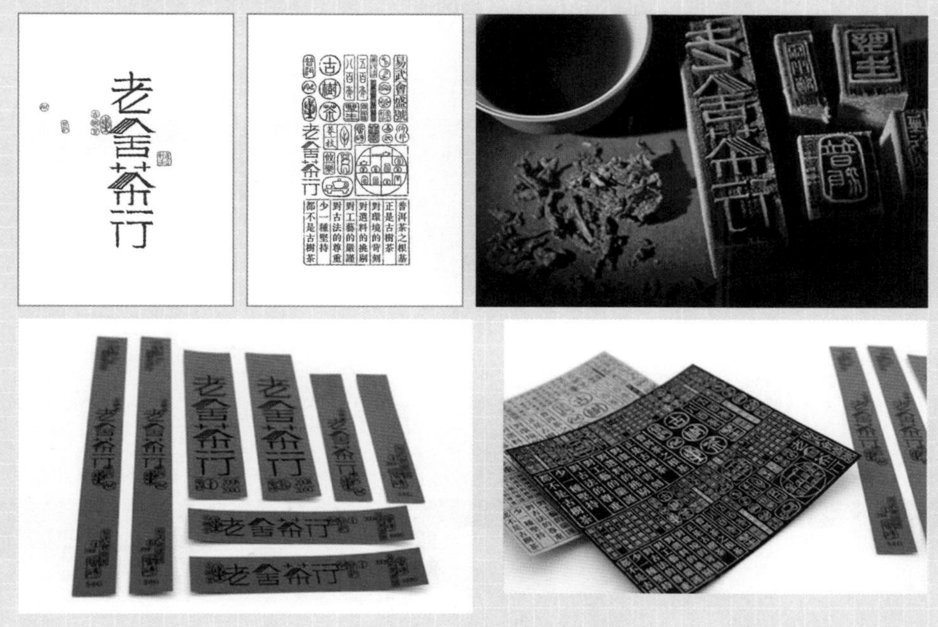

图 4.30　老舍茶行品牌形象字体设计

4.2.2.5　网页设计

网页设计是企业向用户和网民提供信息(包括产品和服务)的一种方式，是企业开展电子商务的基础设施和信息平台，离开网站（或者只是利用第三方网站）去谈电子商务是不可能的。企业的网址被称为“网络商标”，也是企业无形资产的组成部分，而网站是INTERNET上宣传和反映企业形象和文化的重要窗口。

网页设计的建站包含：企业网站、集团网站、门户网站、社区论坛、电子商务网站、网站优化技术等，如中华网库，在行业中各有作用。网页设计是一个广义的术语，涵盖了许多不同的技能和学科中所使用的生产和维护的网站。网页设计作为一种视觉语言，特别讲究编排和布局，虽然主页的设计不等同于平面设计，但有许多相近之处。

版式设计通过文字图形的空间组合，表达出和谐与美。多页面的编排设计要求把页面之间的有机联系反映出来，特别是要处理好页面之间和页面内的秩序与内容的关系。为了达到最佳的视觉表现效果，设计者要反复推敲整体布局的合理性，使浏览者有一个流畅的视觉体验。

为了将丰富的意义和多样的形式组织成统一的页面结构，形式语言必须符合页面的内容，体现内容的丰富含义。

灵活运用对比与调和、对称与平衡、节奏与韵律以及留白等手段，通过空间、文字、图形之间的相互关系建立整体的均衡状态，产生和谐的美感。如对称原则在页面设计中，有时会使页面显得呆板，但如果加入一些富有动感的文字、图案，或采用夸张的手法来表现内容往往会达到比较好的效果。点、线、面作为视觉语言中的基本元素，巧妙地互相穿插、互相衬托、互相补充构成最佳的页面效果，充分表达完美的设计意境。

案例 23

Gilt Groupe官方网站界面设计

Gilt Groupe奢侈品购物网是一个创新型在线购物网站，开辟了美国“闪购”的先河；世界各地的消费者将能够购买网站每日精心准备的广受追捧的设计师产品，其中许多产品以内部价销售，低至四折。

Gilt Groupe购物网使用的是金黑色的标志，表示“如非独一无二，那即一无所有”（图4.31）。

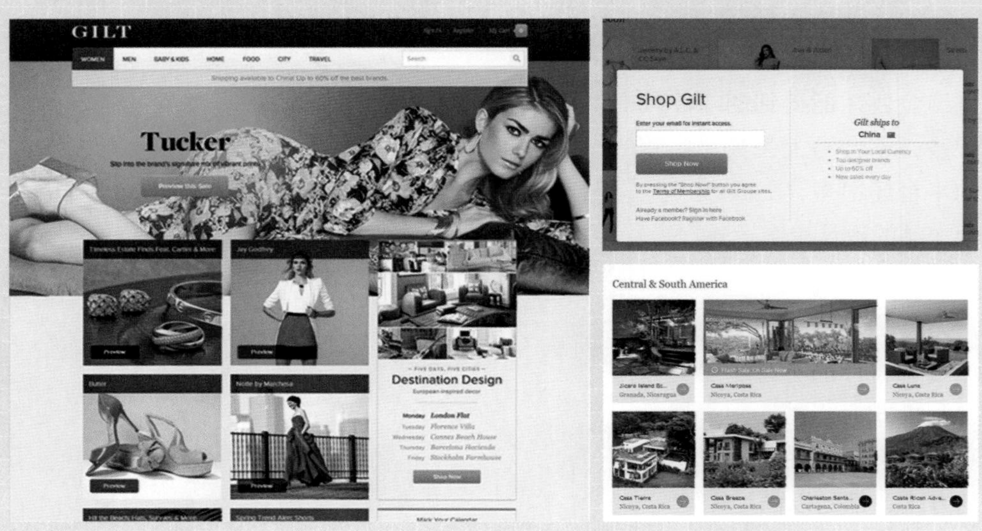

图 4.31　Gilt Groupe 官方网站界面设计

4.2.2.6 App设计

随着智能手机和iPad等移动终端设备的普及，人们逐渐习惯了使用App客户端上网的方式，而目前国内各大电商，均拥有了自己的App客户端，这标志着，App客户端的商业使用，已经开始初露锋芒。

如今，在很多设备上已经可以下载厂商官方的App软件对不同的产品进行无线控制。

例如，音频厂商中日本天龙与马兰士已经推出了Android与IOS的官方App，可以对各自的网络播放机或功放等产品进行无线播放或控制。

不仅如此，随着移动互联网的兴起，越来越多的互联网企业、电商平台将App作为销售的主战场之一。数据表明，目前App即手机给电商带来的流量远远超过了传统互联网（PC端）的流量，通过App进行盈利也是各大电商平台的发展方向。事实表明，各大电商平台向移动App的倾斜也是十分明显的，原因不仅仅是每天增加的流量，更重要的是由于手机移动终端的便捷，为企业积累了更多的用户，更有一些用户体验不错的App使得用户的忠诚度、活跃度都得到了很大程度的提升，从而为企业的创收和未来的发展起到了关键性的作用。

移动平台的概念是从传统意义上的“产品”延伸而来的，是产品在新兴领域的延伸。但和传统行业领域的产品相比却表现出一些新特点。

① 新兴行业，更加关注用户的行为习惯和潜在需求。传统行业经过上百年的发展，市场已经相当成熟，产品基本定型，一般只进行优化或改良设计；另一方面，用户也比较成熟，形成了比较固定的使用习惯和思维方式，在产品设计上较易捕捉到用户的行为习惯和产品心态。而移动互联网作为新兴行业，其技术支撑和商业模式还不够成熟，行业环境可谓变幻莫测；对用户而言，移动互联网上的一切都新奇有趣，那么移动平台在设计上就需要不断推陈出新，找到用户潜在需求，主导用户行为习惯。因此移动平台设计的重点是对用户行为习惯的调研和潜在需求的挖掘。

② 产品免费用，更加注重用户体验。对于传统行业的产品，不论是实物还是服务，都是付出金钱才能得到的东西。由于付出了金钱，即使产品有不尽如人意之处用户也会使用一番，不会马上丢弃去买新的。而移动平台则不同，大部分都是免费的，况且功能雷同的平台还很多，如果用户觉得某个不好用可以立即卸载换一个新的。因此企业在移动平台产品的设计上会更加注重用户体验，真正把用户当作上帝来看待。

③ 多元盈利，更加注重市场细分。传统行业的盈利模式较单一，不论是直销还是渠道分销，都是通过销售产品本身赚取利益。反观移动平台产品，大部分是免费的，企业无法通过销售产品本身来赚取利益，只能创新盈利方式，盈利模式趋向多元化。当前主流的盈利模式有三种，一种是广告收益，即利用用户的注意力赚取第三方广告费；第二种是直接卖产品收益；第三种则是各种增值收益，如服务、平台内购买等。不论采用哪种盈利方式，都是以满足特定用户群体需求为基础的。

因此企业在移动平台产品的App设计上会更加注重市场细分，把握目标用户群体的真正需求。鉴于移动平台产品表现出的新特点，企业在设计上应树立“以用户为中心”

的理念，重视用户研究、把握用户需求，同时灵活运用现有的盈利模式，实现用户和企业的“双赢”。如果能在移动平台的设计中重视用户情感，运用情感化设计的理论和方法，势必能进一步增强企业的市场竞争力。

4.3 公共空间设计

4.3.1 建筑设计

建筑设计（Architectural Design）是指建筑物在建造之前，设计者按照建设任务，把施工过程和使用过程中所存在的或可能发生的问题，事先做好通盘的设想，拟定好解决这些问题的办法、方案，用图纸和文件表达出来，作为备料、施工组织工作和各工种在制作、建造工作中互相配合协作的共同依据。它便于整个工程得以在预定的投资限额范围内，按照周密考虑的预定方案，统一步调，顺利进行，并使建成的建筑物充分满足使用者和社会所期望的各种要求。

在古代，建筑技术和社会分工比较单纯，建筑设计和建筑施工并没有很明确的界限，施工的组织者和指挥者往往也就是设计者。在欧洲，由于以石料作为建筑物的主要材料，这两种工作通常由石匠的首脑承担；在中国，由于建筑以木结构为主，这两种工作通常由木匠的首脑承担。他们根据建筑物主人的要求，按照师徒相传的成规，加上自己一定的创造性，营造建筑并积累了建筑文化。

在近代，建筑设计和建筑施工分离开来，各自成为专门学科。这在西方是从文艺复兴时期开始萌芽，到产业革命时期才逐渐成熟；在中国则是清代后期在外来的影响下逐步形成的。

随着社会的发展和科学技术的进步，建筑所包含的内容、所要解决的问题越来越复杂，涉及的相关学科越来越多，材料上、技术上的变化越来越迅速，单纯依靠师徒相传、经验积累的方式，已不能适应这种客观现实；加上建筑物往往要在很短时期内竣工使用，难以由匠师一身二任，客观上需要更为细致的社会分工，这就促使建筑设计逐渐形成专业，成为一门独立的分支学科。

随着社会的不断进步，绿色建筑是近年来建筑设计行业追求的方向，任重而道远。它不仅需要观念和技术上的不断创新和发展，设计水平的不断提高，同时更需要政策的引导和扶持，以及全社会的参与。绿色建筑是可持续发展理论具体化的新思潮、新方法。所谓“绿色建筑”是指规划、设计时充分考虑并利用了环境因素，施工过程中对环境的影响最低，运行阶段能为人们提供健康、舒适、低耗、无公害空间，拆除后能回收并重复使用资源，并对环境危害降到最低的建筑。因此绿色建筑可以理解为在建筑寿命周期内，通过降低资源和能源的消耗，减少各种废物的产生，实现与自然共生的建筑。绿色建筑将是建筑设计行业重要的发展方向。

案例 24

美国沙漠住宅

Tucson山地住在位于加州的Sonoran沙漠之内，茂盛的沙漠植物暴露在阳光之下，干旱的气候没有一丝凉风，眼前的一切寂静而永恒，带着无穷的神秘感。建筑设计呼应着周边的环境：干涸的沟壑，干裂的岩石，古老的仙人掌，动物的迁移路径，空气的流动轨迹，炙热的阳光和美丽的风景。建筑师的精心设计在将建筑对脆弱环境的物理影响降至最低的同时，联系起人类和这令人敬畏的神秘景观。

附属的停车场被置于400英尺（约122米）之外，人们沿着狭窄的步道在沙漠中前行。而随着人们的移动，建筑一点一点从繁茂仙人掌丛中显露出来。错落的混凝土石块仿佛渐渐消融在沙漠中一般，创造了极富趣味性的入口空间序列，每一步都如同一段旅程的开始。人们在无数的选择中慢慢前行，渐渐将繁忙的城市生活抛诸脑后。

建筑由夯实的泥土制成，这唾手可得的材料并不会对环境造成负面的影响。这种干旱地区常用的建筑材料十分适应Sonoran的沙漠气候，也让所有身处其中的人们能够从视觉、听觉和触觉上同时感受到其内在的诗意。

建筑空间被划分为起居、休息和录音娱乐三个相互分离的空间。不同空间之间并无直接的联系，而需要通过外界的通道到达。这种设计不仅满足了业主对噪声干扰的极致要求，同时也让使用者与粗犷沙漠景观间的联系更为密切。

作为在水源紧缺的沙漠地区的住宅，建筑师引入了一个能收集、净化30000加仑（约11356041）雨水的储水系统，满足日常起居生活的一切需要。

建筑的南北朝向以及最少化的东西向开窗减少了阳光的直射时间。在起居与休息空间外侧，长长屋檐遮挡之下的南侧露台提供了毫无遮挡的沙漠全景，让人与自然近距离接触。屋檐挡住了夏日的炙热阳光，而在冬天，低矮的太阳高度让阳光能够照射入室内，带来光和热。开口的方向迎着盛行风向，可移动的落地玻璃门将微风引入室内，习习的南风得以穿过建筑。当玻璃门被完全打开时，室内空间完整地暴露出来，无缝相连，恍如自然的一部分（图4.32）。

图 4.32　美国沙漠住宅

案例 25

2015米兰世博会中国馆

中国馆以“天、地、人”为设计原点，凝练了中华民族伟大的农业文明与民族希望。建筑方案采用场域的概念，室内与室外空间相互贯通，通过建筑的屋顶、地面和空间，将“天、地、人”的概念融入其中。自然天际线与城市天际线交融的屋顶，似祥云飘浮在空中，象征自然与城市和谐发展；室内田野装置与景观绿化完美呈现，意喻中国广袤而生机勃勃的土地；“天”和“地”之间的展陈空间，向世人展现中国人的勤劳智慧和中国古老灿烂的农业文明。

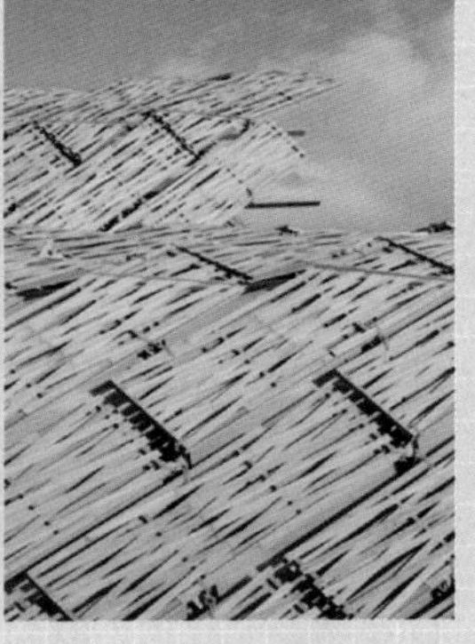

图 4.33　2015 米兰世博会中国馆

中国馆吸收中国传统建筑中具有高度民族性和辨识度的结构和形态，结合现代技术，形成了具有强烈中国传统建筑意向的形象。

屋顶采用具有中国象征意义的竹编材料覆盖，在意大利灿烂阳光的照射下，折射出金色的光彩。对应米兰的日照轨迹，屋顶竹编面材通过传统编制工艺选择不同的透光率，将自然采光引入室内，满足了功能照明要求，降低了人工照明的能耗，也大幅度降低了材料成本（图 4.33）。

4.3.2 室内设计

室内设计，即对建筑内部空间进行的设计。具体来说，就是根据建筑物的使用性质、所处环境和相应标准，运用物质技术手段和建筑设计原理，创造功能分区合理、舒适优美，能满足人们物质和精神生活需要的室内环境。

现代室内设计是综合性的室内环境设计，既包括视觉环境和工程技术方面的设计，也包括声、光、热等物理环境以及氛围、意境等心理环境和文化内涵等方面的设计。

室内环境的创造，应该把保障安全和有利于人们的身心健康作为室内设计的首要前提。人们对于室内环境除了有使用安排、冷暖光照等物质功能方面的要求之外，还常有与建筑物的类型、性格相适应的室内环境氛围、风格文脉等精神功能方面的要求。

室内设计的总体艺术风格，从宏观来看，往往能从一个侧面反映相应时期社会物质和精神生活的特征。任何一个历史时期的室内设计，总是会打上那个时代的印记，这是因为室内设计从设计构思、施工工艺、装饰材料到内部设施，必然和当时社会的物质生产水平、社会文化和精神生活状况联系在一起；在室内空间组织、平面布局和装饰处理等方面，也和当时的哲学思想、美学观点、社会经济、民俗民风等密切相关。

从微观的或个别的作品来看，室内设计水平的高低、质量的优劣又与设计者的专业素质和文化艺术素养等联系在一起。至于各个单项设计最终实施后的品位，又和该项工程具体的施工技术、用材质量、设施配置情况，以及与建设者（即业主）的协调关系密切相关。总之，设计成果最终的质量取决于设计、施工、用材（包括设施）以及与业主的关系。

室内设计大体可分为住宅室内设计、集体性公共室内设计（学校、医院、办公楼、幼儿园）、开放性公共室内设计（宾馆、饭店、影剧院、商场、车站等）和专门性室内设计（汽车、船舶和飞机体内设计）。空间类型不同，设计的内容与要求也有很大的差异。

不同时代的思想和地理环境特点等，通过创作构思和表现，会逐渐形成具有代表性的室内设计风格。一种典型风格的形成，通常与当地的人文因素和自然条件密切相关，也与创作中的构思和造型特点有关。风格既有各种表现形式，又具有艺术、文化、社会发展等深刻的内涵，因此不停留或等同于形式。现代室内设计风格可分为现代时尚设计风格、法式浪漫设计风格、欧式宫廷设计风格、新中式设计风格、地中海设计风格、混合型风格等。

案例 26

眼镜品牌Coterie上海港汇恒隆广场概念店铺N3ON设计

Coterie是国内少有的以高端装饰眼镜为主打的眼镜店铺，代理近百个全球潮流设计师眼镜品牌，如新西兰的Karen Walker、瑞典的AKK、美国的Thom Browne以及德国的Lunor等，另有一些如Celine、Dior以及GIVENCHY等奢侈品品牌的眼镜。

店铺的选址也定位潮流、高端的购物中心。Coterie在上海港汇恒隆广场开设了全新概念店铺N3ON，同样是一线品牌的聚集地。操刀N3ON概念店铺设计的是上海LINEHOUSE设计工作室和设计师Tony Schonhardt。

N3ON概念店铺的设计基于人眼视觉，白色依然是整个空间的底色，设计师试图在纯白色的背景下创造凹凸、景深、透视这些概念，将穿孔凹面金属板用不同的角度摆放在店铺里，并用不同的角度制造出透视感极强烈的效果（图4.34）。

图 4.34　Coterie 全新概念店铺设计

纯净的白色空间的焦点是亮粉色的收银台，这同时也是整体透视空间的交汇点。收银台是一个丙烯酸材质的立方体，经由激光切割定型，其内部装入了荧光灯装置，展示出来的光线效果与空间内的几何线条互为呼应（图4.35）。

走近金属架观察的话，会发现面板上的穿孔由大到小排布，创造出一种渐变的层次感。白色展架和全透明的玻璃盒子也很适合用来展示眼镜，它们看起来属于同一调性（图4.36）。

图4.35 纯净的白色空间的焦点是亮粉色的收银台

图4.36 面板上的穿孔由大到小排布创造出一种渐变的层次感

这样的陈列方式给人不仅仅是贩售眼镜的感觉，而更像是一场把眼镜当作艺术品的展览。

4.3.3 展示设计

展示设计是指将特定的物品按特定的主题和目的加以摆设和演示的设计。具体而言，展示设计主要针对的是商品，在一定空间内，运用陈列、空间规划、平面布置和灯光布置等技术手段传达信息，包括各种展销会、展览会、商场的内外橱窗及展台、货架陈设等。展示设计是一门综合艺术设计，是视觉传达设计、产品设计和环境设计多种技术综合应用的复合性设计，运用了较多视觉传达的表达方式。

展示空间是伴随着人类社会政治、经济的阶段性发展逐渐形成的。在既定的时间和空间范围内，运用艺术设计语言，通过对空间与平面的精心创造，使其产生独特的空间范围，既能解释展品的宣传主题，又能使观众参与其中，达到相互沟通的目的。这样的空间形式，我们一般称之为展示空间。对展示空间的创作过程，我们称之为展示设计。展示设计又可以分为家具展示设计、汽车展示设计、服装展示设计、展示模型设计等。

展示设计从范围上大到博览会场、博物馆、美术馆，中到商场、卖场、临时庆典会场，小到橱窗及展示柜台(样品柜)；就展示设计所处理的内容而言，主要有展示物的规划、展示主题、灯光、说明、标志指示及附属空间(如大型展示空间就应该包括典藏、消毒、厕所、茶水、休息等空间)。

案例 27

Abe Kogyo设计的门和固定装置的东京展厅设计

以“开放的门”为设计主题的展厅展览了一系列由Abe Kogyo设计的多种多样的门和固定装置，这些展品被安装于放射状分布的墙中，一段段墙一个挨着一个从中心向外展开，一段墙就如同一扇门（图4-37）。

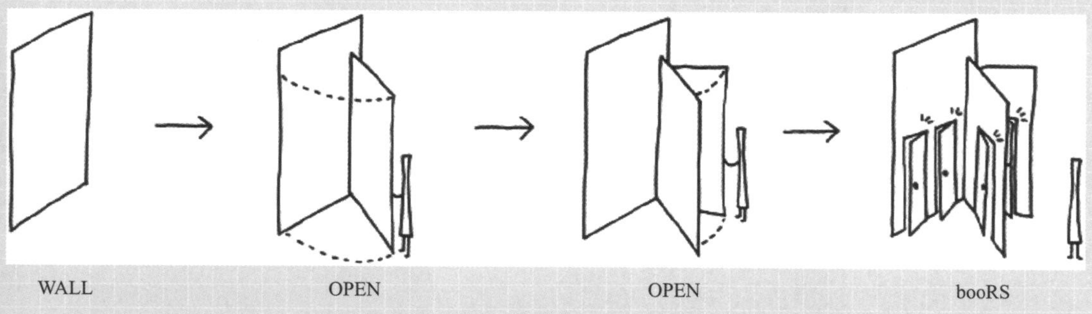

图 4.37　设计构思

这种布局方式不仅保证了展品的展示空间，也为单调的展览空间增加了很多动感。参观者可以任意穿行于这些被展览的门的两侧，仔细观察门的种种细节——如开关门时的感受、从内外看去的观感、当从门中间穿过时所看到的样子等——以做出选择。这种安排也有助于测试门的隔声效果。门的种类、产品名字、产品编号都在展示墙的朝向外部的截面上清楚标明，这些截面中也标注了适用的产品目录和页码为参观者的决定做参考，让这段参观旅程更加方便直观。因为门的轨道在平面设计图中用弧来代表，因此弧被作为了整个展览的母题，出现在门、天花板甚至是接待台的设计上（图4.38）。

图 4.38

图 4.38　展厅设计细节

4.3.4 环艺设计

环境艺术(Environmental Art)又称为环境设计(Environmental design)，是一个尚在发展中的学科，目前还没有形成完整的理论体系。关于它的学科对象研究和设计的理论范畴以及工作范围，包括定义的界定都没有比较统一的认识和说法。这里先引用著名环境艺术理论家多伯（Richard P. Dober）的环境艺术定义。

多伯说："环境艺术作为一种艺术，它比建筑艺术更巨大，比规划更广泛，比工程更富有感情。这是一种重实效的艺术，早已被传统所瞩目的艺术。环境艺术的实践与人影响其周围环境功能的能力，赋予环境视觉次序的能力，以及提高人类居住环境质量和装饰水平的能力是紧密地联系在一起的。"该定义指出，环境艺术范围广泛、历史悠久，不仅具有一般视觉艺术特征，还具有科学、技术、工程特征。在多伯定义的基础上，我们将环境艺术的定义概括为：环境艺术是人与周围的人类居住环境相互作用的艺术。

案例 28

圣安东尼滨河步道

对于全球的设计师和工程师而言，这里是一个灵感来源。圣安东尼滨河步道是一座具有多重身份的公共公园：是这个城市主要的旅游目的地，每年吸引着数百万游客；公园内配备有效的雨洪控制工程设施，还有对得克萨斯州丰富植物的展示。滨河步道全年365天开放，由沿着圣安东尼河岸分布的人行道网络组成，步道平面略低于街道水平高度。沿线排布着酒吧、商店、餐厅和宾馆。公园不仅是一座吸引游客的圣地，同时也是一座绿色网络，连接起从Alamo到河流中心餐厅等游客们的场所。

滨河步道很好地嵌入整个城市网络曲线中，完美契合了这座城市的城市设计、工程学、园艺学、建筑、景观和金融气息。在这些方面都有值得欣赏之处（图4.39）。

图 4.39　圣安东尼滨河步道

4.3.5 商业设计

商业设计为商品终端消费者服务，在满足人的消费需求的同时又规定并改变人的消费行为和商品的销售模式，并以此为企业、品牌创造商业价值的都可以称为商业设计。

商业形态的发展有一个历史变迁的过程。以美国商业中心为例，在20世纪50年代以前，美国还是以商业街的形态为主，传统商业区都是由主街构成的，这种商业街保持着人车混行的格局。20世纪50 ~ 80年代，结合城市改造，城市中心出现了典型的商业步行街，把机动车排除在步行街之外。同时在郊区，初期购物中心形态开始形成。郊区的购物中心以超市和大卖场为雏形发展而来。20世纪90年代以后，综合性购物中心纷纷崛起，成为当今商业建筑设计的一大潮流，其典型特征是提供一站式的消费体验。

今天，尽管商业建筑形态依旧不断发展，以上三种主要的商业形态并没有消失，也没有完全被某一形态所垄断，而是结合区域特点、消费习惯等因素多元并存着。

对于商业建筑来说，租户组合(Tenant Mix)是功能规划中的一个需要重点考虑的因素，也是商场创造其自身经营特色的重要策略之一。

租户组合也称业态规划。不同经营模式的租户类型，称为不同的业态。业态规划就是如何对商业项目进行功能分区和筹划，并对各类业态进行有效组合，以实现业态的最佳配置。对于商业建筑设计来说，“大”的业态规划分区应先确定下来，然后再进行各业态的平面布局。因此，设计单位需先取得业主方（或商业顾问公司）提供的业态规划要求，这是展开下一步设计的关键。

常见的商业业态类型有：零售、餐饮、百货、超市、影院、溜冰场、美食广场、儿童乐园、电玩中心、KTV、家居城和电子商城等。每种业态对空间、位置和规模等都有着不同的要求。下面是最有代表性的几种业态。

（1）百货

百货是指以经营日用工业品为主的综合性零售商店。其特点是商品种类多样，兼备专业商店和综合商店的优势，便于顾客挑选，并满足顾客多方面的购物要求。主力百货是购物中心主力店中的重要一员。目前，在一些大型和特大型城市，随着购物中心等新的商业建筑的出现，百货逐渐趋于饱和，并进入缓慢发展阶段。而在一些中小型城市中，百货依旧是一种处于蓬勃发展中的主要商业形态。我国的百货品牌比较丰富，如王府井、百盛、友谊、太平洋、久光、银泰、君太、华润和新世界等。

（2）餐饮

“民以食为天”，饮食是人类生存需要解决的首要问题。但在社会多元化渗透的今天，饮食的内容已更加丰富，人们对就餐内容的选择包含着对就餐环境的选择。因此，着意营造吻合人们观念变化所要求的就餐环境，是室内设计把握时代脉搏、饭店营销成功的根基。

（3）展示

展示空间是指具有陈列功能的，并通过了一定的设计手法，能有目的、有计划地将陈列的内容展现给受众的空间。

展示空间包含以下几个类型：博物馆陈列空间、展览会、博览会空间、商品陈列空间、橱窗陈列空间、节庆、礼仪性空间和景点观光导向系统。其中，博物馆、商品陈列和景点观光导向属于长期性展示空间，展览会、博览会、橱窗和节庆礼仪环境属于短期性展示空间（图4.40）。

图 4.40　BMW 宝马摩托车亚洲旗舰展厅

（4）娱乐

娱乐空间是人们进行公共性娱乐活动的空间场所，它随着社会经济迅速发展，设计要求也越来越高。

娱乐空间包括电影院、歌舞厅、卡拉OK厅、KTV包房、电子游艺厅、棋牌室、台球厅等。也有将多个娱乐项目综合一体的娱乐城、娱乐中心等。

（5）旅游

旅游空间包括酒店、饭店、宾馆、度假村等，近几年来得到了迅速的发展。

旅游空间常以环境优美、交通方便，服务周到、风格独特而吸引四方游客。对室内装修也因条件不同而各异，特别在反映民族特色、地方风格、风土人情、结合现代化设施等方面，予以精心考虑，使游人在旅游期间，在满足舒适生活要求外，了解异国他乡民族风格，扩大视野，增添新鲜知识，从而达到丰富生活、调剂生活的目的（图4.41）。

图 4.41　巴黎左岸 Henriette 酒店

（6）观演

观演建筑所包括的内容极其广泛，如歌舞、音乐、戏剧、电影、杂技等，是群众文化娱乐的重要场所，常用作城市中主要的公共建筑，成为当地文化艺术水平的重要标志（图4.42）。

图 4.42　不明飞行物——荷兰格罗宁根 Infoversum 影剧院

商业之所以能够吸引人，是因为商业活动能够满足人们在物质、精神等诸多方面的需求。商业氛围，越来越多地成为商业吸引人、留住人的重要条件。而好的商业设计对于商业氛围的打造起着至关重要的作用。商业设计实际上是商业地产操作过程中的一个阶段。商业地产的核心决定因素就是商业氛围的打造，这也是绝大多数商业地产项目均有市场培育期的原因所在。商业氛围的成熟时期，抛开资金链的因素，也不同程度地决定了投资者自持物业和销售物业的比例，以及销售时机的选择问题。

商业地产项目的操作可以分为以下四个阶段：商业规划阶段、商业设计及建设阶段、营销招商阶段和运营管理阶段。商业设计是在商业规划基本定型后开始的设计工作，针对各种业态对空间等设计要素的不同需求，可以在项目进行中对商业规划进行局部调整，但成熟的设计不会因商业业态质的改变而带来建筑空间、形态及布局原则性的修改。

完整的商业设计过程应该包括：形象概念设计、建筑功能平面、界面设计、室内设计、环境设计、标识系统、艺术设计等几大部分，而其中涵盖的设计专业包括规划、建筑、景观、室内、平面、色彩等(还未包括项目施工图设计阶段的结构、水、暖、点、概预算、总图等专业、种植、广告等专业)。不难看出，建筑设计仅仅是商业设计系统中的一环。

商业设计在发达国家已普遍成熟地采用建筑、形象概念、色彩、界面、室内外环境景观、标识设计一体化的做法，各专业相互协调、渗透、同步进行，综合效果理想。相比之下，国内商业设计体系尚未健全，但规划、建筑、景观、室内四大专业同步进行(委托一家设计机构承担四大专业更会省去大量的协调成本)的条件是成熟的，同时专业的设计团队对色彩、标识等整体概念的清晰，也会引导商业项目向高效和成功的方向迈进。

但是，从目前来看，商业设计的概念只有国内部分一线品牌的商业地产开发企业全面或部分地按照这个客观规律在执行，很大一部分的开发企业对商业设计并没有清晰的概念，真正执行的项目就更少了。所有商业地产项目要坚持规划、建筑、景观和室内概念四大专业的一体化设计，同时在色彩、标识系统、信息化支持等方面同时跟进，诸多项目的成功运作也再次证明了商业设计的必要性和迫切性。

案例 29

北京故宫东门禅意茶馆设计

日本限研吾建筑事务所设计改造了一所四合院，该建筑恰好位于故宫东门前，北京的心脏地带。建筑师使用聚乙烯半透明的空心砖，将这个四合院风格的建筑改造成了一个传统的茶馆，其中包括地面层的茶室，一层两间铺有地毯的私人房间，和一个屋顶的露台，在这里整个紫禁城尽收眼底。

四种类型的空心砖块通过旋转成型，堆叠拼接，成为扩展部分的结构。由于北京市的主要结构为砌砖体，所以聚乙烯的砌砖块被赋予了现代化版本的意义。其具有绝缘高性能并且可以透光，从而创造出一个温柔的禅意空间，充满诗意宁静的对话与强烈的历史感和谐相融（图 4.43）。

图 4.43　北京故宫东门禅意茶馆设计

4.4　智能穿戴设计

智能穿戴是指应用穿戴式技术对日常穿戴进行智能化设计、开发出可以穿戴的设备，如眼镜、手套、手表、服饰及鞋等。智能穿戴的目的是探索人和科技全新的交互方式，为每个人提供专属的、个性化的服务。

在人类历史发展过程中，有很多影响深远的科技发明，其中直接深刻影响人类行为的数字化革命有两次，第一次是移动电话，第二次是移动互联网。现如今，具备“第六感”的穿戴设备随着第三次科技浪潮席卷而来。

电话无疑是19世纪最伟大的发明之一，它突破了距离的限制，还原了千里之外的音源，第一次扩展和延伸了人们的音觉。移动电话更近一步，它突破了空间的限制和线材的束缚，给予了人们一个数字化的符号，这个符号具有唯一性，也具有实时性，通过背后复杂的网络系统，让语音交流与生活同步而行。同时，随着显示屏的植入，SNS等增值业务的发展，不仅可以实现语音实时传输，还可以实现信息的输入、存储及输出，信息交流方式有了多样化的发展空间。

iPhone 的横空出世，不仅进一步丰富了信息交流方式，更将易用性提升到一个较高的水平，并形成了行业的标杆。iPhone 的海量应用，以及聚合信息的完善，大大降低了信息处理成本，扩展了大脑认知和判断能力。手机已成为人们日不离身的信息交流处理终端。

未来，随着技术的成熟和性能的提升，以及产品成本的下降和产品的普及，智能穿戴设备将逐渐取代手机的很多功能，并最终大规模取代智能手机产品，未来必将成为智能穿戴设备的天下。这符合以下两个趋势。

首先是智能产品使用方式将从模仿回归自然与本能。传统功能手机信息输入是实体键盘按键式输入，这并不是人类很自然的使用方式。而iPhone将实体键盘取消，采用更加自然、模仿人类原始行为的触摸式输入。而页面的翻页方式，iPhone也模仿人类的自然翻书方式。但说到底这些方式和功能都是对人类原始行为的“模仿”，而不是原始行为的“本身”。而苹果语音交流工具Siri，则在这方面前进了一大步。现在手机上传感器越来越多，包括对眼神、温度、光线等的感知能力越来越强。这些都是在回归人类交流和情感的本源。而穿戴设备则是这种趋势的更高阶段，即通过智能眼镜、手表、服饰等随身物品，就可以直接通过语音、眼睛、手势、行走等最自然的方式，与他人进行沟通、上网等，更加自然和舒适。

其次是智能服务从外部到随时、随身。智能手机即使功能再强大，也只是我们的“身外之物”，随着手机屏幕越来越大以及拥有多部手机，我们越来越觉得这些铁疙瘩给我们带来很多的不便。而智能穿戴设备则完全不存在这种烦恼，不再需要一个专门的所谓“通信终端”“上网终端”和“娱乐终端”，你只需通过眼镜、手表、服饰这些原本就在我们身上的随身之物，随时随地地使用智能服务，提高生活、商务品质和效率。未来我们将24小时都在网上，不存在上网与下网的概念，智能穿戴设备正是迎合了这样一个趋势。

智能穿戴设备是意义深远的一类科技设备，它将引领下一场可穿戴革命，我们正迈向一个技术与人们互动的新世界。谷歌、苹果、三星、微软、索尼、奥林巴斯等诸多科技公司争相加入可穿戴设备行业，在这个全新的领域进行深入探索。

随着移动互联网的发展、技术进步和高性能低功耗处理芯片的推出等，智能穿戴设备种类逐渐丰富，已经从概念走向商用化，新式穿戴设备不断推出，智能穿戴的时代已经到来了。谷歌公司于2012年研制的一款智能电子设备——Google Glass，具有网上冲浪、电话通信和读取文件的功能，可以代替智能手机和笔记本电脑的作用。随着Google

Glass等概念产品的推出，众多国内外厂商对可穿戴智能设备领域表现出极高的参与热情。2013年成为全球公认的“智能可穿戴设备元年”，智能穿戴技术已经渗透到健身、医疗、娱乐、安全、财务等众多领域（图4.44）。

图 4.44　Google Glass

智能穿戴作为前沿科技和朝阳产业，是未来移动智能产品发展的主流趋势，将极大地改变现代人的生活方式。

案例 30

智能型设计轻珠宝VINAYA ALTRUIS

是否曾经想入手智能型穿戴手环等配件，但苦于市面上多数产品设计不符合你的外观要求，或是多以运动型的功能外观无法满足你想把它当作服装搭配的饰品佩戴想法。

VINAYA的执行总监Kate Unsworth跟许多人一样是个科技产品的重度使用者，她希望能够将使用科技网络拼命打字的时间来与身边的人真实互动相处，但同时又能够适度地掌握手机的信息与来电。

注重时尚美感的她因此打造了ALTRUIS珠宝系列，运用高质量的顶级锆石设计，利落的宝石切割手法与简约耐看的造型设计相结合，打造出宛如古董饰品的优雅风格，亦或透过服装搭配转化成前卫强烈英式时尚，不用拿着手机就能保持信息畅通但不受打扰。

透过VINAYA品牌专属App与ALTRUIS珠宝做蓝牙连接，在App上可因自己的习惯与场合设定各种个人化的profiles模式，并连结日历、e-mail、通信软件等，更可设定信息过滤方式，充电完成的ALTRUIS可待机一个月。

VINAYA ALTRUIS摆脱了乏味无聊的电子产品外形，可与服装做造型搭配。佩戴者不必时时刻刻看着手机，可更多地关注真实的人际互动与个人生活上（图4.45）。

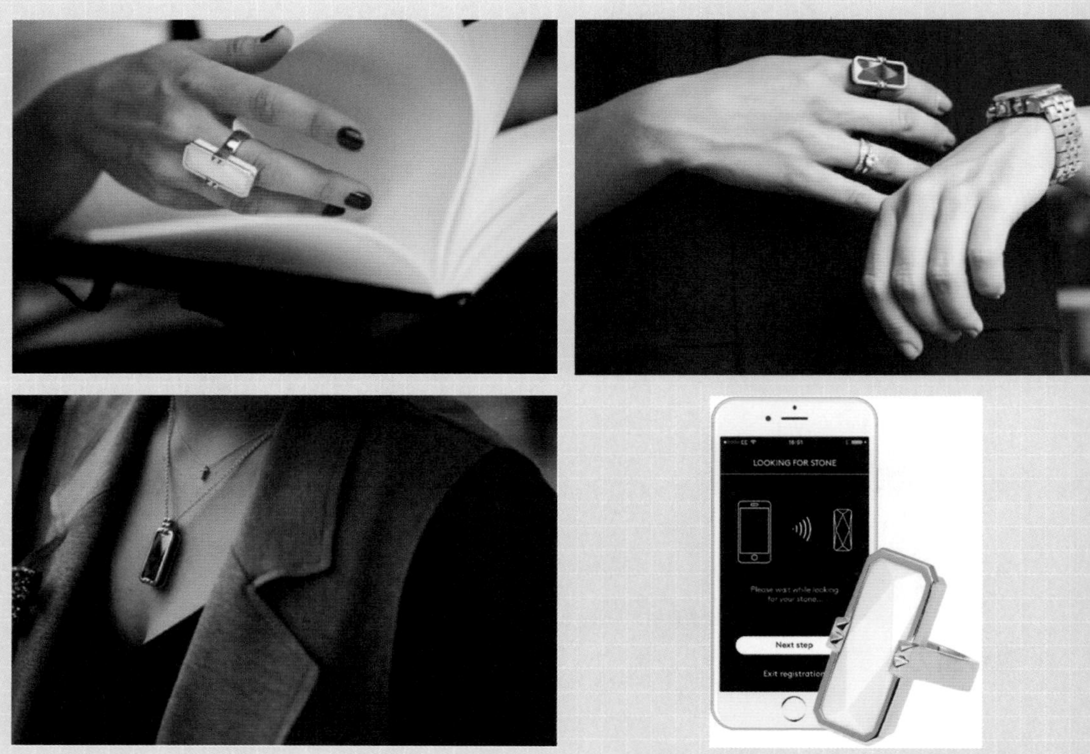

图 4.45　智能型设计轻珠宝 VINAYA ALTRUIS

4.5　非物质设计

4.5.1　非物质设计概述

以微电子、通信技术为代表的数字信息技术的普及和应用正把人们从物质社会引入非物质社会。所谓非物质社会，就是人们常说的数字化社会、信息社会或服务型社会。工业社会的物质文明向信息社会的非物质文明的转变，在一定程度上将使设计从有形的设计向无形的设计、从物的设计向非物的设计、从产品的设计向服务的设计、从实物产品的设计向虚拟产品的设计全方位调整。

非物质设计理念不仅是一种与新技术特别是计算机、网络、人工智能相匹配的设计方式，同时它也是一种以服务为核心的消费方式，更是一种全新的生活方式。

4.5.2　非物质社会对设计的影响

非物质社会对设计产生了强烈的冲击，设计的内容、形式、过程和理念都有所改变，表现为设计内容的数字化、艺术化和不确定性，设计形式的虚拟化、设计过程的无纸化，以及设计服务的个人化。

非物质社会的设计，重心已经不再是某种有形的物质产品，而是逐渐脱离了物质层面向纯精神的东西靠拢。设计从静态的、理性的、单一的、物质的创造，向动态的、感性的、复合的、非物质的创造转变。传统的设计，一般是将设想、计划和创意，通过一定的技术手段实现为有形的、美好的产品，产品达到的目的是可以被提前预测和构想出来的。而非物质社会的设计却越来越追求一种无目的性的、不可预料的和无法准确预测的抒情价值，设计创作越来越具有一种艺术化的诗意价值。设计变得更加艺术化，创造一种不确定的、时时变化的东西。非物质社会的设计，诸如智能化界面设计、互动媒体设计、网络艺术设计、信息娱乐服务，以及数字艺术的设计，均是着重于调动消费者的感觉系统并企图在人与非物的互动中实现设计的功能，其结果具有不确定性。

案例 31

《地心引力》的数字化技术

近年来，数字技术也越来越多地应用在电影的拍摄上，给人们提供了新的观影感受。2013 年上映的《地心引力》由阿方索·卡隆执导，乔治·克鲁尼和桑德拉·布洛克主演。剧本由导演阿方索·卡隆与儿子乔纳斯·卡隆共同撰写，讲述了一个在地球空间站工作的男宇航员和一个女宇航员出舱进行行走测试时，卫星突然发生爆炸的故事。由于其他同行全部丧生，所以这部在太空领域内的“密闭空间”式电影人物极少，几乎只有这两位主演，他们将一同面对宇宙的无垠和人类的孤独。虽然影片更加写实、更加没有幻想的成分，但是和之前的 3D 以及特效大片，如《少年派》等并没什么实质上的不同。仰仗于最新的数码技术，《地心引力》为观众带来了一种梦境般的感受（图 4.46）。

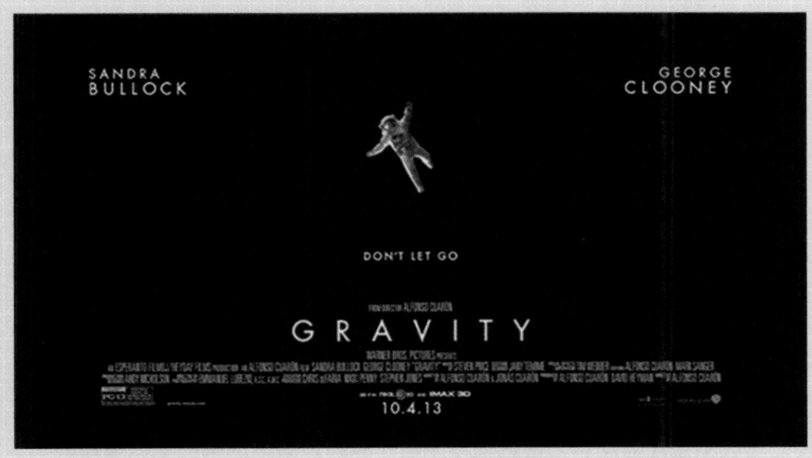

图 4.46　《地心引力》宣传海报

这部以外太空为空间背景的影片场面设置宏大，而且野心勃勃，有一半以上的画面用CGI技术制作。

4.5.2.1 设计过程和形式的虚拟化与跨地域性

非物质社会对设计领域最显著的影响，莫过于设计过程和形式的虚拟化。数字多媒体技术、虚拟现实技术和互联网技术的发展，使设计的过程和形式由现实走向了虚拟，并且打破了地域限制，实现了跨地域联合设计。

虚拟现实（Virtual Reality）技术又称实时仿真技术，20世纪90年代在全球获得长足进展。作为一种新的人机界面形式，它与用键盘、鼠标等传统人机交互方式不同，是根据人的生理与心理的特点，运用图形学和人机交互技术制造一个三维仿真环境，使人在与计算机沟通时能产生立体视觉、听觉和触觉等反馈。虚拟现实打破了人与机器的对立，为人与计算机的交流找到了一种更好的方式。

虚拟现实技术应用范围非常广，从军事训练、航空航天、远程医疗、建筑设计、展示设计到商业、通信和娱乐业，几乎任何一个领域都可以借助虚拟现实技术产生质的变化。随着网络技术的发展，虚拟购物已经成为可能，虚拟办公室、网络书店、电子银行、网上虚拟交易市场也已经成为可能。除了虚拟商店，还可以应用于各种博览会的展示，使商家既免除了复杂繁重的布展工作，同样又能传递信息、推销产品；既能为没有时间和机会到现场参观的人提供一种仿佛身临其境参观的机会，又能让参展商通过虚拟再现，一次布展多次传达产品信息。

融文字、数据、声音、图形、图像、动画等视讯信息于一体的多媒体技术，基于数字信息网络跨国境的设计协同，从视觉、触觉、嗅觉上，多维地模拟现实世界的虚拟现实技术，彻底实现了设计表达和交流过程的虚拟化。传统设计表达的方式是静态的图纸或几何模型，而多媒体技术可以设置产品的模拟装配过程、模拟拆卸过程和模拟运行过程，将三维设计实现动态的可视化，将产品设计横向延伸至制造作业、纵向延伸至产品维护以及市场销售过程，从而增进企业内和企业之间的信息交流，加速对正在进行的设计达成一致认识，以完成真正意义的创新。

20世纪末以来，企业需要靠技术创新取得市场领先地位，联合进行产品开发、异地开展工作的情况增多，通信和交流的需求因而增加，设计的概念和信息也将面临更多的评判。如今，大量的美国、欧洲、日本公司建立的设计中心已在网络上广泛开展设计合作，通过计算机联网，使处在日本、意大利、法国、美国的一些设计师围成了一个广域网，在不同的国家同时讨论与完善设计方案。这种计算机的协同工作把办公室的概念转移到设计人员各自的桌面上，扩展了专业技术人员的服务领域，克服了地域的限制。

4.5.2.2 设计理念的人性化和设计服务的个性化

设计是“为人”的造物，进入非物质社会之后，设计更加重视对人类的深度关爱和个性化的区分。著名的青蛙设计公司有句口号“设计追随激情”，该公司的设计师特穆斯说：“我相信顾客购买的不仅仅是商品本身，他们购买的是令人愉悦的形式、体验和自我认同。”设计要面向未来，用关爱营造舒适、高雅的生活空间，使人们享受产品的使用趣味和快感；使人性得以充分地释放与满足；使人的心理更加健康、情感更加丰富、人性更加完善；使人与物达到高度的和谐。在非物质社会，设计越来越追求一种抒情感知，大量的非物质设计针对的是各种能引起情感反应的物品。消费者不再是被动地接受商品，而是根据自身的感觉和需求选择商品，并且重新根据自己的喜好拼装组合这些商品，使商品更具有个性化的特征。以往设计主要关注人的生理和安全等基本需求，而非物质社会产品设计则更关注人的自尊及自我价值的实现等高层次的精神需求，更加追求以人为核心的设计理念。人们的消费需求已由低层次的物理功能需求转向高层次的精神需求，产品的差异性、人性化成为人们选购产品的价值取向。

案例 32

拥有全景舱内屏幕的SPIKE飞机

SPIKE公司的S-512私人商务飞机虽然尚未发布，但早已赚足了风头。除了从纽约到伦敦的4小时直飞，最高1600海里的时速，这架超音速飞机还为客户提供了舱内全景屏幕，可实时显示舱外影像，十分震撼，仿佛自己正坐着一朵云翱翔在蓝天之上。如此一来，屏幕取代了飞机窗户，使得机身更加平滑，但也增加了额外重量。该飞机预计在2018年才能进入市场（图4.47）。

图 4.47　拥有全景舱内屏幕的 SPIKE 飞机

在非物质社会的环境中，信息变得个人化了，设计也相应地个性化了，产品与人的关系就如同人与人之间的关系一样是双向互动的，产品对人的了解程度和人与人之间的默契不相上下。这些变化要求设计师面对的设计对象是包含智慧的产品，要使产品尽量了解使用主体的个人情况和个性特征，并与主体互动交流，因此设计师应努力以电脑语言的工具和技巧来寻求科学与艺术之间的平衡点。个性化设计应包含足够的信息分享与沟通联系，它与使用者之间的关系是融洽的、亲密的。

4.5.3 非物质设计的特点

在非物质社会对设计的巨大影响下，非物质设计具有了不同于传统设计的新特征，包括设计的服务化、情感化、互动化和共享化。

4.5.3.1 服务化

非物质社会是以服务为核心的社会，服务的主要层面是从精神上调节人的身心，使人们能够切实地享受生活。在非物质时代，厂商不仅仅提供物质产品，更进一步地提供一种引导、交互、辅助的机会和空间，从而为用户的工作和生活创造新的可能和体验。顾客也不再是纯粹获取某种物质产品，而是去消费某种服务来满足自己不同的需求，如安全的需求、健康的需求、交流的需求、效率的需求、信息的需求、文化的需求、工具的需求甚至情感的需求等。产品的概念将不再是摆在某一位置上的某一机器，而是在任何地点、任何时间均可以提供服务的数字化伙伴。

4.5.3.2 情感化

非物质社会的设计，追求产品与人类情感的沟通与交流。超大规模集成电路和电脑程序化控制正逐步取代机器内运转的机械构件，微电子元件的使用，使得造型受限于结构的设计大大减少，技术条件对设计的限制越来越少。原先因物质匮乏和科技限制而产生的功能主义简洁风格的设计，也因物质丰裕和科技进步带来的巨大自由而被“形式追随情感”的设计取代。原有的功能化设计语言已无法承担这项重任。同时，知识经济时代，微电子化、智能化的信息革命浪潮也要求一种新的设计语言与它适应。非物质社会的设计，让使用者能领会设计意图，进而以“动作”“语言”“表情”等多种方式来传达自己的感受，从而达到情感上更深层次的沟通和交流。因此，设计师必须在人机工程学、心理学和人类生理学领域里作周密细致的研究，与使用者建立良好的互动关系，即以数码技术为核心，兼容摄影、录像、视频、声音、装置、互动等综合手段进行设计创作并融入设计情感，从而引起消费者在使用方式和情感上的共鸣，使人在与产品进行交流和沟通的过程中，达到情感上的平衡和协调。

4.5.3.3 互动化

在非物质社会中，随着大众媒介、远程通信、电子技术服务和其他消费信息的普及，人与世界的关系正逐步转变为各种数字化处理的信号。面对产品的信息人具有了选择的自由，人—机之间以及人与多媒体之间的关系正从传统的单向沟通转变为更民主的双向沟通，并进一步实现互动方式的沟通。

非物质设计的互动化得益于智能化信息技术的发展，这种技术通过系统内部的程序设计来响应人的行为、引导人的情绪。信息技术的革命把受制于键盘和显示器的计算机解放出来，使之成为我们能够参与、抚摸甚至能够穿戴的对象，这些发展将变革人类的许多行为。除了利用人的手与眼，通过遥控杆、键盘、鼠标、显示器进行二维的精确方式的输入输出外，现代的交互手段还有利用人的眼、耳、嘴、手等感知器官通过三维交互技术、语音技术、视线跟踪技术等进行信息的交流。

高技术的智能化产品提供的将不再是具有某种确定功能的产品，而是一个实现人机互动、对话交流的平台。在这个平台的互动过程中存在着多个客体，这些客体构成了一个由各种潜在的行动意向集合的互动情境。通过互动行为和互动情境定义的改变，人的心理结构和社会文化结构也发生了变化。现代的很多设计提供给人的不再是单一的结果，而是可以根据个体的认知差异，塑造和发展个性化的结局。现代的很多游戏设计就具有这样的特征，它不再提供标准化的结局，而是随着游戏进程的不同自然展开不同的故事。

4.5.3.4　共享化

非物质化社会中，社会的各种资源可以数字化存储和传播，可以同时为许多人所拥有，并可一再地重复使用，它不仅不会被消耗掉，而且会在使用的过程中与其他数字资源进行渗透、重组、演进，从而形成新的有用的数字资源，实现自身的增值创新。这是由于数据的占有和使用不具备有限性、唯一性和排他性。互联网的发展，使得政治、经济、文化、艺术等方方面面的数据库连接起来了，设计师可以方便地从网络中调用各种数据作为自己设计创作的题材，并再以网络为平台发布和传播作品，从而使设计创作得以不断生长，形成一个良性的循环。

4.6　概念设计

概念设计不考虑现有的生活水平、技术和材料，纯粹在设计师预见能力所能达到的范围内考虑人们的未来与未来的产品，是一种开发性的对未来从根本概念出发的设计。概念设计包括分析用户的需求，生成概念产品等一系列有序的、可组织的、有目标的设计活动，它表现为一个由粗到精、由模糊到清晰、由具体到抽象的不断变化的过程。概念设计是完整而全面的设计过程，它通过设计概念将设计由繁杂的感性和瞬间思维上升到统一的理性思维，从而完成整个设计。概念设计也常常直接影响到设计风格的发展趋向。从市场需求的角度来看，它的创造性同时也决定了它对市场需求的创造性意义。

案例 33

Sky Whale 概念飞机

科技的进步使得人们有足够的空间去想象未来将要发生的事情。这架Sky Whale 概念飞机比现今最大的客机还要大上一圈，机舱内采用上中下三层设计，可容纳755名乘客。飞机采用机身与机翼分体式设计，可有效降低风阻，并在紧急时刻做出脱离，降低因机翼损坏而带来的毁灭性灾难。此外，该飞机采用铝合金与碳纤维材料，极大地减轻机身重量；而且它的引擎可45度角内旋转，在起飞与降落时提供最佳助力（图4.48）。

图 4.48 Sky Whale 概念飞机

4.7 文化创意产业

创意产业是当下最流行的词，是在各大媒体上出现最频繁的词。

4.7.1 文化创意产业概述

文化创意产业（Cultural and Creative Industries），是一种在经济全球化背景下产生的以创造力为核心的新兴产业，强调一种主体文化或文化因素依靠个人（团队）通过技术、创意和产业化的方式开发、营销知识产权的行业。

文化创意产业是指依靠人的智慧、技能和天赋，借助于高科技对文化资源进行创造与提升，通过知识产权的开发和运用，产生出高附加值产品，具有创造财富和就业潜力。教科文组织认为文化创意产业包含文化产品、文化服务与智能产权三项内容。创意产业、创意经济或译成“创造性产业”，是一种在全球化的社会背景中发展起来的，推崇创新、个人创造力、强调文化的支持与推动的新兴理念、思潮和经济实践。

文化创意产业的特点主要有：

① 任何一种文化创意活动，都要在一定的文化背景下进行。但创意不是对传统文化的简单复制，而是依靠人的灵感和想象力，借助科技对传统的再提升。文化创意产业属于知识密集型新兴产业。

② 文化创意产业具有高知识性特征。文化创意产品一般是以文化、创意理念为核心，是人的知识、智慧和灵感在特定行业的物化表现。文化创意产业与信息技术、传播技术和自动化技术等的广泛应用密切相关，呈现出高知识性、智能化的特征。如电影、电视等产品的创作是通过与光电技术、计算机仿真技术、传媒等相结合而完成的。

③ 文化创意产业具有高附加值特征。文化创意产业处于技术创新和研发等产业价值链的高端环节，是一种高附加值的产业。文化创意产品价值中，科技和文化的附加值比例明显高于普通的产品和服务。

文化创意产业作为一种新兴的产业，是经济、文化、技术等相互融合的产物，具有高度的融合性、较强的渗透性和辐射力，为发展新兴产业及其关联产业提供了良好条件。文化创意产业在带动相关产业的发展、推动区域经济发展的同时，还可以辐射到社会的各个方面，全面提升人民群众的文化素质。

4.7.2 创意市集

“创意市集”是在创意产业发展过程中出现的新兴交流模式，旨在为各类新兴设计师和艺术家提供开放、多元的创作生态和交易平台，推崇个人创造和精神创新，鼓励创意立业，尤其强调以文化、艺术、设计等为产品或服务提供实用价值之外的文化附加值，是一个产生创意并使创意作品商品化的实验舞台。

目前“创意市集”的主要形式是一个提供给年轻人展示和交流自己创意产品的街头摊位集市，年轻人以很低的价格租用甚至免费取得摊位，摆卖自己创意制作的货品。这个活动同时融合讲座、小型音乐会、街头文化表演、放映会、创意比赛等，主题仍然集中在原创文化的多种具体形式，成为嘉年华式的年轻人聚会。

众多国际大都市如伦敦、巴黎、东京等都有自己的“创意市集”，这类集市成为新设计师和艺术家铺展事业的起点，对当地城市经济发展的推动作用日益明显。对于目前中国城市发展来说，“创意市集”能有效构建设计师与品质生活引领者之间需求互动的交流平台，有利于增强全社会的创新意识，加快以设计推动自主创新的步伐，发现优秀人才，激发设计人员的积极性和创造性，进一步壮大设计人才队伍，激励和带动中国企业重视设计、开发有自主知识产权的原创产品，加速经济增长方式从“中国制造”向“中国创

图 4.49 《城市画报》封面

造”转变的进程。《城市画报》作为一本城市青年生活杂志，率先在国内推出“创意市集”（图4.49）。

4.7.2.1 外国创意集市

（1）Moss Street Market

加拿大维多利亚的Moss Street Market是个位于街角的小型集市，它经营着当地艺术品，并安排地区音乐家和艺术家表演，或者组织本地的娱乐游行活动。住在Moss Street的居民自己经营管理着集市，也是主力消费群体。Moss Street Market是当地居民们的主要社交活动场所，每年从5月开市到12月假日义卖会都是人头攒动（图4.50）。

图 4.50 加拿大维多利亚 Moss Street Market

（2）Rose St.Artists’Market

这是向大众展示现代艺术作品的集市。墨尔本“The Age”杂志将Rose St.Artists’Market评为“墨尔本市100个不为人知的宝地”之一。这里更主要的目的是帮助那些并不富裕的艺术家们销售和展示作品（图4.51）。

（3）东京Design · festa

每年一度的日本东京Design · festa已成为日本最具国际影响力的民间设计师聚会（图4.52）。

图 4.51　墨尔本 Rose St.Artists' Market

4.7.2.2　中国创意集市

（1）疯果创意集市

疯果网是中国国内最大的网上创意集市，其线下活动品牌疯果创意集市在全国范围内都有很大的影响力，成立以来已在全国范围内组织或参与组织多场创意集市活动（图4.53）。

图 4.52　东京 Design·festa

（2）iMART 创意集市

为城市画报、创意中国网于2006年7月主办，是针对年轻人的创意交流平台（图4.54）。

（3）景德镇创意集市

景德镇创意集市也叫陶瓷早市，可以说是有千年文化积淀的景德镇最具青春活力的地方之一（图4.55）。

图 4.53　疯果创意集市

图 4.54　iMART 创意集市

图 4.55　景德镇创意集市

第 5 章 设计美学

美学是研究有关审美活动规律的学科，研究美的本质和审美等问题。美学是抽象的，甚至是感性的，是研究一切审美现象和审美活动的一门边缘性人文学科。

设计美学则是在现代设计理论和应用的基础上，结合美学与艺术研究的传统理论而发展起来的一门新兴学科，属于应用美学的范畴。它在美学的研究基础上，具体地探讨设计领域的审美规律，并以审美规律在设计中的应用为目标，旨在为设计活动提供相关的美学理论支持。

5.1 美的本质

“美是自由观照的作品，我们同它一起进入观念世界，然而应该说明的是，我们并不会像认识真理时那样抛弃感性世界……要把美的意象和感觉能力的联系分开却是徒劳的。”

——席勒《美育书简》

人们在谈到一种产品时常说，“这种产品很好用，使用起来得心应手”。“这种造型很美观，使人感到赏心悦目”。这些议论实际上已经不单纯是对产品物质特性的认识，而是把产品特性与人联系在一起，说明产品对人具有的意义。它所反映的是主体与客体之间的一种价值关系。价值是衡量客体对于主体具有多大效用的一种尺度。确认产品对人所具有的价值和意义，便是一种评价活动。审美关系是主客体之间的一种价值关系，它反映了对象在什么程度上能满足人的审美需要。产品的美是产品所具有的审美价值，而产品的适用性则是一种功利价值。前者具有的是精神功能，后者具有的则是物质功能。对审美价值与功利价值作出严格区分，对设计美学十分重要，这样才能克服“实用就是美”的错误倾向。

为了明确实用与审美的区别，首先要对审美活动的本质特征作出说明。

审美是人们诉诸感性直观的活动，不论在艺术领域、自然界还是日常生活中，凡是作为审美的对象，都具有可感知的形象性。形象是事物自身构成的形式特征，所以审美是对形式的观照，“美只能在形象中见出（黑格尔《美学》)”。凡具有审美价值的事物都具有某种形象性，但并非所有的形象都具有审美价值。美是一种肯定性审美价值，丑则是一种否定性审美价值。丑的因素虽然具有否定性价值，但它又是崇高和滑稽等审美范畴的构成成分。在儿童玩具中不仅有“洋娃娃”，还有“丑娃娃”，娃娃的丑态给人一种性格的诙谐和生活的真实感。审美虽然不同于人的认识，但在审美的感性直观中，不仅包括感知觉，而且包括直觉。直觉是一种理智的直观，是在理解基础上对事物本质的体认。这就使审美不单纯是感性活动，也融合了大量的理性内容，但这些内容不是通过概念和逻辑思维取得的，而是审美直觉的产物。

与实践活动不同，审美具有超越直接功利性的特点，不以追求某种实用目的为动机，不能直接满足人生理的、物质的或功利的需要。所以说，审美的享受，不是对于对象的享受，而是一种自我享受。

审美判断是人们对于对象作出的审美评价。它把对象作为人的作品和人的自我确证，并且以个体方式进行评价，其中融合着强烈的情感体验。所以说，审美判断是以情感为中介，以生活的逻辑和个体审美经验为依据的，不含有概念的抽象和逻辑的推理。审美判断总是与个体的需要、价值观、气质、趣味以及当时的心境相关联，具有强烈的主观性和个体差异。但是，它又受到社会生活的制约，具有时代的、民族文化的和地域的共同性。

审美活动是一种感受性和创造性相统一的过程。不论是从事审美创造，还是审美接受（观照），都要以审美感受性为基础，都包含着不同程度的审美意象的创造。在鉴赏或接受活动中，离开想象和再创造过程就无法进入特定的审美意境，在创造活动中离开感受性就无法完成审美意象的客观化或物化。这就使美不仅是人的观照对象，而且同时成为主体的心灵状态。

5.2 设计的审美范畴

美是最古老、最核心的审美范畴。范畴一词是指学科理论中最一般、最基本的概念，它反映着外在与人的客观世界的各种特性和关系。范畴是人们对事物认识的一种概括，它的内容总是随着人们认识的发展而变化。因此，范畴体系是建立在逻辑与历史相统一的基础之上。“真、善、美”作为哲学中最核心的范畴，尽管已经存在两千多年，但是由于它们与人们的各种思想观念建立了普遍的联系，所以仍然具有生命力。我们正是从美这一核心范畴出发，将设计领域中不同形态的美概括为相应的审美范畴，由此对这些审美形态的特性和相互联系取得一种规律性的了解。

设计美表现为实用的功能美和精神的审美，设计的美不仅要体现功能的实用美，更要体现在满足使用者审美需求时的艺术美。实用美主要体现在设计所创造的实用价值之中，实用价值作为一种人类最早追求和创造的价值形态，是设计和造物活动的首要价值。设计实用价值的实现是人类生存与发展的基本前提与保障。在远古时期，我们的祖先为了解决基本的生活需要，开始敲打和磨制出简单的石制工具，这些工具的实用价值体现出实用美的意义。然而，设计艺术仅仅考虑功能的美是远远不够的，这就要求设计师在设计中，必须考虑设计对象的结构、色彩、材质等美学要素及形式美的相关法则，从而满足使用者内心的审美需求。设计美的构成要素表现在设计所用的材料、结构、功能、形态、色彩和语意上。

在设计中，设计对象的实用价值和审美价值并不是彼此孤立的，而是存在着紧密的内在联系。首先，设计物的审美价值是在其实用价值的基础上产生的，设计物必须具备一定的使用功能，即有效性。其次，实用价值与审美价值是统一在设计对象之中的，两者共同构成了设计对象的综合价值，从而满足人们物质与精神的双重需要。只有这样，设计物的审美价值才有存在的意义。

5.2.1　技术美

技术是与人类的物质生产活动同时产生的。它是调节和变革人与自然关系的物质力量，也是沟通人与社会的中介。正是从这种意义上说，科学技术才成为第一生产力。但是，技术不仅包含在生产过程中，而且也构成了生产过程的前提和结果。技术作为一种活动和技能，融合在社会生产过程之中，表现为对于工具和成果的制作；技术作为一种对象或成果，提供给人们应用的器皿、器械、设施、工具和机器等，其中机器是不以人为动力来源的工具系统；技术作为一种知识体系，表现为人对自然规律的把握。它们是为了人类的生存和发展，对自然界的改造和利用。

技术对象是技术领域的物质成果，作为人类肢体、感官和大脑的补充和延伸，扩大了人类的活动范围，改善了人类的生存环境，并且推动着整个社会的发展。从旧石器时代各种石器工具的制造，人们在追求效能的同时不断进行形式的改进，由此培育了美的萌芽。直到今天，航天飞行器和各种高新技术成果，无不为人们开拓着新的审美视野，提供新的审美价值。这一切说明，技术美不仅是人类社会创造的第一种审美形态，也是人类日常生活中最普遍的审美存在。

技术美的研究，具有巨大的现实意义和理论意义。

其一，技术美不仅是当代的一种审美形态，而且也是人类原发性的审美形态。

从现代技术美的形态特征中，我们可以窥见那些充分展开了的原始性审美要素。正如马克思所指出的“人体解剖对于猴体解剖是一把钥匙。低等动物身上表露的高等动物的征兆，反而只有在高等动物本身已被认识之后才能理解”。对技术美的研究可以揭示出人类史上审美意识形成的机制，从而使我们进一步认识到：使用工具的生产劳动(物质实践)形成了人的活动动态工具结构，它不仅传递着人类的经验，规范着主体的活动样态，而且塑造着人的文化心理结构。

其二，对技术美的历史研究表明，人类审美意识的发展，始终受到科学技术的影响和制约。以建筑艺术为例，“在历史上，建筑艺术历来都是其时代最先进技术的真实体现，当前的建筑仍然趋于采用最先进的空间技术。（纽金斯《世界建筑艺术史》）”。正是以这些先进技术为依托，才创造出许多蔚为壮观的建筑景观。这说明，无论人的审美趣味还是艺术风格的更迭，都会受到科技和物质生产水准的重大影响。因此，对当代审美形态和趣味的研究，不能不考虑到科技因素的影响。

其三，技术美作为工业产品和人工环境所具有的审美价值，是产品合规律性与合社会目的性相统一而取得的自由形式。作为人的创造物，它超越了技术的自发性，突出了科学技术为人类服务的社会目的性特征。审美形态对人具有最大的生理和心理适应性，因此技术美成为一种宜人性的尺度。对产品和环境技术美的强调，便为工业技术的发展提供了一种人文导向。

其四，美在和谐。技术美强调了科技进步与社会发展和自然环境的和谐统一。它把人的科技视野和人文视野勾连在一起。世界首先是一个客观实在的物理世界，它的存在是不以人的意志为转移的。人要生存和发展就要不断地去认识世界和改造世界，追求行为的合理性和经济效能。同时，世界又是人的世界，人是充满欲望、需求、想象和情感的，因此人也要把世界塑造成充满人的感情色彩和审美情趣，使它成为与人息息相通的精神世界。技术美正是实现这种沟通的接合点，它有利于促进自然科学、技术与社会科学、人文科学的联系，促进科技创新与审美文化的结合。

其五，技术美存在于人们的日常生活和劳动环境之中，通过环境与人的相互作用，可以发挥技术美的审美教育职能。技术美的产品作为人的环境构成，通过对人情绪的调剂作用、对人行为的暗示和诱导进而促成对人的审美理想和精神境界的升华。这是一个润物无声、潜移默化的过程，它把外在环境的审美特质内化为人的个性意识和心理，体现了物质文明对精神文明的促进作用。

案例 1

未来远程办公概念设备 Solo

图 5.1　未来远程办公概念设备 Solo

远程桌面计算能力，能向其赋予更大的自由度，使其可在远离办公室的地方工作。

利用高分辨率的投影技术以及触摸表面输入功能，这种概念对远程工作进行了重新构想，让人们能在仅使用一台设备的情况下从事远程办公活动。对于产品演示和客户服务来说，这种概念都能带来完美的体验（图 5.1）。

Solo设备是一种存取设备，而并非计算硬件。这种设备允许用户在办公室以外访问必要的软件和系统，从而使得用户可在家中工作，甚至也能在飞机上办公（图5.2）。

图 5.2　多场合使用

除了能为个人用户提供可远程办公的好处以外，这种产品还配备了一个手势识别传感器，允许用户进行全角度的输入识别，这意味着任何围坐在这种设备旁边的人都能控制其显示的内容（图5.3）。

图 5.3　手势识别传感器

在使用这种设备时，用户首先需要将其与自己想要远程存取的任何办公室硬件进行同步，并通过一个以软件为基础的系统来做到这一点。这个系统允许用户将登录控制作为一种安全防护措施。然后，用户需将办公室硬件放在充电底座上，即可轻轻松松地拿着Solo设备去参加会议（图5.4）。

图 5.4　用户将其与自己想要远程存取的任何办公室硬件进行同步

在会议现场，用户可以设置一个工作区，这个工作区可扩展为个人或团队使用，向与会者显示相关内容，而投影出来的显示屏就跟电脑显示屏一般无二（图5.5）。

这种设备从设计上来看十分紧凑，比笔记本更具便携性；而与平板电脑相比，其视觉上的优势又很明显（图5.6）。

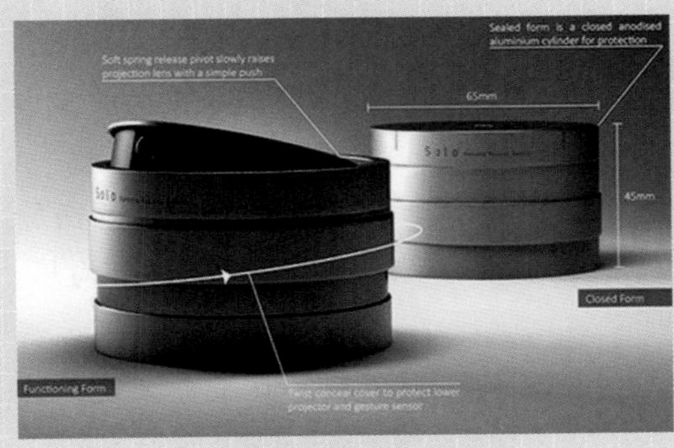

图 5.5　可扩展的工作区

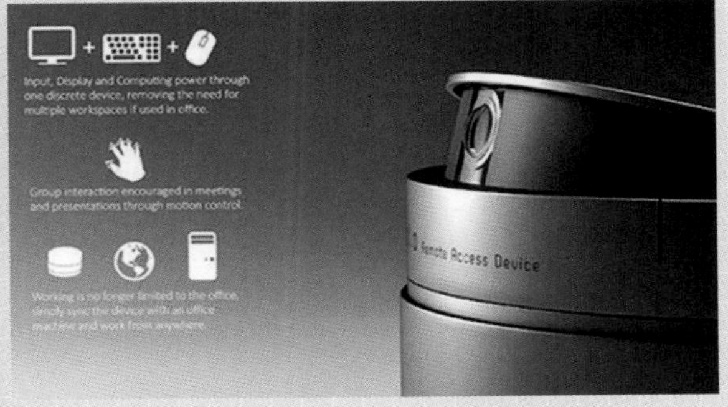

图 5.6　紧凑的设计

5.2.2 功能美

如果说技术美展示了物质生产领域中美与真的关系，它表明人对客观规律性的把握是产品审美创造的基础和前提，正是生产实践所取得的技术进步推动人们将自然规律纳入目的轨道，使人超越必然性而进入自由境界。因此，技术美的本质在于它物化了主体的活动样态，体现了人对必然性的自由支配。那么，功能美则展示了物质生产领域中美与善的关系，说明对产品的审美创造总是围绕着社会目的性进行的，从而使产品形式成为产品功能目的性的体现和人的需要层次及发展水准的表征。当然，技术美和功能美是从美的根源和内涵的不同层次作出的考察，两者只是从不同视角对产品审美价值进行的界定。

人类对待功能及功能之美的认识有一个不断深化的过程。在18世纪以来的近代美学思潮中，美曾是一个与功能或实用价值无关的纯粹性的东西。康德的美的自律性和艺术的自律性把功能全都排斥在外，美是超越有用性的产物。新康德学派更是强化了美的自律性。18世纪以来的近代艺术与这种美学思潮相适应，实践着“为艺术而艺术”的信条，冲破这种对美的膜拜，是大工业生产实践对实用艺术的迫切需要。当19世纪下半叶尤其是进入20世纪，机械生产已经能够生产出很好的功能又独具审美价值的产品时，迫使人们重新思考艺术与生活、功能与美的关系；思考的结果，导致了“工业美”“功能美”等诸多新美学观念的产生与确立，使“功能美”成为现代产品美学、设计美学的一个核心概念。

“功能美”的另一个代名词是机器美学，它首先设计的不是对象的审美价值，而是实用价值。现代主义创始人格罗佩斯认为“符合目的就等于美”，合用就是美。现代主义的杰出代表科布西埃也认为，设计是“服从于功能的需要以使造型适应于它所追求的目的”。格罗佩斯和科布西埃等人从理论和实践两方面推进了机器美学的发展。

功能往往指的不仅仅是实用功能，还具有使人精神上产生愉悦、给人以心理享受的审美功能。功能是一个综合性非常强的概念，一件设计产品一旦投入市场，进入了人们的生活，它就会对其周围的一切产生一定的功能效应，这其中就既有实用经济方面的价值功能，又有审美教育的社会功能，而这所有的功能都是为“人”服务的。

功能具有以下几个方面的内容。

（1）物理功能

它包括产品的使用安全性和基本操作性能，结构的合理性等。

（2）心理功能

它包括产品的外观造型、色彩、肌理和装饰要素对使用者产生的心理愉悦等。

（3）社会功能

它包括产品象征或显示个人的社会地位、身份、职业、阶层、兴趣爱好等。

由于产品最主要的功能是将事物由初始状态转化为人们预期的状态，因而产品的结构、工艺、材料等物理功能成为首要考虑的因素。同时产品的设计服务对象是“人”，因此还应该对产品的心理功能及社会功能引起充分的重视。

一般而言，人们设计和生产产品有两个基本的要求，或者说设计产品必须具备两种基本特征：一是产品本身的功能；二是作为产品存在的形态。功能是产品之所以作为有用物而存在的最根本的属性，没有功效的产品是废品，有用性即功能是第一位的。设计的美是与其实用性不可分割的。产品的功能美，以物质材料经工艺加工而获得的功能价值为前提，可以说功能美展示了物质生产领域中美与善的关系，说明对产品的审美创造总是围绕着社会目的性进行的。

功能美的因素，一方面与材料本身的特性联系着，另一方面标志着感情形式本身也符合美的形式规律。功能美作为人类在生产实践中所创造的一种物质实体的美，是一种最基本、最普遍的审美形态，也是一种比较初级的审美形态。借助于功能美，物的形式可以典型地再现物的材料和结构，突出其实用功能和技术上的合理性，给人以感情上的愉悦。也就是说，功能美体现产品的功能目的性，既要服从于自身的功能结构，又要与它的使用环境相符合。

功能不仅是实用功能，给人精神上的愉悦、享受也是一种功能。在功能美形成过程中，合目的性体现了物的实用功能所传达的内在尺度要求，即构成物的结构、材料和技术等因素所发挥得恰到好处的功利效用。从这一点说，功能美具有一定的功利性特征。合规律性则表现了功能美形成的典型化过程。在这个过程中包含着积淀、选择、抽象、概括和建构。如果一件物具有良好的功能，那么这些功能所表现的特殊造型就会逐步演化成一种美的形式。可以说功能美的形成是合目的性与合规律性的统一，也是功利性与超功利性的审美体验的辩证统一。

人们对于功能美的审美体验具有直接性和超功利性特征。时代不同，人们的审美意识也会随之各异，而反映在产品上，就会显现出不同风格特点的造型来。如商周凝重的青铜器，代表了当时奴隶主贵族的至上权势；而古朴典雅、简练大方的明清家具，则是封建社会正襟危坐的礼教规范的典型象征。

另外，在美学观念形成的初期，人们十分注重美与善及审美与实用之间的联系。普遍认为，美并不仅仅在感官的愉悦和视觉形式的感受，还要受制于社会的功利效应和伦理观念。设计美在对人的基本需要的满足上，把生存的物质需要置于优先地位，把审美需要置于其后是理所当然的。随着我国社会主义市场经济的发展，人们的消费需求也发生了显著的变化，人们对产品的要求不再仅仅停留在具备基本的使用功能，而是在此基础上，提出了更高层次的要求，即要求产品的造型设计具有一定的观赏价值与艺术价值，从而满足人们日益增长的审美情趣、精神生活需要。

功能美的概念具有重大的意义和丰富的内涵。

首先，人工环境和产品构成了我们生活的空间，它们所具有的功能美把社会前进的目的性和科技进步直观化和视觉化地呈现在我们的面前，由此使得对功能美的观照成为人们对社会进步的一种感性和精神的占有。

其次，功能美通过物的组合体现出生活环境与人的生理的、心理的和社会的协调，给人一种特有的场所感和对人类时空的独特记忆。产品是一种适应性系统，成为沟通人与环境的中介。产品作为人生活环境的组成部分，起着减轻人们生活负担和提高生活质量的作用。具有功能美的产品所体现的人性化特征，使人在接触和使用时不会产生陌生感和对失误的恐惧心理，同时又能使产品与人在精神上保持沟通和联系。

再次，产品是人们日常生活的依托，产品的功能美成为人们生活方式的表征和审美心理的对应物，成为人们自我表现和个性美的一种展示。现代设计把注意的中心由静态的产品转向动态的人的行为方式，从而使产品的生态定位和心理定位成为设计和功能美创造的重心。设计对人们的生活方式发挥着引导作用，功能美有助于人们的生活方式走向更加科学、健康和文明。

又次，产品的功能美通过人与物的关系体验使人感受到社会生活的温馨和人间亲情。设计是通过文化对自然物的人工构筑，它总是以一定的文化形态为中介和表现的。一定的地域文化反映了特有的社会习俗，通过人们的生活方式和习惯、价值观念等反映在产品之中。所以产品的功能美也成为社会习俗美的表现。产品中材料运用的真实感和宜人性、细节处理的精巧和独到、组合配置的均衡等都表现着人们对生活的热爱、勤劳朴实和乐观向上的精神。

最后，产品的功能美是激发人们购买欲和促进商品流通的重要因素。它可以成为产品使用价值的一种展示和承诺，从而不仅满足人们的审美需要，而且传达出产品对于人的效用和意义，成为一种实体的广告。

案例 2

轮椅使用者代步车

这辆为轮椅使用者而专门设计的代步汽车可以说填补了助残汽车领域的空白，其外观与普通小型EV车并无二异，而内部则全部腾空，让坐轮椅的人从车厢后部进入，完全操控汽车（图5.7）。

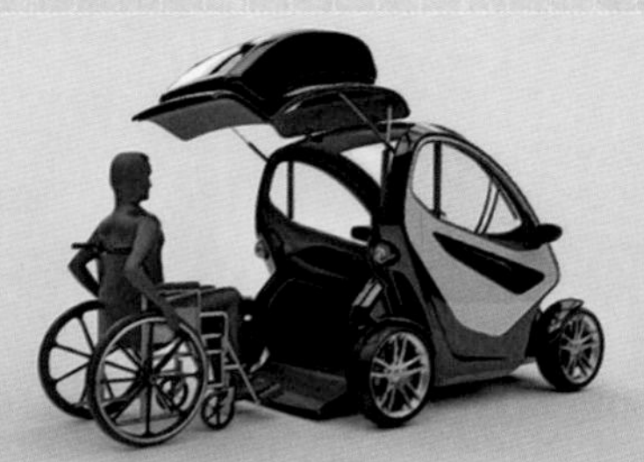

图 5.7　轮椅使用者代步车

5.2.3 形式美

在自然界中也许人们最容易感受到形式美的魅力是在隆冬季节，扑面而来的大雪把纷纷扬扬的雪花洒落在行人的外衣上。当你用显微镜去观察雪花的六角形针状结晶时，会为它结构的精巧和组合的多样性而叹为观止。雪花晶体的对称性是自然界和谐统一的表现。自然界中的物质运动和结构形态充满了比例、均衡、对称、对比和节奏。色彩更惹人注目，著名服装设计师皮尔·卡丹说，“我喜欢运用色彩，因为色彩在很远的距离就可以被人们所看到。”在盛夏季节，蓝天绿树，如茵的草地，五颜六色的鲜花，给人们带来一个色彩斑斓的天地。

对于形式和色彩，我国古代美学观点认为“人之有形、形之有能，以气为之充，神为之使”。“五色之变，不可胜观也”，指出事物的形式是与生命内容相关联的，君形者，神、气也。正是精神或生命内容才使形式相映生辉的。色彩的幻化更是不可胜数。古希腊毕达哥拉斯学派也是从宇宙论的视角把一切美归纳为天籁的和谐，归结为数。同时他们从审美对象的感性形式上寻找美的特质，认为“一切立体图形中最美的是球形，一切平面图形中最美的是圆形。”

在这里，人们已经把形式从不同事物内容的联系中抽象出来，对形式的美作了比较和概括。那么，人们是怎样感受到形式美的呢?

（1）形式美的概念

形式美是事物形式因素的自身结构所蕴含的审美价值。人的心理为什么会与这些形式因素在情感上产生契合和共鸣呢？完形心理学认为，这是由于人的心理结构与外在形式形成异质同构形成的。为什么会产生这种同构，却是完形心理学所无法回答的，这才是人为什么能欣赏形式美的关键。对特定形式产生共鸣，说明人们具有一种形式感，他可以通过对形式因素的感知产生特定的审美经验。形式感构成了人审美感受的基础，它是人的审美活动的重要心理条件。因此，了解人的形式感的形成原理是认识形式美的本质和根源的前提。

以节奏感为例。节奏感是人的形式感中一个重要的组成部分。由于自然界运动的周期性，其中就存在许多节律现象，如日夜的交替、季节的变换等。人的生命运动也存在节律，如心跳和呼吸，它对人的行为具有一定生理上的影响。节奏是一种有规则的重复，人们有节奏地行走会比不规则的行走省力得多。在劳动中，通过对工作和活动安排的秩序化，会形成劳动的节奏，它可以减轻人的劳动负担。节奏通过工具与材料的接触产生出音响，为人接受到而进入人的意识之中。劳动的节奏不仅取决于人的呼吸、体力的强弱等生理特点，还与劳动方式和社会条件有关。劳动节奏是由社会实践决定的，并被人所感知和掌握，逐渐转化为一种条件反射。这是一种意识化和心理化过程，开始是一种行为的习得，以后变为一种非随意行为，由此也产生了人的自我意识的反作用。

因此我们可以认识到，节奏最初是劳动过程的组成要素，以后转化为对劳动过程的一种反映，这种转化首先是在巫术活动中形成的。这就使得人对节奏的感受，从劳动过程的轻松化产生的快感，转化为对形式表现的快感。以后随着巫术的逐渐失灵和巫术意识的淡化，便使这种形式感受向审美体验转化。因此，节奏所具有的情感激发作用，最初只是劳动过程的一种“副产品”。只有当节奏脱离开具体的劳动，作为一种形式因素用于组织各种生活使之秩序化时，才使节奏变得不仅富于层次和韵律的变化，并且也使人的感受丰富起来。

图 5.8　洛可可风格建筑

图 5.9　巴洛克风格建筑

同样，色彩感的形成也经历了从生产和生活实践到文化积淀的过程。色彩是人对不同波长光线的感觉。由于通常物体的颜色是它反射的光造成的，光源不同就会造成物体颜色的差异。不同明度和彩度的颜色给人以不同的生理感觉，除了冷暖感觉之外，还会产生不同的软硬、轻重、强弱和远近的感觉。色彩给人的生理感受，是它产生不同情感效应的基础。色彩的情感效应与人的生活经验直接相关。史前人最先认识的颜色便是红色，它是血与火的颜色。血是生命的象征，从胎儿堕地到与敌人和野兽的拼搏，都会经受血的洗礼。红色预示着胜利，给人以喜庆的情感体验，但也会给人以恐怖和愤怒、紧张和不安的感觉。

总之，社会生产实践是人的形式感形成的根源，特别是生产方式对人的节奏、韵律和均衡等感受特性具有直接的影响。现代工业造型和现代建筑的反对称、简洁明快与古典主义建筑的对称以及洛可可、巴洛克的繁复雕饰，正反映了不同时代生产方式和生活方式造成人的审美趣味的差异（图5.8和图5.9）。此外，在形式感的丰富化和精细化上，艺术对人发挥了独特的培育作用。艺术把丰富的社会生活体验融注到形式因素的结构中，特定民族的习惯、传统和观念印迹都会在形式感的心理内容中得到反映。

从某种意义上讲，形式美是产品形态与使用者的对话方式，这种对话通过人类直觉的方式，以视觉、听觉、触觉等感觉器官来体验与接收产品形态所承载与传递的信息，以达到产品与使用者情感之间的交流与沟通。当今人们越来越追求新颖、时髦的外观，追求产品的视觉冲击与感受，产品的形式美已经成为现代产品在市场上能否获得成功的重要因素。另外，作为形状、色彩、造型、肌理等构成产品外观美感的综合因素，产品的形式美还是产品设计中最能体现创造性的因素。设计的本质和特性必须通过一定的形式而得以明确化、具体化、实体化的表达。

以产品设计为例，设计形式美的法则是对造型美感元素的认识，它包括对点、线、面、体、空间等特征的探讨，对色彩及光线性质的探讨，以及对质地、肌理性质的探讨等；设计形式美的法则也是对造型美感原则的认识，这包括了对尺寸比例的探讨，对造型心理与视知觉关系的探讨；设计形式美的法则还是对文化造型符号的认识，它包括了以造型表达情感、以造型描述心理意象、以特定文化下的造型符号来表达细节的方式等。

案例 3

美国苹果公司产品的形式美

苹果公司的产品一向是产品设计领域形式美的代表性产品。

美国《华尔街日报》网络版2013年12月刊登题为《苹果为什么不长在树上》(Why Apples Don't Grow on Trees)的评论文章，回顾了苹果公司从诞生至今对设计理念的推广和发展，它的独特理念也最终从一种小众思维变成了主流模式。

我们之所以喜欢苹果，未必是因为它的设计方法。实际上，苹果与其他以设计为导向的一流公司并没有太大区别，例如无印良品或Bang & Olufsen。它真正特别的是，虽然苹果电脑诞生之初仅凭技术优势就足以在一众对手中脱颖而出，但史蒂夫·乔布斯(Steve Jobs)却从一开始就把极致外观和体验的追求融入电脑行业。

在传统观念中，设计的地位与营销无异——只是增强产品吸引力的表面功夫而已。对于一款在成熟市场中面临很多相似对手的既有产品而言，这的确是一项可靠的战略。但在技术快速进步的行业中，企业往往不会把设计作为自己的卖点，因为这往往被认为没有必要。

但乔布斯却是个异类，在整个行业都不重视设计的年代，他却把设计置于苹果产品开发流程的核心地位。该公司的设计师全程参与到产品的开发过程中，为产品的最终体验贡献了自己的智慧，而不仅仅是按照工程师的要求在外壳上“涂脂抹粉”。事实上，设计师反而为工程师设定了一些具体要求。这在早期是一件很有风险的事情，因为苹果产品的成本会因此增加，而它的与众不同之处却没有多大必要。然而几十年过后，这种

"重设计，轻技术"的体验却令苹果公司在一个竞争激烈的市场中立于不败之地。

1997年乔布斯重新出任苹果公司CEO时，设计主管罗伯特·布鲁纳（Robert Brunner）刚刚离职，他的副手乔纳森·艾维（Jonathan Ive）也考虑离职。但艾维最终还是决定留下来，而他和他的团队也最终设计出了数十年来最令人难忘的产品。像糖果一样色彩斑斓的半透明iMac帮助苹果挽回了颓势，而艾维和他的团队又接着设计了很多i系列产品——iPod、iPhone、iPad。艾维有着一种与生俱来的才能，他能完美地感知我们手拿他设计的产品时的切身感受。他不仅自己设计草图，还亲手制作成品。因此，他总是对细节问题十分苛求，有一次甚至因为Power Mac G4上应该使用哪种螺钉专门去找乔布斯。这种问题在别人看来似乎无关紧要，但对他来说却至关重要——就像技艺高超的厨师一样，他知道用不同地区的盐做出的菜的味道也是截然不同的。

图 5.10　Apple II–1977

图 5.11　Apple IIc Plus–1988

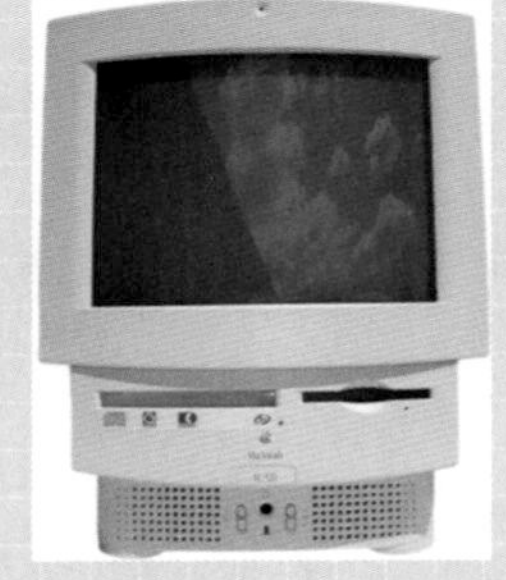

图 5.12　Macintosh Color Classic–1993

但倘若乔布斯没有把设计的地位提升到如此高度，这些天赋都将被白白浪费。对乔布斯来说，设计从来都不是单纯选择材料那么简单，尽管这同样很重要。在乔布斯的领导下，苹果意识到，伟大的设计必须辅以一丝不苟的制造工艺，还要给苹果带来利润优势。也就是说，要生产出真正理想的产品，不仅要按照艾维的想法使用完美的铝制外壳，还要辅以CEO蒂姆·库克(Tim Cook)对原材料的严格把关，并维持适当的成本。

尽管苹果公司表面看来被一帮身穿黑色套头衫的人统治，但它真正的不同之处在于各类人才的相辅相成——制造与供应链管理都与设计流程完美融合到一起。

过去10年间，当电脑真的走向大众时，苹果也将这种一体化的设计理念推向了主流市场。苹果早期对设计的投资收到了回报，因为对消费者来说，新技术的边际价值正在萎缩。我们以前都是依据技术来制定购买决策的，总是想着用更快的处理器来运行游戏，或者用更大的硬盘来存储照片。但现在，我们已经不太关注参数，而是把更多的目光投向了电脑的使用体验和外观设计。

换句话说，我们的技术要求已经基本得到了满足。计算设备已经成为一种成熟的产品，而设计逐渐成为行业的定义因子——事实上，科技行业似乎正在逐渐与时尚行业结合（图5.10～图5.16）。

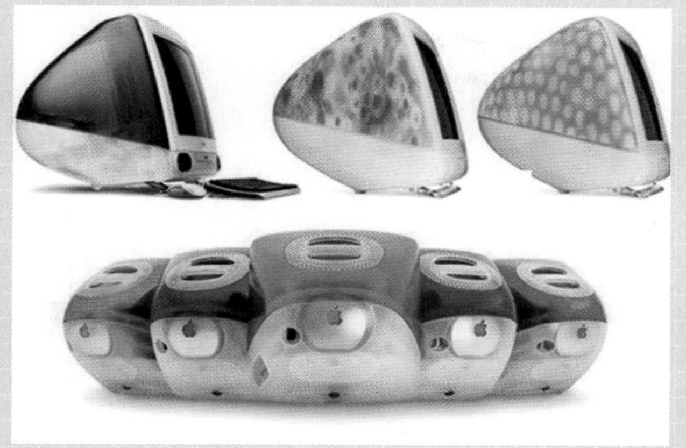

图 5.13　iMac G3 Slot-Loading Indigo-1999

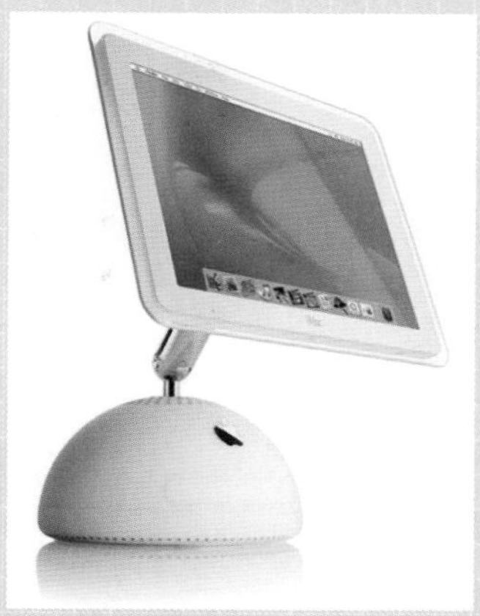

图 5.14　eMac-2002

图 5.15　iMac G5-2005

图 5.16　iPad

（2）形式美法则

形式美的运用构成了形式美法则，它们体现了不同的形式结构的组合特征，可以产生各异的审美效果。按照质、量、度的关系去研究形式美的规律，它包括：节奏与韵律、比例与尺度、对称与均衡、对比与协调、变化与统一等。

① 节奏与韵律。在艺术设计中，节奏和韵律是造型美的主要因素之一，优美的造型来自节奏韵律关系的协调性和秩序性。节奏产生韵律，它源于自然界，是自然界普遍存在的自然现象，节奏和韵律在本质上是一致的。

节奏是事物在运动中形成的周期性连续过程，它是一种有规则的重复，产生奇异的秩序感。以其表现形式可有强弱之分：强节奏是以相同形式要素的快速重复产生明显的节奏感，给人以强烈印象，但容易引起生硬和单调的感觉；弱节奏则以多种类型的同一形式要素进行间隔性较大的重复，由于形式变化较丰富显得生动活泼。此外，还有等级性节奏和分割线节奏，前者的形式要素在重复时按一定比例缩小，从而对视觉有较强的引导作用而富有趣味；后者则以结构性或装饰性分割线本身的间隔所呈现的密集或疏散、递增或递减而形成节奏感。

韵律最初出现于诗歌领域。德国美学家毕歇尔（K.Biicher 1847—1930）在《劳动与节奏》一书中指出，古代韵律学的主要形式绝不是诗人随意杜撰的，而是由劳动节奏逐渐变化为诗歌因素的，它是由声音和打击节奏形成的。在原始的劳动歌声中，人的声音只能服从并伴随着劳动的节奏。作为空间关系的韵律则表现为运动形式的节奏性变化，它可以是渐进的、回旋的、放射的或均匀对称的，由此造成一种情感运动的轨迹。

在造型设计中，节奏感来自重复的形态。重复也是一种常见的自然规律，就是具有同样性质的东西反复地排列，在大小、方向、形状上基本保持一致。设计中的重复以一定的空间来表达，设计的节奏是建立在形的重复的基础上，相同的形态重复排列组合可产生节奏感和韵律感（图5.17）。

图 5.17　节奏与韵律

② 比例与尺度。比例构成了事物之间以及事物整体与局部、局部与局部之间的匀称关系。在数学中，比例是表示两个相等的比值关系如a：b=c：d，比例的选择取决于尺度和结构等多种因素。世界上并没有独一无二的或一成不变的最佳比例关系。尺度则是一种衡量的标准，人体尺度作为一种参照标准，反映了事物与人的协调关系，涉及对人的生理和心理适应性。

古希腊数学家毕达哥拉斯首先发现了黄金分割的比例中项，其后欧几里得提出了黄金分割的几何作图法。他将一个边长为1的正方形上下二等分，以其一方的对角线作为幅长，沿等分中点向一边延长，由此形成一矩形。其边长便为黄金分割比1∶1.618（图5.18）。黄金分割比与1有特殊的关系，其小数值为0.618。13世纪时，意大利数学家菲波那契（1170—1250）还发现，具有黄金分割比的整数序列为8、13、21、34、55、89、

144…在这一序列中，任何后面一个数均为前面两个数之和，而任何相邻两个数之比均接近0.618。

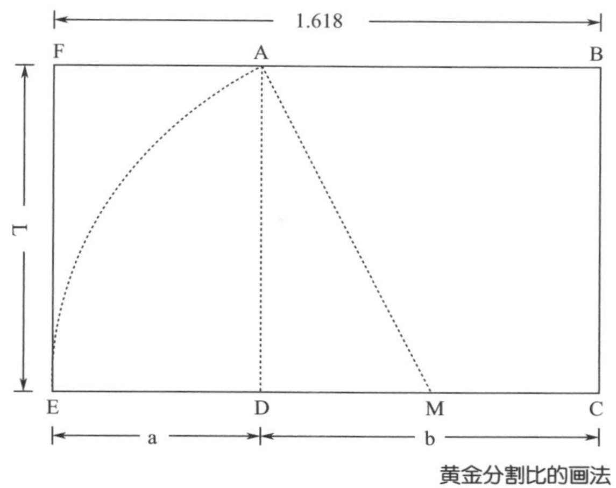

图 5.18 黄金分割的几何作图法

古希腊的神庙建筑、雕塑和陶瓷制品以及中世纪教堂都采用过黄金分割的比例。近代巴黎埃菲尔铁塔底座与塔身的高度也采用了黄金分割比，现代建筑大师柯布西埃利用黄金分割比构成一种建筑设计的模数。我国数学家华罗庚（1910—1985）在推广优选法时，也提出以0.618作为分割和取舍的根据。此外利用黄金分割比可将黄金分割矩形划分为四个小矩形，它们之间具有最大的变化和统一（图5.19）。

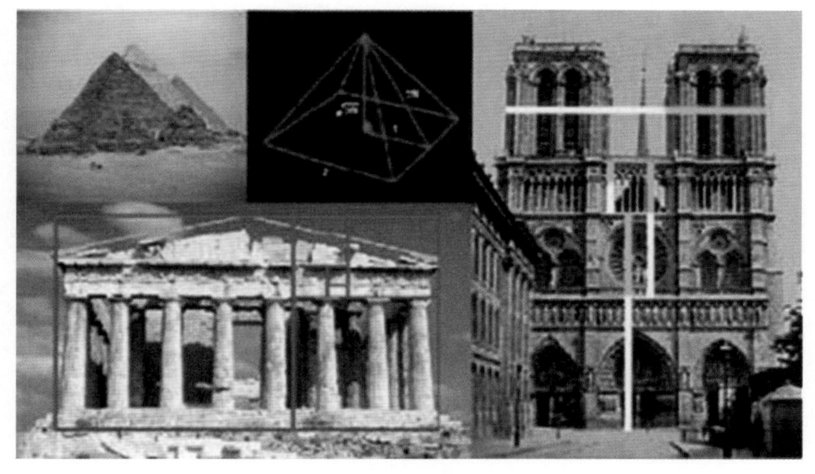

图 5.19 古建筑中的黄金分割比

③ 对称与均衡。对称是事物的结构性原理。从自然界到人工事物都存在某种对称性关系。对称是一种变换中的不变性，它使事物在空间坐标和方位的变化中保持某种不变的性质。如人的面部是一种左右的对称，而人在照镜子时在人的形象与映象之间则形成一种镜面的反射对称，产生左右侧面的互换。一个圆是以一定半径旋转而成，因此构成了一种旋转对称。此外，还可以通过平移或反演等方法形成不同类型的对称。

均衡则是两个以上要素之间构成的均势状态，或称为平衡，如在大小、轻重、明暗或质地之间构成的平衡感觉。它强化了事物的整体统一性和稳定感。均衡可分为对称的和不对称的，图5.20（a）表现为中心两侧在形状和体积上的相同分布，给人以庄重、安定和条理化的感觉；图5.20（b）则通过中心两侧形状和体积的不同分布形成均衡，给人一种生动活泼和动态的感觉。

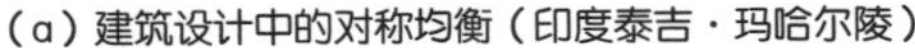

（a）建筑设计中的对称均衡（印度泰吉·玛哈尔陵）

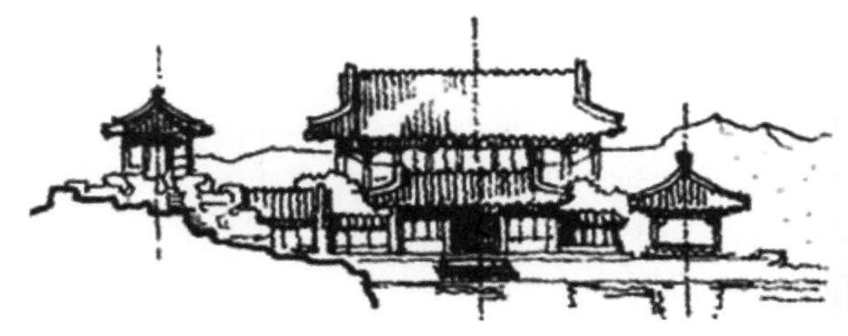

（b）建筑设计中的不对称均衡（承德避暑山庄烟雨楼）

图 5.20　建筑设计中的对称与均衡

④ 对比与协调。对比与协调反映了矛盾的两种状态。对比是对事物之间差异性的表现和不同性质之间的对照，设计中通过不同的色彩、质地、明暗和肌理的比较产生鲜明和生动的效果，并形成在整体造型中的焦点。由于对比造成强烈的感官刺激，容易引起人们的兴奋和注意，形成趣味中心，使形式获得较强的生命力。对比基本上可以归纳为形式的对比和感性的对比两个方面。形式的对比以大小、方圆、线条的曲直、粗细、疏密，空间的大小、色彩的明暗等对比吸引视线。感觉的对比是指心理和生理上的感受，多从动静、软硬、轻重、刚柔、快慢等对比给人以各种质感和快感的深刻印象。协调则是将对立要素之间调和一致，构成一个完整的整体，如刚柔相济、动静结合、虚实互补，使不同性质的形式要素联系在一起。协调是使两个以上的要素相互具有共性，形成视觉上的统一效果。协调综合了对称、均衡、比例等美的要素，从变化中求统一，满足了人们心理潜在的对秩序的追求。

设计中采用对比使构成要素差异强烈，从而展现丰富多彩的产品形态。对比可以使形体生动、个性鲜明，成为注视的焦点，是取得变化的重要手段。协调是指同质形态要素形、色、质等诸多方面之间取得相似性，构成要素趋向统一。对比是强调差异，而调和则是协调差异。在产品形态设计中，对比与协调实际上是多元与统一的具体体现。

图 5.21　苏州博物馆

贝聿铭先生设计的苏州博物馆，硬朗的石材与柔美的水面相辅相成，对比与协调之中呈现出丰富、迷离的视觉体验（图5.21）。

⑤变化与统一。变化是由运动造成新形式的呈现，它可以渐变的微差形式或序列化形式构成不同的层次。层次是变化的连续性所形成的过渡，可以将两极对立的要素通过变化组合在一起，给人以柔和而蕴含丰富的感觉。由正方形向圆形的渐变中，既可保持一定的基本形，又给人以丰富的变化感觉。

整体的统一性是任何设计构图的基本要求。完形心理学认为，知觉总是把对象看作一个统一的整体，从而形成图形和背景的分化。图形是视觉注意的中心，而其余的便被排斥到背景中，成为图形的衬托。因此，多样性的统一构成和谐，有其完整之美，给人以强烈的整体感（图5.22）。

图 5.22　平面构成中的变化与统一

5.2.4　生态美

人类生态意识的萌生具有悠远的历史，在我国传统文化中就有极其丰富的思想遗产。如古代“天人合一”的自然本体意识，“亲亲仁民而爱物”的生态伦理观念，“体证生生，以宇宙生命为依归”的生态审美观念，以及“人无远虑，必有近忧”的永续发展的价值取向等。但是，传统文明是根植于以农业为主的自给自足的自然经济之上的。它所形成的生产方式限制了物质文化生活需要的内容和发展。

现代生态观念是在科学技术和社会生产力高度发展的基础上形成的。生态美的审美观超越了审美主体对自身生命的关爱，也超越了役使自然而为我所用的价值取向的狭隘。生态美的范围极其广泛，它不仅表现在人与自然的关系中，如生活环境中的蓝天、碧水和绿树成荫，而且表现在人的生活方式和社会生活的状态之中。作为城市景观的生态审美内涵起码包括以下几个方面：首先是生活环境的洁净感和卫生状况；其次是环境的宜人性，可以给人以生理和心理的舒适感；最后道路的畅通和交通的发达也直接关系到人的生存状态；此外，空间的秩序感、布局的合理化和情感化，城市功能和结构的多样性等都关乎社会生态。而作为人生境界，生态美则涉及整个人的生命体验与对象世界的交融与和谐。

生态美的研究把主客体有机统一的观念带入了美学理论中，有助于建立人与环境有机联系的整体观。这对于克服美学中主客二分的思维模式具有决定意义。生态美学不同于生命美学，生态美学所研究的人的生命体验和生命共感，是在人的社会实践基础上展开的，因此对形式的观照、意义的领悟和价值的体验，都具有深刻的社会文化内涵。

生态美的研究有助于推动人们生态文化观念的发展和确立健康的生存价值观。生态文明涵盖了人类生产和生活的一切领域，关系到未来的生产方式和生活方式的发展。可持续发展的方针已经成为国际社会共同遵守的准则。审美活动不仅是人的一种精神生活，而且直接涉及整个物质世界的感性形态。从生产活动过程到生产成果的产品，从生活空间到生活消费，无不存在生态审美问题。生态美的研究可以为提高生活质量提供正确的导向。

生态美的研究为克服技术的生态异化指出了解决途径。科学技术作为第一生产力，对于推动社会经济的发展具有决定作用。但是，在科学技术的社会应用中，由于机械论世界观和急功近利的倾向，可能形成人与自然的分离和对抗，它具体表现为技术的生态异化。技术是调节和变革人与自然关系的物质力量，作为人与自然的中介，它直接参与对人工自然的构造。生态审美的价值取向有助于按照生态规律开阔技术的视野，从而推进人与自然界的和谐。

在实践功能方面，生态美为生态环境的建设提供了直观的尺度和导向。对于生态美的观照，直接促进了生态产业的发展，绿色农业的发展使农村在生态文明基础上实现向田园牧歌生活的回归。生态美的开发提高了人们的生活质量，推进了生活方式向文明、健康和科学方向的发展。总之，生态美为传播生态文明、促进生态文明建设提供了生动的手段和感人的形式。

案例 4

易德地景景观设计——鱼池城市

设计师们努力建立一个大家都想拥有的城市形态，但这并不意味着是幻境的制作。在这个城市中，有时尚的高楼大厦，有幸福林带，还有无限美丽的天空……

设计师们选择“金鱼”作为入住这个城市的公民，不只是因为它们如抽象化的人间祥物，更主要的是它们自身所散发出一种永恒的艺术魅力！它们展现了中国自古以来文人的审美情趣，在一定程度上寓意了对人生的态度和对世界的认知。从“金鱼”的躯体上可以获得传递美的信息与符号，从“金鱼”身上可见其附着着中国人自古以来的追求与憧憬。

把数千条鲜红色的“金鱼”装载在城市中一幢幢透明的大楼内。当观者站立在这样的楼宇间，被这样拥挤状态的“金鱼”所拥挤并环绕周身。“金鱼”群们不停游动的身姿以最直接和最有力度的视觉效果传递给观者一种强烈的信号，展示着完美与现实的冲突。城市的建设带动着生活不停地进步，“金鱼”作为一种符号，代表了城市发展的契机和本源。

幸福林带是鱼池城市中的公园和大氧吧，因为“金鱼”们需要更为新鲜和干净的水质。水通过幸福林带进行生态过滤后而变得纯净清甜，从而提高了城市中公民的生活品质，这就是幸福林带对鱼池城市的重大贡献。

只有纯净的水质是不够的，鱼池城市还需要色彩斑斓的天空。城市的天空展现了梦境从此时此刻开始的梦幻境界。一朵朵烟云围绕笼罩着鱼池城市，它们代表了阳光，随着时间的变化色彩也在不停地变换着。这是没有被污染过的天空，色彩单纯而明亮，好像透过这样的天空就可以看到“金鱼”们的内心世界。

鱼池城市的设计代表了设计师们对城市发展的愿望和理想。古人说：“天地与我并生，而万物与我为一。”我们和“金鱼”共处于世间……（图 5.23）

图 5.23　景观设计——鱼池城市

5.2.5 艺术美

艺术是人们对社会生活作出的审美反映和精神建构，它以特定的物质媒介将人的感受、审美经验和人生理想物态化和客观化，以艺术作品的形式表现出来。因此，艺术是一种精神生产，艺术品是一种观念形态的产物，它要通过人的精神活动作用于社会生活。

艺术家要通过一定的工具和材料来进行艺术生产，因此每一种艺术都有它自身的物质载体。

5.2.5.1　造型艺术的构成要素

造型艺术中有五种形象的构成要素，即线条、形的组合、空间、光影和色彩。

（1）线条

线产生于点的运动，可以表现出内在运动的紧张。线在自然界中有大量形象的表现，不论在矿物、植物和动物的世界中，到处可以找到。冰雪的结晶构造便是线的造型，植物种子的生长过程，从生根发芽到长出枝条，也是从点到线的运动。各种动物的骨骼也属线的构成，变化的多样性令人叹为观止。轮廓是物体外缘形成的线条，达·芬奇说："当太阳照在墙上，映出一个人影，环绕着这个影子的那条线，是世间的第一幅画。"轮廓是物体外缘形成的线条，轮廓线具有描述性，它最接近于物体的外形。作为史前艺术的洞窟壁画以及儿童画，都是以轮廓线为开端。然而，当史前人或儿童画出一条线时，其中包含的主观的、情绪的因素仍然会超出客观的、写实的因素。绘画中的线条，则比轮廓线更富有意味，更具有主观的精神品格。

中国书法是线的艺术。书法主要由结体、用笔和章法布局三者组成。结体是构成文字符号的形状，用笔是构成这种形状时对不同类型线条的运用，章法布局是将全篇文字联系贯穿成为一个整体。由于中国文字起源于象形文字，所以在书法的表现上，虽然不受外物形象的制约，但仍十分注重吸收自然形象的态势特征（图5.24）。

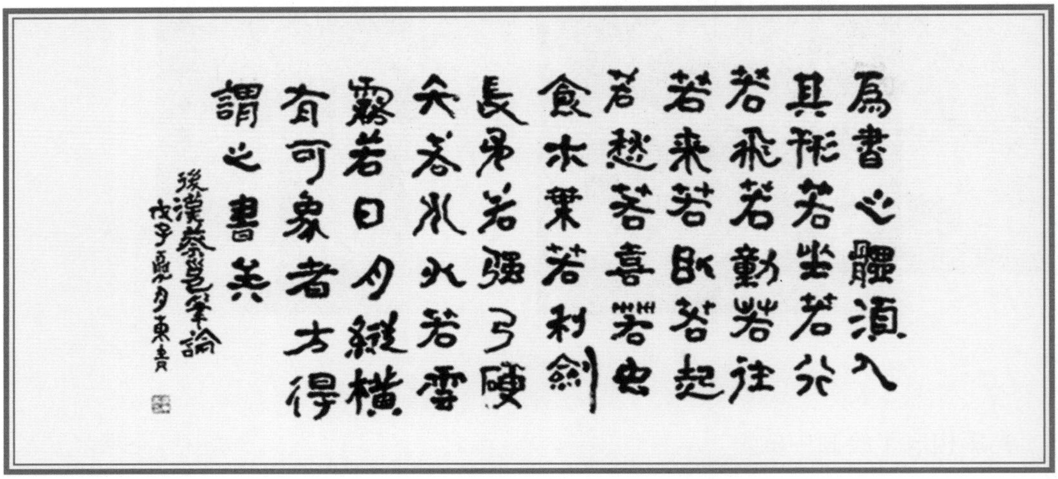

图5.24　后汉大书法家蔡邕书法作品

（2）形的组合

形的组合是对绘画形象的整体建构，在西方绘画中称为"构图"，在中国画的六法中称为"经营位置"，成为绘画创作的关键。形的组合是由块面和体积组成的结构，它通过时空关系揭示出一种情感意义，使艺术取得情感特质和符号形式。所以说构图一方面联系着各种形体的组合，另一方面涉及作品的立意和构思。一个有机整体的构图，像一个具有磁性的视觉引力场，各种视觉要素之间都会产生力的作用，形成具有不同运动指向的张力结构。艺术品所产生的情调，不仅在于对其结构序列和形式关系的认知，而且具有比联想和回忆更深层的心理根源。艺术的魅力往往是在创造这种象征性形式的过程中产生的。

（3）空间

构图方式涉及人的空间意识和对空间的处理。中西绘画有不同的空间观念和处理方法。西方绘画有一个固定的视点，它往往成为画面的视觉中心。由此形成各种透视关系，线透视造成近大远小，色透视造成近浓远淡，消隐透视造成近清晰远模糊。中国画则不采取一个固定视点，而是用心灵之眼，笼罩全景，从整体看局部，“以大观小”（沈括《梦溪笔谈》）。宋人张择端的《清明上河图》，便是时空流动自由、视角变化有序的全景图，它是靠一个固定视点所无法完成的（图5.25）。

图 5.25　张择端《清明上河图》

（4）光影

光影构成了绘画中的色调，反映了物体形象的虚实对比，同时包括了明暗之间的色彩关系。一定体积的物体，它的物象会存在不同的明暗分布。线条是抽象的产物，虽然也可以暗示对象的明暗分布，但由于光是流动的，光影的变化难以单纯用线条来表现。图像在体面造型明暗相宜的光影中可以脱颖而出，更具立体感和雕塑感。

（5）色彩

色彩可以赋予绘画一种质地的真实感和表情性。中西绘画有不同的色彩观。中国美学认为，以形写形，以色貌色，还是低层次的艺术。颜料的色彩有限而自然色彩幻化无穷，以有限逐无穷总会挂一漏万。水墨无色实乃大色，它可以代表一切色。中国画用色讲究“随类赋彩”，只注重类型的概括却不重光色的变化。而墨色是净化和升华了的色彩，它的干湿、浓淡和有无可以反映色彩的斑斓。对色彩的表现是油画的优势，它运用条件色，重视物体在不同光线环境条件下的色彩变化。

案例 5

Utopia & Utility 堆叠器皿系列设计

Utopia & Utility品牌2012年由Pia 和Moritz两兄妹成立，与世界各地的工匠合作，专注于手工产品的设计和生产。这个兄妹设计经营团队携手合作，旨在强调手工艺之美，同时激发人们对设计价值的理解。Utopia & Utility将实用功能和设计美学紧密结合。“我们相信万事万物都值得被创作，更值得被完美地创造！从创意产生到做出成品，我们所做的一切都是通过美让生活更丰富多彩！”堆叠器皿系列是居家设计的一组功能容器。该器皿是由三个独立的堆叠成形的容器，在制作过程中的三个工艺相结合（图5.26）。

图 5.26　Utopia & Utility 堆叠器皿系列设计

5.2.5.2　艺术抽象在设计中的应用

为了给以包豪斯学院为代表的工业设计运动提供理论支持，赫伯特·里德的《艺术与工业——工业设计原理》（1935）一书，从艺术构成的分析中归纳出两类艺术：一类是人文主义艺术，它具有再现性和具象性的特点，是对社会生活形象的摹写；另一类是抽象艺术，它具有非具象性和直觉性的特点，体现了形式美的规律。在这里，里德把工业制品的审美特性归结为形式美。他没有认识到，以实用为前提的工业制品的审美价值不能只在单纯的形式美中去寻找，而要以功能美为主体。他还把人文主义艺术等同于纯粹艺术，而忽视了纯粹艺术中也有抽象艺术。此外，他在强调产品形式本身的美时，完全否定了工业制品中某些外加装饰的意义，摒弃了产品可能存在的一切人文主义要素以及对人情味的追求。

把产品的美单纯归结为一种抽象艺术特质，显然是不恰当的。但是，由此要求设计师重视对于艺术抽象的研究还是很有必要的。

艺术抽象是一个使意象脱离物象的实在性的过程。首先它要切断对象与现实的一切关系，使它的外观形象达到高度的自我完满。从而在人们对它进行审美观照时，其兴趣完全集中在艺术作品本身上。其次它使形象的构成尽量简化，以便人们在感知和联想中能够直接把握形象的整体，使各种细节与整体形成有机的联系。艺术家从经验现实中抽象出的形象，是通过幻象的创造进行的，同时艺术抽象所创造的有机整体又是艺术家生命有机体的对应物，成为人类情感的符号。毕加索对牛的形象便进行了抽象简化（图5.27）。

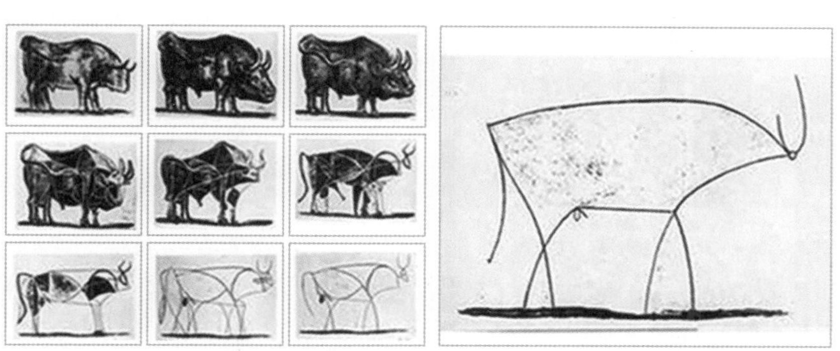

图 5.27　毕加索对牛的形象的抽象简化

再来看看中国的文字发展，最初人们用图画文字（象形字）来记录，这是一种最原始的造字方法，把想要表达的物体的外形特征描绘出来，慢慢地演化到繁体，到现在的简体（图5.28）。

原则		举例								释意
象	a	人	女	子	口	鼻	目	（手）	止（足）	人体全部或一部分
	b	馬	虎	犬	象	鹿	羊	蠶	龜	动物正像或旁像
形	c	日	月	雨	（電）申	山	水	禾	木	自然物体符号
	d	壺	鬲	弓	矢	絲	册	卜	兆	人工器物符号

图 5.28　文字字形的发展

在城市环境设计中，艺术抽象的作用十分突出。从城市形体特征的把握，天际轮廓线、整体韵律和空间节奏的处理，到城市雕塑、园林、硬质景观的设计，都涉及对形体的塑造，都离不开设计师的艺术抽象能力。城市雕塑依功能的不同可以分为纪念性的和装饰性的，多设置在广场、绿地、建筑群的中心、园林以及交通口岸等处，成为一个城市的文化品位和地域特性的表征。

具有艺术抽象性质的城市雕塑的兴起，是20世纪城市雕塑的一大趋向。在欧美各国的现代化国际都市中，这些城雕打破了具体形象的有限世界和情感的包围，提供了一种意味深邃、情调朦胧的境界。除了天然材料之外，抽象雕塑大量运用了金属的管材、线材和板材，给人一种延展、挺拔的态势和富有力度的表现。特定环境中的抽象雕塑对于形成环境主题和强化标志性具有极大作用（图5.29和图5.30）。

图5.29　青岛市环境艺术海滨大道东端的抽象雕塑《蓝色的帆》

图5.30　国外抽象雕塑

第 6 章 设计思维

思维是人脑对客观事物本质属性的概括反映，是人类自觉把握客观事物本质和规律的理性认识活动，是感觉和知觉的一种高级反映形式和高级认识阶段，是人类智力活动的主要表现形式。广义的思维既能反映客观世界，又能反作用于客观世界，具有精神的属性，是物质产物的反映，又对物质具有能动性。彼得罗夫斯基在其1979年主编的《普通心理学》中对“思维”下了定义：“思维是受社会所制约的，同语言紧密联系的，是探索和发现崭新事物的心理过程。”这个定义突出了思维的概括性、间接性、目的性、社会性等几个主要问题。人脑是思维的器官，思维只有依靠人脑才能完成。因此，当人类从类人猿进化成具有思考能力的原始人之后，思维的形式逐渐产生并完善起来。思维是人类特有的一种精神活动，是从社会实践中产生的，设计必须符合各种动态行为（视觉、思维、动作和情绪）的变化过程，必须以人为中心，使人机界面的操作符合人的视觉、听觉、触觉等能力和情绪。

设计是人类为了实现某种特定的目的而进行的一项创造性活动，是人类改造客观世界，使人类得以生存和发展的最基本的活动。设计思维是设计科学的核心问题，设计的发展在很大程度上就是设计思维的发展，设计的创造性也就是设计思维的创造性。人类自从最初的造物开始，就从未停止从事创造性的设计活动。在设计师的设计实践过程中，每一个环节都是设计思维在设计中的直接体现和转化。设计思维直接影响和决定了一名设计师的设计水平和创造能力。

从古至今，设计思维的不断扩展为人类积淀了巨大的创造力。现代科学技术的高速发展，促使产品的更新换代周期也越来越短，这就决定了将来的产品不是以数量优势占领市场，而是以独特的创意设计去占领市场。要适应这种市场的变化，设计创新就有赖于思维方式和观念的变革，而设计思维方式和观念的变革就要把旧观念的模式打散、分析、重建，创造一种新的更趋于合理的方式。要解决这些问题，就有必要对设计过程中的思维活动有一个清晰的认识，以便在设计过程中能更好地把握它。虽然设计思维活动是一个不可见的脑力劳动过程，但透过造物的种种表象特征，可充分展现出现代设计思维的内在规律和特点。

6.1 设计思维的特征

生理学和心理学研究表明，人脑是一个非常复杂的系统，它的各部分机能是有着科学分工的。不同的大脑皮层区域控制着不同的功能：大脑左半球控制人的右半肢体，以及数学运算、逻辑推理、语言传达等抽象思维；大脑右半球控制人的左半肢体，以及音乐形象、视觉记忆、空间认知等形象思维。设计思维是一种以情感为动力，以抽象思维为指导，以形象思维为外在形式，以产生审美意象为目的的具有一定创造性的高级思维模式。从某种意义上讲，整个思维过程是发散思维、收敛思维、逆向思维、联想思维、灵感思维及模糊思维等多种思维形式，综合协调、高效运转、辩证发展的过程，是视觉、感觉、心智、情感、动机、个性的和谐统一。

设计心理学认为，艺术是直接诉诸人的情感体验的，这种情感体验是以美感体验为核心的。在这一点上，设计具有很强的艺术特征。审美正是从体验开始，以产生美感为目的的。受众对设计语意的理解是人对产品的本质、功能特征及其规律的把握。它既是认识、接受过程，又是想象、情感的能动创造过程，并且是认识、创造的结果。

设计是科学与艺术统一的产物。在思维的层次上，设计思维必然包含了科学思维与艺术思维这两种思维的特点，或者说是这两种思维方式整合的结果。一般在构思外观形态时，艺术的形象思维发生主要作用；而在理解内在结构、完善功能等设计时，更多依赖于科学的抽象思维的作用；有时，在这两种思维方式不断交叉、反复中进行。

6.1.1 抽象思维是基础，形象思维是表现

人脑在生理结构中分左脑和右脑，各自分管不同的功能区域，抽象思维与形象思维属于这两个不同的区域。科学的抽象思维（逻辑思维），是一种锁链式的、环环相扣、递进式的思维方式。钱学森阐述科学思维“是一步步推下去的，是线型的，或者又分叉，是校权型的”。设计艺术思维则以形象思维为主要特征，包括灵感（直觉）思维在内。

灵感思维是非连续性、跳跃性、跨越性的非线性思维方式。抽象思维与形象思维是人类认识过程中的两种不同的思维方式。在整个设计思维的具体运行过程中，它们之间并没有明显的分界线。人脑的思维过程是一个复杂的立体空间，从设计选题、构思制作开始，逻辑思维与形象思维就是互相促进发展的关系。就如世界工艺美术大师威廉莫里斯所说：“设计方法的本质便是形象思维与逻辑思维的结合，是一种智力结构。”它们都是在感性认识的基础上开始的，但发展的趋向却不一致。科学的抽象思维表现为对事物间接的、概括的认识，它用抽象的或逻辑的方式进行概括，并用抽象材料（概念、理论、数字、公式等）进行思维；艺术的形象思维则主要用典型化、具象化的方式进行概括，用形象作为思维的基本工具。两者的根本区别在于：科学的抽象思维，其思维材料是一些抽象的概念和理论，所谓“概念是思维的细胞”，概念

和逻辑成为抽象思维的核心。而形象思维则以形象为思维的细胞，用形象来思维。

对于设计师而言，形象思维是最常用的一种思维方式。艺术设计需用形象思维的方式去建构、解构，从而寻找和建立表达的完整形式。事实上，不仅艺术家要运用形象思维，科学家、哲学家、工程师等也都需要运用形象思维解决问题。

感觉是一种最简单的心理现象，但它在受众的心理活动中却起着极其重要的作用。受众凭自己的耳、目、皮肤等各种感觉器官与信息相接触，感受到信息的某种属性，这便是感觉。人们只有通过感觉，才能分辨事物的各个属性，感知它的声音、颜色、软硬、重量、温度、气味、滋味等。

设计是科学思维的抽象性和艺术思维的形象性的有机整合。设计思维中的逻辑思维根据信息资料进行分析、整理、评估、决策，保留在大脑皮层对外界事物的印象。形象思维是大脑把表象重新进行组织安排，进行加工、整理，创造出的新形象，是设计思维的突破口，是在逻辑的基础上总结合理的感性思维方向，通过形象的艺术思维赋予产品以灵魂。

科学思维与艺术思维之间是一种和谐统一的关系。在设计过程中，没有明确的形象就没有设计，就没有设计的具象表现。另外，设计的艺术形象不完全是幻想式的，不完全是自由的。不像纯艺术那样可以海阔天空，其思维的方式不是散漫无边的，而是有一定的制约性，即不自由性。设计思维中的形象思维和逻辑思维两者互为沟通，互为反馈。

正确的设计方法，是要懂得如何运用设计思维中的逻辑思维与形象思维去发现问题、思考问题、研究问题、解决问题。成功的设计作品有很多内在要素，诸如结构严谨、造型简洁、视觉中心突出，充分发挥了材料的特征，符合人机工程学、细节处理精到、洁净、安全、可靠等。这些要素是点，设计思维的过程是线，有机地把这些要素连接起来，便是一个成功的设计。

6.1.2 设计思维具有创造性特征

设计创意的核心是创造性思维，它贯穿于整个设计活动的始终。

科学思维与艺术思维都具有创造性特征，艺术家和科学家都需要有强烈的创造欲望，才能取得成功。创造性思维可以被认为是高于形象思维和逻辑思维的人类的高级思维活动，是逻辑思维、形象思维、发散思维、收敛思维、直觉思维等多种思维形式的综合运用，反复辩证发展的过程，创造性思维便形成于这个过程之中。

创造性思维不同于普通思维，它是思维的高级过程，是一种打破常规、开拓创新的思维形式。创造性思维的意义在于突破已有事物的束缚，以独创性、新颖性的崭新观念形成设计构思。没有创造性思维就没有设计，整个设计活动过程就是以创造性思维形成设计构思并最终设计出产品的过程。

“选择”“突破”“重新建构”是创造性思维过程中的重要内容。因为在设计的创造性思维形成过程中，通过各种各样的综合思维形式产生的设想和方案是非常丰富的，依据已确立的设计目标对其进行有目的的恰当选择，是取得创造性设计方案所必需的行为过程。选择的目的在于突破、创新。突破是设计创造性思维的核心和实质，广泛的思维形式奠定了突破的基础，大量可供选择的设计方案中必然存在着突破性的创新因素，合理组织这些因素构筑起新形式，是创造性思维得以完成的关键所在。因此，选择、突破、重新建构三者关系的统一，便形成了设计的创造性思维的主要因素。

创造性思维是创造力的核心，贯穿整个设计活动的始终。创造性思维是反映自然界的本质属性和内在、外在的有机联系，它具有主动性、目的性、预见性、求异性、发散性、独创性、突变性、批判性、灵活性等思维特征。

6.2 设计思维的类型

6.2.1 形象思维

在整个设计活动中，形象思维一直是贯穿始终的。我们平日对周围环境的感觉，都是源于以前生活经验的积累。所谓形象思维，是指用具体的、感性的形象进行思维。“形象”指客观事物本身所具有的本质与现象，是内容与形式的统一。形象有自然形象和艺术形象之别，自然形象指自然界中已经存在的物质形象，而艺术形象则是经过人的思维创作加工以后出现的新形象。形象思维是人类的基本思维形式之一，它客观地存在于人的整个思维活动过程之中。

形象思维是用表象来进行分析、综合、抽象与概括。其特点是：以直观的知觉形象、记忆的表象为载体来进行思维加工、变换、组合或表达。形象思维在认识过程中始终伴随着形象而展开，具有联系逻辑思维和创造性思维的作用，是和动作思维与逻辑思维不同的一种相对独立的特殊思维形式。它包括：概括形象思维、图式形象思维、实验形象思维和动作形象思维。

一般认为，形象思维在文学艺术工作和创造活动中占主导地位，因为艺术品是具有感性形式的物质和精神产品，并不仅仅以感性为其特征。19世纪俄国文艺批评家别林斯基在《艺术的观念》一书中说“艺术是对真理的直感的观察，或者说是寓于形象的思维”。

形象思维是科学发现的基础。科学研究的三部曲——观察、思考、实验，没有一步是可以离开形象的。不管是科学家的理论思维还是科学实验，都是从形象思维开始的。首先必须对研究客体进行形象设置，并将各种设置的可能性加以比较和储存，然后在识别和选择中决定取舍。

形象思维的进程是按照本质化的方向发展获得形象，而艺术思维中形象思维的进程是既按照本质化的方向发展，又按照个性化的方向发展，二者交融形成新的形象，这里的形象思维具有共性和个性的双重性。艺术思维中形象思维的表象动力较为复杂，它不是简单地观察事物和再现事物，而是将所观察到的事物经过选择、思考、整理、重新组合安排，形成新的内容，即具有理性意念的新意象。

案例1

跷跷板台灯

台灯的开关通常很小，夜晚很难轻而易举地摸索到。Nicholas Baker设计了这款跷跷板台灯，用使灯翘起来控制开关，省去了找不到按钮的麻烦。使用电池供电，因而也没有电线的困扰，非常适合摆在床头（图6.1）。

图6.1 跷跷板台灯

6.2.2 逻辑思维

任何设计师在动手设计之前都会对设计产品有个概念，这个概念有可能是这种产品的历史、相关信息、功用性能、市场需求等一系列的相关问题，这就需要抽象思维帮助设计师对所要设计的产品做一个分析、比较、抽象和全面的概括，作为设计师的参考，这些都需要设计师有十分卓越的逻辑思维能力。

逻辑思维是以概念、判断、推理等形式进行的思维，又称抽象思维、主观思维。其特点是把直观所得到的东西通过抽象概括形成概念、定理、原理等，使人的认识由感性到理性。逻辑思维是依据逻辑形式进行的思维活动，是人们在感性认识（感觉、知觉和表象）的基础上，运用概念、命题、推理、分析、综合等形式对客观世界做出反应的过程。因此，它是一种理性的思维过程。提起逻辑思维，人们往往认为只是和形象思维相关。实际上，逻辑思维的分析、推论对设计的创意能否获得成功起到关键性的作用。通过逻辑思维中常用的归纳和演绎、分析和综合等方法，艺术设计可以得到理性的指导，从而使创意具有独特的视角。

总之，逻辑思维在设计创新中对发现问题、直接创新、筛选设想、评价成果、推广应用等环节都有积极的作用。

案例 2

带缺口的桌子

这款桌子在右侧边缘开了个缺口，正好可以放些挂袋和包裹，不但安全，还可让人放松舒服地享受午餐（图6.2）。

图 6.2　带缺口的桌子

6.2.3 发散思维

发散思维是一种跳跃式思维、非逻辑思维，是指人们在进行创造活动或解决问题的思考过程中，围绕一个问题，从已有的信息出发，多角度、多层次去思考、探索，获得众多的解题设想、方案和办法的思维过程。

发散思维亦称求异思维或辐射思维、扩散思维、立体思维、横向思维或多向思维等，是创造性思维的一种主要形式，由美国心理学家吉尔福特提出。它不受现有知识或传统观念的局限，从不同方向，多角度、多层次的思维形式。发散思维在提出设想的阶段，有着重要作用。

发散思维过程是一个开放的不断发展的过程，它广泛动用信息库中的信息，产生众多的信息组合和重组。在发散思维过程中，不时会涌出一些念头、奇想、灵感、顿悟，而这些新的观念可能成为新的设计起点和契机，把思维引向新的方向、新的对象和内容。因此，发散思维是多向的、立体的和开放的思维。

求异思维是一种发散思维，即开阔思路，不依常规，寻求变异，从多方面思考问题，探求解决问题的多种可能性。其特点是突破已知范围，进行多样性的思维，从多方面进行思考，将各方面的知识加以综合运用，并能够举一反三、触类旁通。

案例 3

OPPO Find 5手机

OPPO Find 5是OPPO公司的旗舰智能手机产品，其设计理念是“当科技邂逅浪漫”。在科技层面，产品采用了最新最高的智能科技，如四核处理器、5寸（1920×1080）高清大屏和1300万像素的摄像头等。在浪漫层面，产品不论在使用中还是熄屏握在手中都有一种摄人心魄的魅惑之美。

智能手机因其屏幕面积大而其他能赋予设计的工作面积极小对设计师们提出了一种特别的挑战。OPPO Find 5的设计完美地应对了这一挑战。它的屏幕边框仅为3.25毫米，是4.5英寸以上手机的最窄边框。边框由一块重约210克的不锈钢料切削加工至6.3克而成。机身线条优美舒展，后壳有贴合手掌的曲面设计。68个喇叭微孔由数控机床钻头单独钻出，黑色晶体按键分列机身两侧的合理位置，提升了单手操作体验。这些设计与制造的选择，突出了OPPO对产品细节的精致追求。

图 6.3　OPPO Find 5 手机

Find 5开创了一种熄屏美学的概念。当手机在待命状态屏幕熄灭时，它看上去没有边框，没有倒角，黑色的屏幕、玻璃与不锈钢边框浑然一体，成为一整块纯粹而泛着光泽的黑色，神秘、深邃，平静中蕴含着无限的张力，就像宇宙中的一种磁场，有一种摄人心魄的魅惑之美。因为此前的设计一般都围绕屏幕点亮而进行，这个概念在智能手机行业里面是开创性的（图6.3）。

6.2.4 联想思维

很多时候，设计的创意都是来自人们的联想思维。联想思维是将要进行思维的对象和已掌握的知识相联系相类比，根据两个设计物之间的相关性，获得新的创造性构想的一种设计思维形式。联想越多越丰富，获得创造性突破的可能性越大。联想思维有因果联想、相似联想、对比联想、推理联想等诸种表现形式。如鸟能飞翔而人的两手臂却无法代替翅膀实现飞翔的愿望，因为鸟翅的拱弧翼上空气流速快，翼下空气流速慢，翅膀

图 6.4　悉尼歌剧院

上下压差产生了升力。据此，设计师们产生联想，改进了机翼，并提高运动速度，从而设计出了飞机。设计中很多由联想产生的创意，在很多时候是师法自然的结果。物有其形，是因为在长期的生存进化过程中，自然赋予了它与其相适应的形。悉尼歌剧院造型“形若洁白蚌壳，宛如出海风帆”，设计它的灵感来自切开的橘子瓣。这件世界公认的艺术杰作，用它特有的外形引领我们的想象驰骋飞翔（图6.4）。

案例 4

嗅觉手表

这款基于生物钟的气味手表通过散发独特的气味来“潜意识”地告诉您现在的时间段，而非精确的时间点。比如，浓咖啡的香醇味道提醒您现在是早上；带有一丝印刷油墨以及生了锈的银制品的味道则表示现在是下午或工作时间；而到了晚上，手表便会散发一种威士忌、甘菊以及烟草的味道。这些气味能唤醒体内日周期节律，实现时间提醒作用（图6.5）。

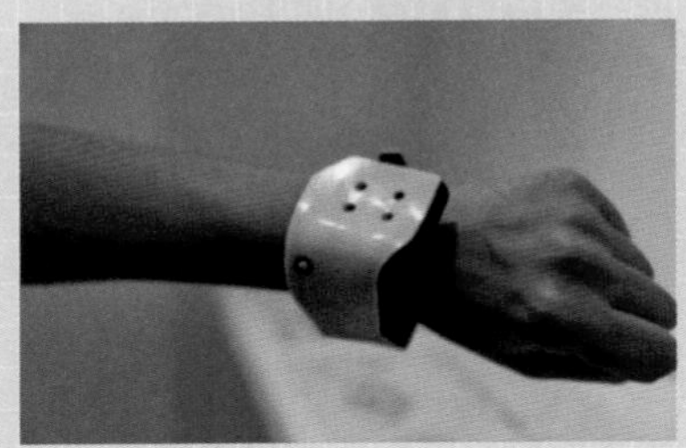

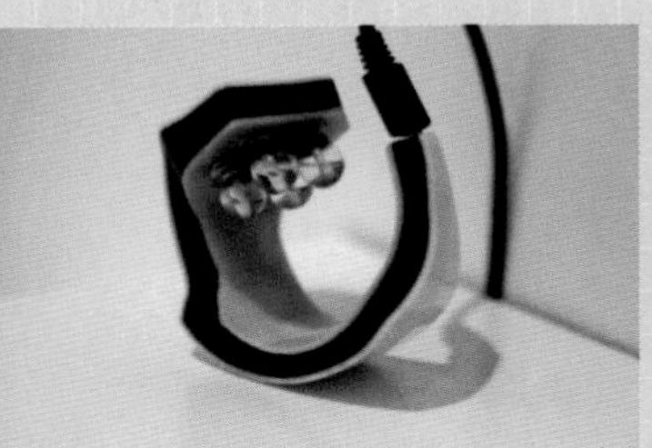

图 6.5　嗅觉手表

6.2.5　收敛思维

又称集中思维、求同思维或定向思维。它是以某一思考对象为中心，从不同角度、不同方面将思路指向该对象，寻求解决问题的最佳答案的思维形式。在设想或设计的实施阶段，这种思维常起主导作用。

一切创造性的思维活动都离不开发散和收敛这两种思维，做任何一项设计都是发散和收敛交替进行的过程。在构思阶段，以发散思维为主；而在制作阶段，则以收敛思维为主。只有高度发散、高度集中，二者反复交替进行，才能更好地创作设计。作为辩证精神体现的现代思维方式，把求同思维和求异思维有机地结合起来，在同中求异，在异中求同，从共性和个性的相互统一中把握我们的对象。两者的结合，能够使寻求创造的思维活动在不同的方法中相得益彰、相互增辉。

案例 5

可取代 U 盘的数据便利贴

dataSTICKIES 是一款由石墨烯制成的，像便利贴一样的数据传输介质，可以方便地在光数据传输表面（ODTS）粘贴或者剥离从而进行数据存储。dataSTICKIES 由两部分组成，一部分是放置于设备端的光数据传输表面，这一表面通过物理方式跟机器设备相连。另一部分是便利贴存储介质，用于存储数据。据悉这一石墨烯制成的新型材料由平坦的单层碳原子组成，具有优异的强度和电气性能，薄如纸片的石墨烯片材具备携带大量数据的能力。便利贴与 ODTS 进行数据交互，当读取或者写入数据的时候，便利贴便会亮起灯（图 6.6）。

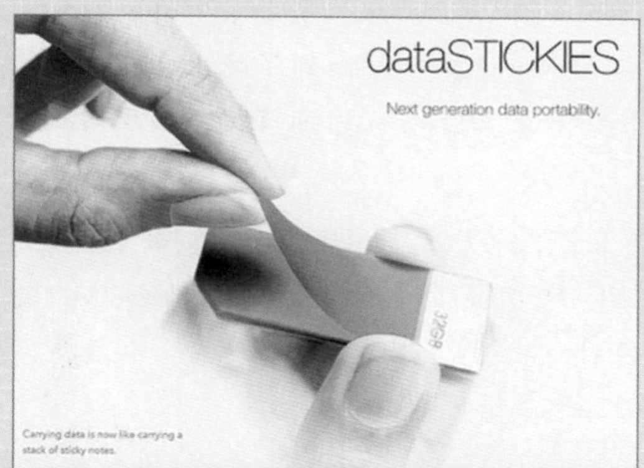

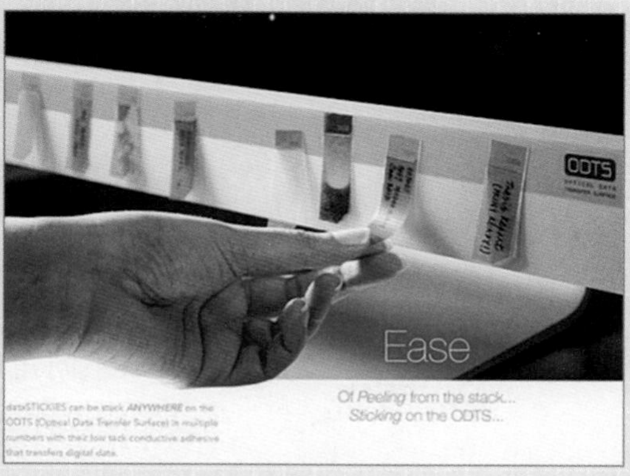

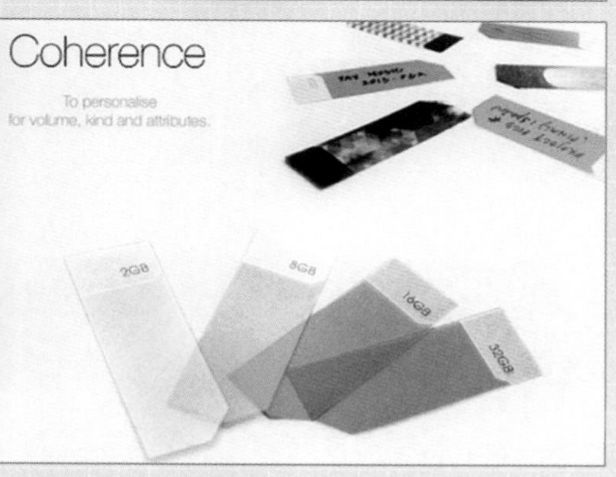

图 6.6　可取代 U 盘的数据便利贴

6.2.6 灵感思维

灵感思维是人们借助于直觉，得到突如其来的领悟或理解的思维形式。它以逻辑思维为基础，以思维系统的开放、不断接受和转化信息为条件。大脑在长期、自觉的逻辑思维积累下，逐渐将逻辑思维的成果转化为潜意识的不自觉的形象思维，并与脑内储存的信息在不知不觉的状态下相互作用、相互联系之中产生灵感。

灵感思维就像它的名称一样抽象，令人难以捉摸。“灵感”一词起源于古希腊，原指神赐的灵气。“灵”者，精神、神灵的意思；“感”者是客体对主体的刺激，或者是主体对客体的感受。灵感是心灵在接受外界刺激之后，通过各种思维方式所产生的某种思维神灵。灵感，自古就引起了人们的注意。古人认为，灵感就是在人与神的交往中，神依附在人身上，并赐给人以神灵之气。随着科学的发展，人们逐渐从生理学、心理学意义上搞清楚了这些长期困扰我们的问题。灵感就是人们在文学、艺术、科学、技术等活动中，产生的富有创造性的思路或创造性成果，是形象思维扩展到潜意识的产物。它要求人们对某种事态具有持续性高度的注意力，高度的注意力来自对研究对象高度热忱的积极态度。思维的灵感常驻于潜意识之中，待酝酿成熟，涌现为显意识。

对某一研究的成果或思路的出现，有一个较长的孕育过程。灵感是显意识和潜意识相互作用的产物，显意识和潜意识是人脑对客观世界反映的不同层次。显意识是由人体直接接受各部位的信息并驱使肢体“有所表现”的意识。灵感是人类创造活动中一种复杂的现象，它来源于知识和经验的沉积，启动于意外客观信息的激发，得益于智慧的闪光。灵感的表现是突发的、跳跃式的，就是那种“众里寻他千百度，蓦然回首，那人却在灯火阑珊处”“用笔不灵看燕舞，行文无序赏花开”的情境。灵感是显意识和潜意识通融交互的结晶，灵感思维具有跃迁性、超然性、突发性、随机性、模糊性和独创性等特点。灵感是思维中奇特的突变和跃迁，是思维过程中最难得、最宝贵的一种思维形式。因而灵感思维也叫顿悟思维，指人在思维活动中，未经渐进的、精细的逻辑推理，在思考问题的过程中思路突然打通，问题迎刃而解，是人的思维最活跃、情绪最激奋的一种状态。

在现代设计领域，灵感思维往往被认为是人们思维定向、艺术修养、思维水平、气质性格以及生活阅历等各种综合因素的产物，是一种高级的思维方式，是人类设计活动中一种复杂的思维现象，是发明的开端、发现的向导、创造的契机。

案例 6

Laokoon 灯具设计

Laokoon品牌的设计以创意为先。Laokoon 是一种可三维立体式移动的材料结构，可以自然地反映出使用者的情绪和性格，产生立体空间的变化，从而将人和材料以互动体验的方式联系在一起。因为这款材料结构的特殊性，产品设计过程也具有很强的有机性，通过实验、互动、反馈和创意等环节不断强化。这种柔韧的材料是由Szentirmai-Joly Zsuzsanna在匈牙利开发的，Enso灯具是Laokoon品牌第一件成熟的设计作品（图6.7）。

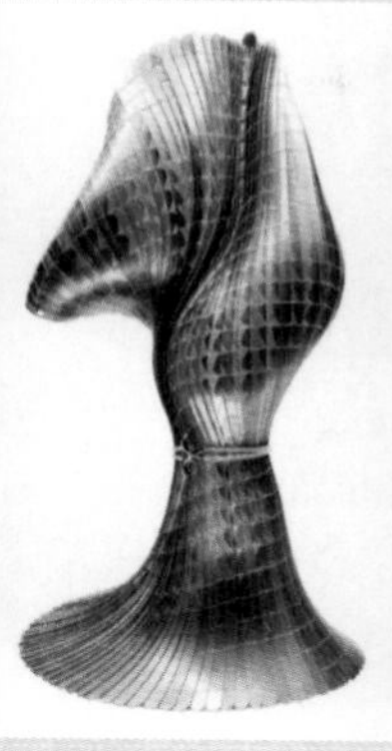
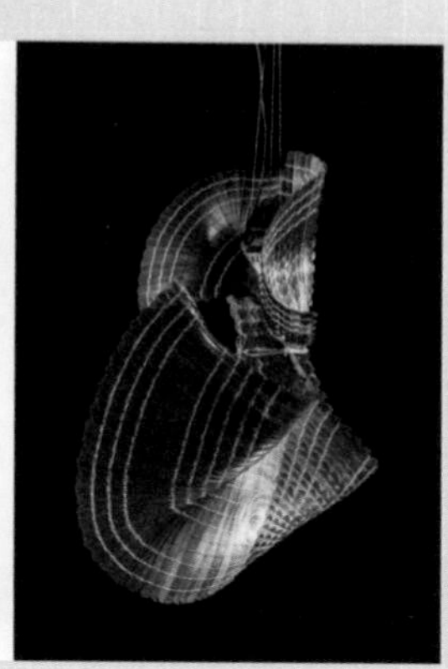

图 6.7　Laokoon 灯具设计

6.2.7 直觉思维

直觉思维是思维主体在向未知领域探索中，直觉地观察和领悟事物的本质和规律的非逻辑思维方法。我们可以从两方面理解直觉：一方面，直觉是“智慧视力”，是“思维的洞察力”；另一方面，直觉是“思维的感觉”，人们通过它能直接领悟到思维对象的本质和规律。

直觉思维与逻辑思维的不同点在于：逻辑思维具有自觉性、过程性、必然性、间接性和有序性；而直觉思维具有自发性、瞬时性、随机性和自主性。直觉思维可以创造性地发现新问题，提出新概念、新思想、新理论，是创造性思维的主要形式。

随着人们对产品形象要求的提高，人们对产品的直觉思维开始趋于全方位的要求。除了视觉以外，触觉、听觉甚至嗅觉方面的感受也得到了越来越多的重视，人们对材料的质地、肌理，色彩、产品中的声音效果和噪声隔绝，以及产品对环境的影响等方面有了更高的要求。

因此，直觉思维在对人们视觉触觉、听觉、嗅觉的形成感知方面起到更加重要的作用。

案例 7

盲人感知手表

声音、盲文等都是帮助视觉缺陷者感知周围世界不错的方法。这款为此类人群设计的感知手表将表针藏在了表盘柔软的“皮肤”下，圆点代表分针，三角形代表时针，通过触摸便可获知当前时间（图6.8）。

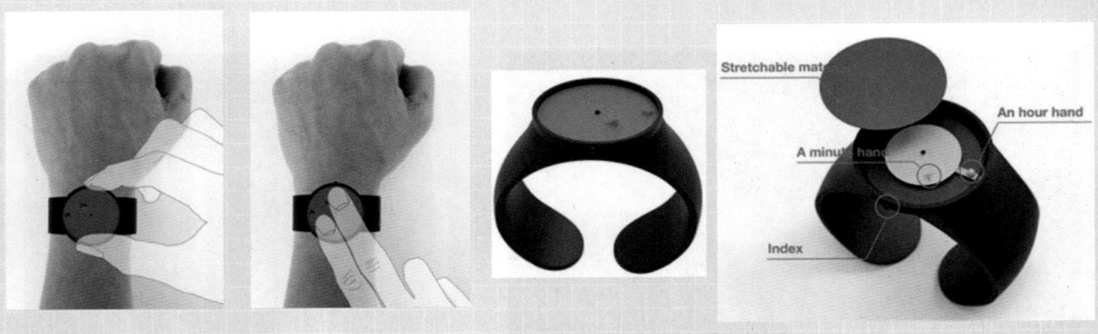

图6.8　盲人感知手表

6.3　设计思维的方法

设计思维的方法主要有头脑风暴法、6W设问法和系统设计法。

6.3.1　头脑风暴法

头脑风暴法是创造学中的一种重要方法。其形式是由一组人员针对某一特定问题各抒己见、互相启发、自由讨论，从多角度寻求解决问题的方法。头脑风暴是靠有组织的、集体的方法来达成，使参加者的思想相互激发并产生连锁反应，以引导出创造性思维。该方法为美国BBDO公司副经理A.F.奥斯本博士首创，最早见于他的《应用想像》一书中。

头脑风暴法（Brain storming）简称BS法，又称脑轰法、激智法、头暴法、智暴法、畅谈会议法等。

头脑风暴法先有一组人员，运用各人的脑力，作创造性思考，以促使意念的产生，达到寻求对某一问题的解决。头脑风暴法提倡大家随意发表意见，尽情畅谈，使这些意见自然地相互发生作用，在头脑中产生创造力的风暴，以创造出更多、更好的方案，这是一种典型的头脑风暴创造方法。

案例8

IDEO设计公司

著名的IDEO设计公司是采用头脑风暴法进行创造设计的典范。从1991年IDEO在加利福尼亚州的小城帕罗阿托诞生的那天起，就已经为苹果、三星、宝马、微软、（IDEO设计公司）保洁乃至时尚之王Prada等公司，设计了很多传奇性产品。

IDEO主要的设计方式在于将一个产品构想实体化，并使此产品符合实用性与人性需求。其设计的宗旨是以消费者为中心的设计方式，这种理念最强调的是创新。在IDEO，除了工业设计师和机构工程师，还有多位精通社会学、人类学、心理学、建筑学、语言学的专家。IDEO经理提姆布朗解释："如果能够从不同角度来看事情，可以得到更棒的创意。"

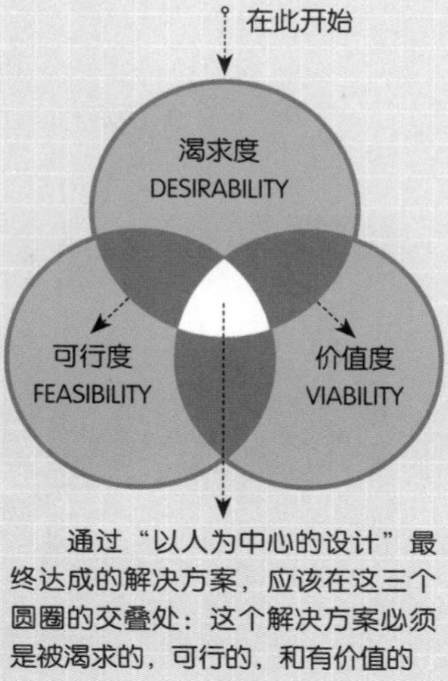

在此开始

渴求度
DESIRABILITY

可行度
FEASIBILITY

价值度
VIABILITY

通过"以人为中心的设计"最终达成的解决方案，应该在这三个圆圈的交叠处：这个解决方案必须是被渴求的，可行的，和有价值的

图 6.9　IDEO 关于渴求度、可行度和价值度的产品理论

IDEO坚持著名的关于渴求度、可行度和价值度的产品理论，即所有产品都是三种视角激烈角逐的最终结果：渴求度（Desirability），可行度（Feasibility），以及价值度（Viability）。IDEO 专注在新产品的渴求度上，这意味着他们思考的是如何制造出性感的、有着明确价值主张的产品，并从这一点出发来思考技术目标和商业目标。他们那些财富 500 强客户中的大多数并不是以这种方式工作的，当然这也是他们要雇用 IDEO 的原因（图6.9）。

开始一项设计前，往往会由认知心理学家、人类学家和社会学家等专家所主导，与企业客户合作，共同了解消费者体验。其技巧包括追踪使用者、用相机写日志、说出自己的故事等，之后分析观察顾客所得到的数据，并搜集灵感和创意。

IDEO不仅善于观察发现问题，更是以头脑风暴解决问题。IDEO拥有专门的"动脑会议室"，这里是IDEO内最大、最舒适的空间。会议桌旁还有公司提供的免费食物、饮料和玩具，让开会开累的人，可以用来放松心情，激发更多创意。每当一场头脑风暴会议开始时，三面白板墙在几个小时内，就会被大家一边讨论一边画下来的设计草图贴满。当所有人把画出来的草图放在白板上后，大家就用便利贴当选票，得到最多便利贴的创意就能胜出。而这些被选出来的创意，马上就会从纸上的草图化为实体模型。"头脑风暴"已经成为IDEO设计公司创意流程中最重要的环节之一。

IDEO为日本Shimano公司设计的自行车，最关键的要素就是保证消费者有良好的乘骑体验（图6.10）。

图 6.10　IDEO 为日本 Shimano 公司设计的自行车

IDEO 和Steelcase 合作设计的课桌椅Node，对传统的办公椅做了改进，增加了一个小桌子，用来放书本或笔记本电脑，下面还增加了一个空间，用来放书包或杂物（图6.11）。

图 6.11 课桌椅 Node

6.3.2 6W 设问法

6W设问法因这些疑问词中均含有英文字母“W”，故而得名。即：

① 为什么（why）——即产品的设计目的。

② 是什么（what）——即产品的功能配置。用来分析产品基本功能和辅助功能的相互关系如何，消费者的实际需要是什么。

③ 什么人用（who）——即产品的购买者、使用者、决策者、影响者。用来了解消费对象的习惯、兴趣、爱好、年龄特征、生理特征、文化背景、经济收入状况究竟怎样。

④ 什么时间（when）——产品推介的时机及消费者使用的时间。企业根据产品消费的时间，合理安排生产，把握好产品的营销策略等。

⑤ 什么地方使用（where）——产品使用的条件和环境。即针对什么样的地点和场所开发产品，有哪些受限和有利的环境条件。

⑥ 如何用（how）——行为。即如何考虑消费者的使用方便，怎样通过设计语言提示操作使用等。

6W设问法列举出构成一件事情的所有基本要素，从而对构成问题的主要方面进行分析。这些方法常被用来对概念方案、产品设计的可行性进行分析，比较适用于目标定位阶段的构想。

6.3.3 系统设计法

系统设计思维方法核心是把设计对象以及有关的设计问题，如设计程序和管理、设计信息资料的分类整理、设计目标的拟订、人—机—环境系统的功能分配与动作协调规划等视为系统，然后用系统论和系统分析方法加以处理和解决。所谓系统的方法，即从系统出发，综合地、整体地解决各因素中的相互作用、相互制约的关系，以达到最佳处理问题的一种方法。

系统论的设计步骤可以分为多个阶段。

（1）计划阶段

通常在进行设计工作之前，企业的决策者对本企业近期或远期的投资、制造和销售目标做出计划。在此基础上设计师为设计开发的产品定出具体计划，首先要对设计内部的资料进行分析、制定设计开发的方针；明确设计是为哪一层次的消费者服务，而消费者又是在哪种场合下使用等一系列问题。另外，还要与生产部门、管理部门、销售部门取得联系，由此所产生的设计计划报告书对整个设计过程的每一个阶段具有指导作用，此阶段是设计活动的基础阶段。

（2）发想阶段

计划制订好后便可进入发想阶段了。所谓发想是指利用一定的思考技术发掘解决问题的方案。具体的操作是：首先让设计师们把头脑中的各种想法都表达出来，而不要急于评价。在发想阶段常常召开讨论会，让各个方面的专家学者及普通消费者共同参加，畅所欲言，尽量多地收集各种方案。其次对各种方案进行检查，将所提出的方案与设计计划书的开发方针进行对照，考虑对方案进行修改，并画出较完整的预想图。最后对筛选后的方案进行评价、选择最优化方案送交技术部门、生产部门再次修改。

（3）提出阶段

提出阶段是十分具体的设计操作阶段。在这一阶段，设计师利用效果图、模型、图表、文字等各种表现手段表达自己的设计思想，并向企业决策层或设计委托人进行传达。设计师对人机工程学原理的运用、对材料的选择及对设计美学原则的运用，都将体现在最后形成的方案中。在充分考虑了设计方案的可能性、市场竞争力、成本等各方面因素的基础上，可以决定进行小批量试产。

（4）实施阶段

在决定最终设计方案后，便进入了实施阶段。这个阶段的重要任务是传达设计方案。如告诉生产部门产品的具体尺度和装配要求，对所用的材料进行说明，让生产部门对照制作模型进行小批量生产实验。根据实验结果对原先的设计再作一些修正和补充，并再一次提交企业决策层或设计委托人审定。在充分解决了各种问题的基础上，可以考虑正式投入生产。

第 7 章
设计心理

7.1 设计心理学

现代设计心理学的雏形大致产生在20世纪40年代后期。首先，“二战”中人机工程学和心理测量等应用心理学科得到迅速发展，战后转向民用，实验心理学以及工业心理学、人机工程学中很大一部分研究都直接与生产、生活相结合，为设计心理学提供了丰富的理论来源；其次，西方进入消费时代，社会物质生产逐渐繁荣，盛行消费者心理和行为研究最后设计成为了商品生产中最重要的环节并出现了大批优秀的职业设计师。认知科学和心理学家唐纳德.A.诺曼对于现代设计心理学以及可用型工程做出了最杰出的贡献，20世纪80年代他撰写了“The Design Everyday Things”，成为可用性设计的先声，他在书的序言中写到“本书侧重研究如何使用产品”。诺曼虽然率先关注产品的可用性，但他同时提出不能因为追求产品的易用性而牺牲艺术美，他认为设计师应设计出“既具有创造性又好用，既具美感又运转良好的产品”。2004年，他又发表了第二部设计心理学方面的著作《情感设计》，这次他将注意力转向了设计中的情感和情绪，根据人脑信息加工的三种水平，将人们对于产品的情感体验从低级到高级分为三个阶段：内脏控制阶段、行为阶段、反思阶段。

内脏控制阶段是人类一种本能的、生物性的反应，反思阶段有高级思维活动参与，有记忆、经验等控制的反应，而行为阶段则介于两者之间。他提出的三种阶段对应于设计的三个方面，其中内脏控制阶段对应“外形”，行为阶段对应“使用的乐趣和效率”，反思阶段对应“自我形象、个人满意和记忆”。

目前，我国对设计心理学的研究尚处于起步阶段。研究设计心理学的专家，按照专业背景的不同，可以分成两类：一类是曾接受了系统的设计教育，对与设计相关的心理学研究有浓厚兴趣，并通过不断地扩充自己的心理学知识，而成为会设计、懂设计，主要为设计师提供心理指导的专家；另一类是以心理学为专业背景，专门研究设计领域活动的应用心理学家，他们学术背景的心理学专业色彩较浓，通过补充学习一定的设计知识（了解设计的基本原则和运作模式），在心理学研究中有较高的造诣。前者具有一定的设计能力，在实践中能够与设计师很好地沟通，是设计师的“本家人”。较一般的设计师而言，他们具有更丰富的心理学知识，能够更敏锐地发现设计心理学问题，并能运用心理学知识调整设计师的状态，提出更好的设计创意，是设计师的设计指导和公关大使，对设计活动的开展充当顾问角色，比设计师看得更远更高。由于其特殊的知识背景，可以在把握设计师创意意图的同时调整设计，兼顾设计师的创意和客户的需求，更易被设计师接受。后者是心理学家，心理学研究的广度和深度都优于前者，但若不积累一定层次的设计知识则很难与设计师沟通。他们在采集设计参考信息、分析设计参数、训练设计师方面有前者不可比拟的优势。现在许多设计项目都是以团队组织的形式进行，团队中有不同专业的专家，他们都专长于某一学科的知识，同时具有一定的设计鉴赏能力，可以从他们的专业角度，提出对设计方案的独到见解和提供必要的参考资料。心理学专家也是其中的一员，辅助、协助设计师进行设计。而为了与其他专业的专家沟通，设计师的知识构成中也应包括其他学科的一些必要的相关知识。在设计团队中，设计师与心理学家及其他专业的专家结成一种相互依靠的关系。由于设计师不可能精通方方面面的知识，因此与其他专业的专家在不同程度上的协作十分必要。设计创造思维的训练也主要由心理学专家来指导进行，因为其专业知识，使他们在训练方法、手段和结果测试方面的作用更突出。前者以设计指导的角色出现，主要指导设计，把握设计效果，从某种意义上说仍然是设计师。后者主要还是进行心理学的研究，研究的范围锁定在设计领域，研究的方法和手段具有心理学的学科特色，更关注对人的研究。但目前存在的问题是，在对设计心理学的研究中，设计学与心理学的结合还不够紧密，针对性不够强。

对消费者和设计师的双重关注，使设计心理学在培养设计师、为企业增加效益、以设计打开市场、获取高额利润方面都有不可估量的重要作用。各设计专业的心理学研究有的已经很成熟了，有的则刚刚起步，只能随着设计心理学的发展而发展。目前存在的问题是部分来自调研、设计、销售等实践环节的经验，由于缺乏严谨的心理学和设计学的理论作基础，常常停留在现象层次没有上升到理论高度。

设计是一个艰苦创作的过程，与纯艺术领域的创作有很大的差别，必须在许多限制条件下综合进行。因此，积极地发展有设计特色的设计创造思维是设计心理学不可或缺的内容。传统的消费观关注的是物，只要能够充分发挥物质效能的设计就是好的设计。现代消费观越来越关注人对设计的要求和限制越来越多人成为设计最主要的决定因素，人们不仅要求获得商品的物质效能，而且迫切要求满足心理需求。设计越向高深的层次发展，就越需要设计心理学的理论支持。而设计是一门尚未完善的学科，研究的方法和手段还不成熟，主要还是依靠和运用其他相关学科的研究理论和方法手段。设计心理学的研究也是如此，主要利用心理学的实验方法和测试方法来进行。

可见，设计心理学的研究是必要而迫切的，设计心理学还有很大的发展空间，还需要在建立设计心理学的框架后细分设计心理学的内容，使其更专业、更完善，这有待于设计师和心理学家的共同努力。

心理学经过多年的研究，内涵和外延都在不断地扩大和充实，形成了多方位的心理学研究领域，例如艺术学、美术学、创造心理学、格式塔心理学、精神分析、认知心理学、人机工程学、人因心理学、广告心理学、消费心理学、环境心理学、感性心理学等方面。

7.2 知觉与设计

客观事物直接作用于人的感觉器官，产生感觉与知觉。知觉是在感觉基础上对感觉信息整合后的反应。在日常生活及产品操作中，知觉对来自感觉的信息综合处理后，对产品及其操作做出整体的理解、判断或形成经验。

7.2.1 概念

知觉是心理较高级的认知过程。知觉活动是一个信息处理的过程。在此过程中，有许多知觉规律可以遵循。

知觉又称感知，其定义有多种。1986年，Roth认为“知觉是指外界环境经过感官器官而被变成的对象、事件、声音、味道等方面的经验”。通常认为知觉是人脑对直接作用于感觉器官的客观事物的各个部分和属性的整体反应。在一定的外界环境中，刺激物与感觉器官之间相互作用，外界信息传入大脑对信息整合处理的过程。知觉是心理较高级的认知过程，涉及对感觉对象（包括听觉、触觉、嗅觉、味觉、视觉对象）含义的理解、过去的经验或记忆及判断。在感觉对象中，来自视觉和触觉的感知是最多的，也是我们研究的重点内容。在新产品中，有可以闻到香味的儿童卡片，也有可以食用的书，这些产品扩展了人们在嗅觉和味觉方面的感知。

在日常生活及产品操作中，知觉是通过各种感觉的综合对信息进行处理后起作用的。

用户操作产品的过程，首先是一个知觉的过程，因为在每个具体的操作步骤中知觉都起着重要的作用。

用户在操作产品的过程中，每一个具体的操作都包含知觉的过程，而这个过程大多包含寻找—发现—分辨—识别—确认—搜索等。以上的这个知觉过程可以反复多次出现，直至操作动作的完成。其中寻找的过程是发现相关有用信息的过程，是信息收集分析再确认的一个过程。这个最终会以发现有利于操作的一些信息为终止继而转入下一个发现的阶段。在这个阶段，可能会有多个信息，需要辨别在此步操作中需要的那个信息。通过分辨这个过程识别出当下操作步骤的信息和提示，再确认操作。在一个具体的知觉过程中，视觉起着收集信息的作用，知觉起着整合信息的作用，思维起着识别判定的作用，记忆起着搜索的作用。

7.2.2 类型

在每一个知觉的过程中，面对产品产生的感知是完成正确操作的一个前提。心理学家基布森认为知觉从外界物品感受到的是“它能给我的行动提供什么？”人对任何物品的观察都与行动目的联系起来。他发明了一个新词 affordance（提供的东西），可以把它翻译成“给行动提供的有利条件”或“优惠条件”。如平板可以提供“坐”，圆柱可以提供“转动”等。也就是说，知觉所感受的结果不仅仅是物体的形态。在完成操作产品这个行为任务的驱使下，知觉是在寻求利于操作的条件与判断产品所提供的形态便于怎样的操作。实际上，人感觉得到的不仅仅是形状、灰度和颜色，更是获得对行动有意义的实物。我们从以下几类知觉进行具体的分析。

7.2.2.1 形状知觉

形状是视知觉最基本的信息之一。我们依靠视觉可以感觉产品具体的形状，包括各种各样的面、各种各样的体。用户在操作过程中，几何形状不是使用者的观察目的。观察的目的在于形状的行动象征意义和使用含义。比如，杯子的形状使人马上想到盛水、喝水，以及怎么端杯子、怎么喝。

我们以坐具为例，坐具最基础的形状就是平面，这种平面可以是任何材料，任何形式结构提供的面。这些各种形式的面都可以给人们提供坐的这样一个功能。如果这些面变换成其他的形状，人们依据所给的形的具体形式来确定坐的方式。

案例 1

Coracle 躺椅

“Coracle”意为“小圆舟”，是一种诞生在公元前威尔士地区的原始小船。Coracle躺椅的编织技法就源自这种小船的制作工艺。此外椅腿和框架部分也用穿孔皮革包裹，整体带来独特触感和舒适外形（图 7.1）。

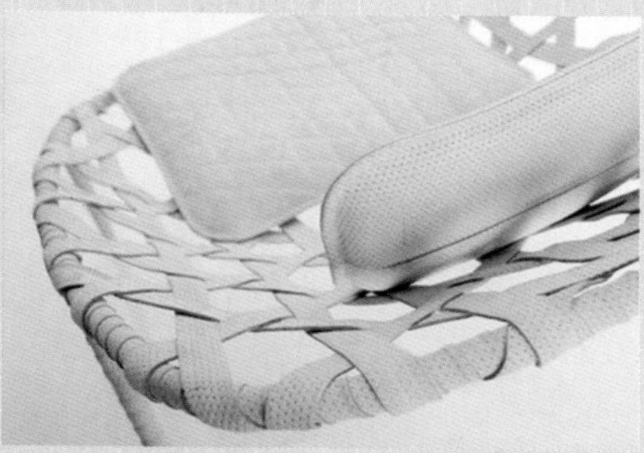

图 7.1　Coracle 躺椅

一般情况下，我们看到的产品上的不同形状，意味着可以采用不同的动作方式来进行操作。具体如下。

平面、曲面——坐、趴、躺。

圆球——滚动、旋转。

凸起或凹陷按钮——按压。

小尺寸圆柱——手握、抓。

作为设计师就应该从用户角度把几何形状理解成使用的含义，从思维方式上更接近用户的需要，以便在设计中提供适合用户操作的形状特征。

7.2.2.2 结构知觉

结构是指各个部件怎样组合成为整体。当使用任何产品时，用户感到的并不是外观的几何结构，而是零部件的整体结构、部件之间的组装结构、功能结构、与操作有关的使用结构。产品的一般结构知觉与提供的操作有利条件如下。

缝隙——组合方式和组合位置。

面的连接——滑动方式。

圆柱轴的连接——旋转动作。

仿生物的连接——生物自然的动作模仿。

案例 2

“Marke”椅

一排橡木条以强化后的软木连接成为能卷曲的座位，“Marke”椅就是一把看起来那么亲切却那么不可思议的椅子！为了让心爱的实木椅更适合收纳，设计师 Noé Duchaufour Lawrance 在一次巴黎市集闲逛的过程中得到启发，想出用串联的木条作为座位，使它能跟椅框分离存放，椅子便可以轻易叠起来。同时有赖于软木的柔韧性，使“Marke”椅比一般实木椅多了一分舒适（图 7.2）。

图 7.2 “Marke”椅

对于产品的外观结构来讲，产品外壳不仅要满足审美和使用要求，还要符合各种生产工艺。如果设计师只会从几何结构理解产品外观，那么设计时就可能忽略了用户的使用要求和工程师的制造要求，这样的东西无法加工。因此，设计师还应当从用户角度、制造工艺角度和功能角度理解产品外观的结构，提供适合的外观结构。

7.2.2.3　表面知觉

心理学家基布森在研究飞行员在空中的视知觉时，发现飞行员的主要感知来自对陆地表面各种东西的表面纹理。这种表面给有意图性的知觉提供了许多信息。在许多情况下主要知觉对象不是形状，所需要的信息主要并不取决于形状。有时候知觉并不需要三维的知觉经验，人们使用环境情景中所含的信息就足够了。这种观点后来也应用到了日常人们使用产品的许多心理过程中。也就是说用户在操作产品的知觉过程中感受到的信息不仅来自形状和色调，而且也来自表面，有时表面信息更重要。

有关表面知觉的主要观点有：各种表面的肌理(包含布局纹理和颜色纹理)与材料有关，是我们识别物体的重要线索之一。任何表面都具有一定的整合性，保持一定的形式，金属、塑料、木材的形状结构各不相同。在外力作用下，有弹性的表面呈现柔韧以维持连续性，刚硬表面可能被裂断。这些经验使我们不会用石头打计算机的玻璃平面，不会把塑料器皿放在火上烧。因此，根据这种表面特性就能够发现很多与操作行动相关的信息。另外，在不同的光线下，不同表面给人以不同的心理审美感受。

案例 3

Redesign & Rebirth 手工竹椅

竹在中国历史中对经济发展和文化提升发挥了巨大的作用。浙江安吉县——中国竹子之乡，蕴含了大量的竹资源，对其利用也涉及了当地人生活的许多方面。W&Q设计工作室敏感地发现并试图探索来自中国传统的民间手工艺，用以评估传统和现代设计之间的关系，解释了中国艺术作品中可持续发展的关键途径，赋予其可循环的重生意义，这是传统工艺与现代设计相结合的新征程（图 7.3）。

图 7.3　Redesign & Rebirth 手工竹椅

7.2.2.4 生态知觉

我们在观察任何东西时，都是从一个特定点位置进行的。起作用的光线只有射入我们眼睛的那些环境光线，这意味着每一个视觉位置所看到的东西都不完全一样。由于观察视角的改变使得物体的相对位置也在不断变化，而物体的背景也常常发生改变。这就是说人的视觉位置与视知觉感受到的东西密切相关。人的知觉感受受到观察角度和环境的影响，知觉是人与环境的统一。

在产品设计时，由于生态知觉的影响，要考虑产品所在的环境。

案例 4

意大利家具品牌Varenna Poliform Minimal系列厨房家具

凭借70多年家具制造经验，Poliform以精湛工艺及奢华品位成为全球首屈一指的意大利家具品牌。随着Poliform收购顶级厨房家具品牌Varenna，在两大国际知名品牌合作下孕育出Varenna Poliform，将现代生活所追求的设计师级私人定制厨房家具带到用户家中。

Varenna Poliform系列厨房家具提供私人定制厨房方案，诠释现代生活中优雅品味及独特风格。拥有优雅的外形及高度灵活的设计细节，Varenna Poliform前卫创新的技术解决方案将每个厨房打造成能够满足不同用户需求及喜好的空间。种类繁多的材料、不同的饰面颜色选择，使这些高质量的厨房家具可以完全根据用户的个性要求而量身定制。

其中曾荣获最佳橱柜设计大奖的Minimal系列，融合现代美学及功能性，将把手融入门板的一体化设计，给人以非凡独特的视觉享受。橱柜组合结合了天然木质组合柜及橱柜、白色Corian(可丽耐)柜面，白色烤漆柜以及浅灰色水泥工作台面。Minimal系列结合木材、烤漆以及简洁的几何线条，非凡的设计及灵活性为您构建无限组合风格，并能够展现富有强烈个性特色的独一无二的厨房。

Varenna Poliform是目前市场上唯一一个能提供家庭设计“整体感”的厨房家具品牌，能够连贯用户的厨房、饭厅、客厅，以至书房及卧房，使厨房与整体设计相辅相成，打造出更舒适美好的家居生活（图7.4）。

图7.4 Minimal系列厨房家具

7.3　消费需要与设计

人既有生物的个体属性，又具有社会属性。人在社会中为了个人的生存和发展，必定需要一定的事物，如食物、衣服、交通工具等。这些必需的事物反映在个人的头脑中就成为需要。需要总是反映个体对内部环境或外部生活条件的某种需求，通常以意向、愿望、动机、兴趣等形式表现出来。

7.3.1　概念

需要是个体由于缺乏某种生理或心理因素而产生内心紧张，从而形成与周围环境之间的某种不平衡状态。其实质是个体为延续和发展生命，并以一定方式适应环境所必需的客观事物的需求反映。人在社会上产生消费行为，消费行为的产生是需要经过一系列的中间过程而形成的最终结果。那是因为人是在有了某种需要以后，才为自己提出活动目的，考虑行为方法，去获得所需要的东西，从而得到某种程度上的满足。从这个意义上说，需要是个性积极活动的源泉，是人的思想和行为活动的基本动力。我们要研究消费者的行为，研究消费者对产品是否购买，就必须先研究人们的需要是什么、什么时候人们会由需要转化为活动、什么因素可以控制并促进消费者行为的产生。

一般情况下，我们可以意识到自己的需要，但有时消费者并未感到生理或心理体验的缺乏，却仍有可能产生对某种商品的需要。例如，面对美味诱人的佳肴，人们可能产生食欲，尽管当时并不感到饥饿；而华贵高雅、款式新颖的服装，也经常引起一些女性消费者的购买冲动，即便她们已经拥有多套同类服装。这些能够引起消费者需要的外部刺激（或情境）称为消费诱因。消费诱因按其性质可以分为两类：凡是消费者趋向或接受某种刺激而获得满足的，称为正诱因；凡是消费者逃避某种刺激而获得满足的，称为负诱因。心理学研究表明，诱因对产生需要的刺激作用是有限度的，诱因的强度过大或过小都会导致个体的不满或不适，从而抑制需要的产生。需要产生的这一特性，使消费者需要的形成原因更加复杂化，同时也为人为地诱发消费需要提供了可能性，即通过提供特定诱因，刺激或促进消费者某种需要的产生。这也正是现代市场营销活动所倡导的引导消费创造消费的理论依据。消费需要作为消费者与所需消费对象之间的不均衡状态，其产生取决于消费者自身的主观状况和所处消费环境两方面因素。而不同消费者在年龄、性别、民族传统、宗教信仰、生活方式、文化水平、经济条件、个性特征和所处地域的社会环境等方面的主客观条件千差万别，由此形成多种多样的消费需要。每个消费者都按照自身的需要选择、购买和评价商品。就同一消费者而言，消费需要也是多元的。每个消费者不仅有生理的、物质方面的需要，还有心理的、精神方面的需要；不仅要满足衣、食、住、行方面的基本要求，而且也希望得到娱乐、审美、运动健身、文化修养、社会交往等高层次需要的满足。

倘若以生存资料、享受资料、发展资料来划分消费对象，那么在人类社会消费需要的发展历程中，就可以发现某些带有普遍性和规律性的趋势。在现代，生存资料的需要从以吃为主的“吃、穿、用”的顺序转变为以用为主的“用、穿、吃”的结构；享受和发展资料的需要，将从以物质性消费为主，转变为以服务性消费为主。

消费需要作为消费者个体与客观环境之间不平衡状态的反映，其形成、发展和变化直接受所处环境状况的影响和制约，客观环境包括社会环境和自然环境，它们处在变动、发展之中，所以消费需要也会因环境的变化而发生改变。

7.3.2 对需要的设计

从心理学角度讲，需要是个性的一种状态，它表现出个性对具体生存条件的依赖性。需要是个性能动性的源泉。消费者将自我需求反映给大脑同时表现为某种欲望，并通过支付满足其需求和欲望的产品或服务同等价值的货币来实现。从原始社会末期随着社会生产力的发展出现了偶然的交换发展到成熟的市场经济阶段，“需求—满足需求”贯穿始终，也是其本质所在。消费者需求的不断升级激起并促进经济的发展，同时市场产品不断地更新换代也同样引发消费者对产品或服务的占有欲，这种占有欲则是形成消费者需求的动力和基本条件之一。

产品设计的出发点是满足人的需要，即问题在先，解决问题在后。人类要生存就必定会遇到各种各样的问题，就有许多需求，产品设计就是为满足某种需要所产生的。因此，人的需求问题是设计动机的主要成分（图 7.5）。

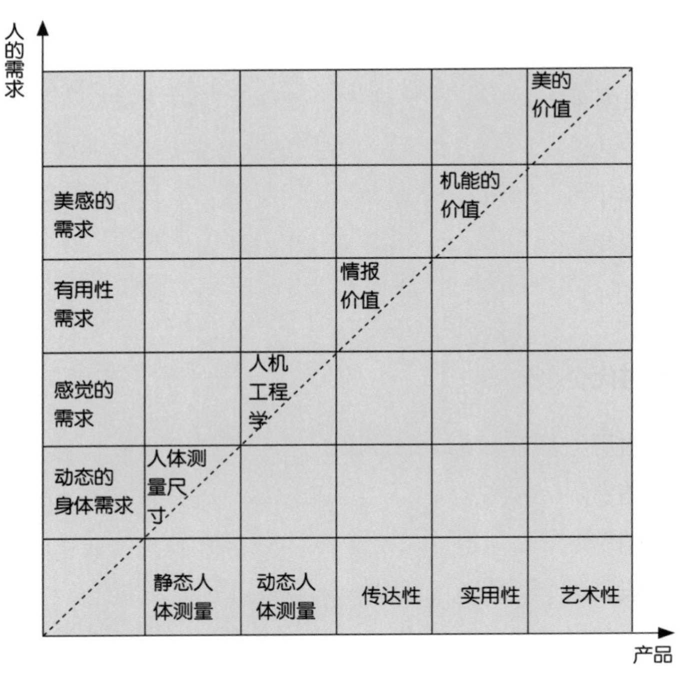

图 7.5 产品与人的需求之间的关系

以产品设计领域为例，如果从需要的产品的对象属性来区分，则分为以下需要。

7.3.2.1　对产品使用功能的需要

产品都有其使用功能，使用功能也是一类产品区别于另一类产品的基本属性。在日常生活中，人们选购产品，最基本的出发点就是消费产品的使用功能。比如天气太热，就需要降温，而能使温度下降的产品可以是空调或风扇，这时候去购买这些产品，就是以产品的功能的需要为出发点的。当然在选择产品时，要兼顾产品的美观性、安全性、质量、规格、使用方便等。出于某种产品功能的需要，人们确定选择某类产品后，在市场上面临的是许多品牌的产品。在选购这些产品时，一般情况下，功能比较多的产品会吸引消费者的注意。这就使得产品生产厂家及设计师都很注重对产品新功能的开发。比如，最早的电视机在操作时是直接控制面板的，后来设计师增设了遥控的功能。最早的手机只有打电话功能，而后来加发短信功能、听歌功能，而现在的3G手机上网发邮件也不成问题了。从满足消费者的使用功能出发，依据新的技术发展，开发出产品越来越多的新功能，是产品更新的一个重要途径。

7.3.2.2　对产品审美的需要

对美的追求是人的天性，从古到今，人们对美的追求的步伐从未停止过。消费者对产品的审美需求随着社会的发展也越来越高。当今市场的产品也早已不像从前，仅仅实用就好了。产品对美的追求已由最初的大方实用到新颖别致再到个性有趣，产品设计也由最初的功能设计到美观设计再到情感设计。

人们对产品审美因素的认可，与个体的价值观念、生活背景、文化程度、职业特点、个性心理等有关。俗话说“萝卜白菜，各有所爱”，人们的审美观念也各不相同。但同一阶层，同一生活环境下的群体审美观念通常有很大的相似性，并相对稳定。在消费需求中，人们对消费对象审美的要求主要表现在产品的工艺设计、造型、式样、色彩、风格等方面。比如，白领阶层对家用电器的审美需求可能就是造型简洁时尚、色彩淡雅。

7.3.2.3　对产品时代性的需要

产品处于一定的历史时期会体现其所在时代的特性，是所处年代的消费观念、消费水平、消费方式及消费结构的总和。人们追求消费的时代性就是不断感受到社会环境的变化，从而调整其消费观念和行为，以适应时代变化的过程。在产品上表现时代性，就是表现时代的主流设计发展趋势，也就是时尚的趋势。时尚在每一个不同的时代都由其特定的元素来表现。设计师要满足消费者对时代感的需求，就要能够敏锐观察到时代的变化，并能用一定的符号元素或设计元素表述出来。

7.3.2.4 对产品社会象征性的需要

产品的象征性是指产品具有社会的属性，也就是人们赋予产品一定的社会意义，使得购买、拥有某种产品的消费者得到心理上的满足。在人的基本需要得到满足以后，大多数人都有提高自己社会威望和社会身份的需求。这就使得他们去选择一些能够代表他们身份和地位的产品，比如名牌手表、豪华汽车等。对于能满足人们社会象征性需要的产品来说，实用性要求并不被消费者重视，而是这件产品是否具有一定的身份地位或经济地位的某种象征。所以说，产品的本身是不具有社会属性的，是社会化了的人赋予了其特定的含义。设计者针对这一类消费者，设计要突出产品高端性、尊贵性来满足其需求。

7.3.2.5 对产品情感功能的需要

人们对产品情感功能的需要，是指消费者要求产品蕴含深厚的感情色彩，能够表现个人的情绪状态，成为人际交往中感情沟通的媒介，并通过购买和使用产品获得情感上的补偿、寄托。消费者作为有着丰富情感体验的个体，在从事消费活动的同时，会将喜、怒、哀、乐等情绪反映到消费对象上，即要求所购买的产品与自身的情绪体验互相吻合、互相相应，以求得情感的平衡。如在欢乐愉悦的心境下，往往喜爱明快热烈的产品色彩。另外，设计师在设计产品时，往往会设计一些能让人产生愉悦情感或有情趣的产品，这些产品也满足了消费者对产品功能的需求。

7.3.2.6 对产品个性化的需要

追求个性，彰显自己的与众不同，这是当今年轻人普遍的观念。这就使得对产品个性化的要求越来越高了。个性化的需求就是消费者要求产品的创意、不古板、风格多样、有时尚感、有幽默感等，能够满足消费者作为个体不同于其他个体的特征。一般创新性的产品都能满足这类年轻人的需求。

案例 5

OZAKI iCoat Slim-Y+IC502 iPad创意保护套

OZAKI=绿野仙踪（动画片）+阿基拉（动画片）

=东方的精神+西方的世界

OZAKI=Oz+AKIRA

OZAKI代表着“阿基拉”在“绿野仙踪”的世界。

在20世纪80年代末，Mr.Freeman前往日本为他人生的未来寻找灵感。当他抵达东京，发现这个东方最先进的城市却充满了西方的技术与人群，面对未来诡谲多变的世纪末，他认为要想在新时代成为一个活得快乐的人就得像阿基拉，活在“绿野仙踪”的世界里“敢去做”，也因此他大胆地为日后的品牌命名“OZAKI”（图 7.6）。

图 7.6　OZAKI 品牌 LOGO

一些人想法与众不同，但行为一成不变；另一些人外表与众不同，想法却一成不变。OZAKI 敢于真正的与众不同，他们不怕别人怎么看，不怕向旧传统质问，不怕标新立异，随性的，创新的，好玩的，向规则挑战，向愿望挑战，向平凡挑战。这就是为什么他们建议人们换一种方式玩Apple，将你的工具变成你的玩具，毕竟生命太短，让每一个生活里都充满乐趣。OZAKI品牌代表着自由表达多样化的你，不仅可以有最狂野的想法，而且敢于去实现——成为任何你期望成为的样子。

苹果拥有数以百万计的追随者。你买苹果，他给你的不仅仅是产品，更是向你提供了一种不同的生活方式。你买苹果，就是因为它和路易威登和香奈儿一样价格居高不下。苹果的专卖店就像是一个庙宇，卖的是一种信仰。OZAKI（大头牌）是苹果第三方配件授权品牌，行销Apple旗下iPad、iPhone、iPod系列配件，行销全球60多个国家，“敢自由，敢不同，敢享乐”的品牌理念，为用户提供创新的、好玩的苹果配件，令Apple配件变成了好玩的玩具，让生活充满乐趣。

OZAKI为喜欢追求个性艺术感的文艺小清新们提供了黑色电路图、蓝色线条、蓝色图纹、粉色花纹、粉色波点、绿色机械、灰色图纹7个颜色款式（图 7.7）。

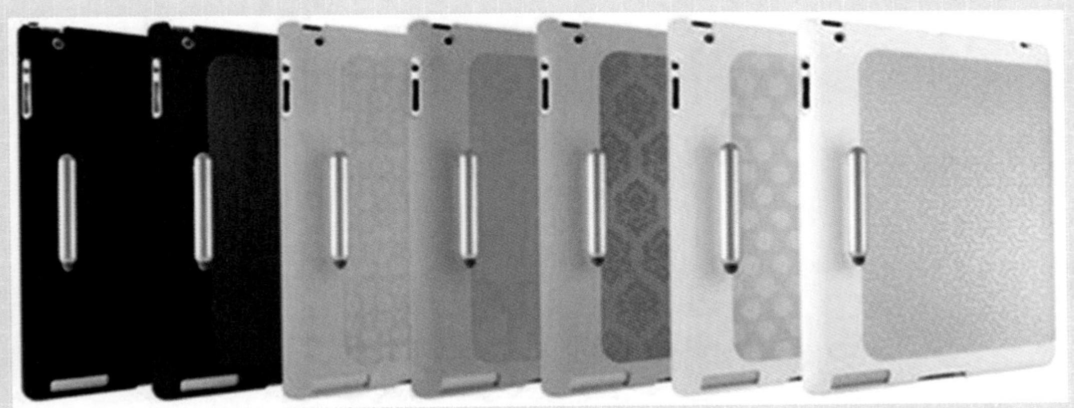
图 7.7　7 个颜色款式

Slim-Y+ IC502给人一种潮流的设计感受，鲜艳的颜色加上夸张的LOGO人头足够具备视觉冲击力的包装。

产品的外观设计也是独具特色，凸起的立体花纹图案让保护套充满艺术感。里外颜色深浅的变化，造成一种视觉上的层次感（图 7.8）。

图 7.8　凸起的立体花纹图案

前盖部分采用柔软材质，能正面保护iPad屏幕免受划伤。软硬结合的后盖部分能保护机身免受划伤和磨损，并且在iPad受到外力冲击时，提供减震抗摔保护（图7.9）。

这款OZAKI Slim-Y+ IC502的最特别之处在于申请专利的Y形设计，手指沿着前盖的Y形一按，一秒钟让保护套变支架，同时支持横向、竖向两种支撑角度。支架相当之稳固，无论是点击玩游戏还是触控操作时都非常稳当（图7.10）。

图 7.9　前后盖人性化的材质设计

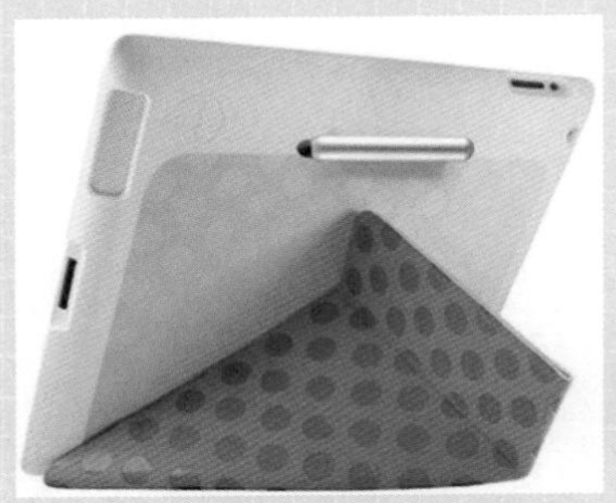

图 7.10　Y形支架设计

7.4　情感化设计

7.4.1　什么是情感化设计

“情感化设计（Emotional Design）”一词由Donald Norman在其同名著作当中提出。而在Designing for Emotion一书中，作者Aarron Walter将情感化设计与马斯洛的人类需求层次理论联系了起来。正如人类的生理、安全、爱与归属、自尊和自我实现这五个层次的需求，产品特质也可以被划分为功能性、可依赖性、可用性和愉悦性这四个从低到高的层面，而情感化设计则处于其中最上层的“愉悦性”层面当中。一个有效的情感化设计策略通常包括两个方面：

创造出了独特并且优秀的风格理念，令用户产生了积极响应；

持续地使用该理念打造出一整套具有人格层面的设计方案（图7.11）。

《情感化设计》一书从知觉心理学的角度揭示了人的本性3个特征层次："即本能的、行为的、反思的"，提出了情感和情绪对于日常生活做决策的重要性。三种水平的设计与产品特点的对应关系如图7.12所示。

图7.11　什么是情感化设计

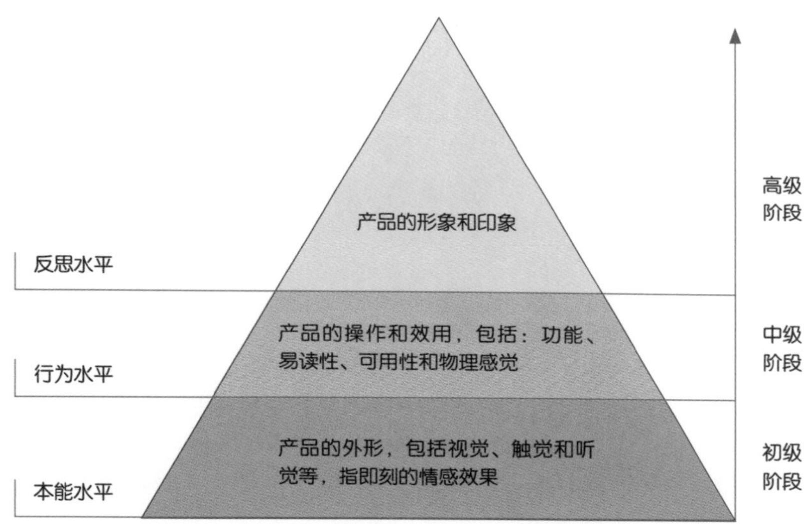

图7.12　人的本性3个特征层次设计与产品特点的对应关系

（1）本能设计

人是视觉动物，对外形的观察和理解是出自本能的。视觉设计越是符合本能水平的思维，就越可能让人接受并且喜欢。

（2）行为设计

行为水平的设计可能是我们关注最多的，特别是对功能性的产品来说，讲究效用重要的是性能。使用产品是一连串的操作，美观界面带来的良好第一印象能否延续，关键就要看两点：是否能有效地完成任务，是否是一种有乐趣的操作体验，这是行为水平设计需要解决的问题。优秀行为水平设计的4个方面：功能、易懂性、可用性和物理感觉。

（3）反思设计

反思水平的设计与物品的意义有关，受到环境、文化、身份、认同等的影响，会比较复杂，变化也较快。这一层次，事实上与顾客长期感受有关，需要建立品牌或者产品长期的价值。

本能的设计关注的是视觉，视觉带给人第一层面的直观感受，相当于视觉设计师完成的工作；行为的设计关注的是操作，通过操作流程体验带给用户感受，相当于交互设计师完成的工作；反思的设计关注的是情感，相当于用户体验的提升，情感设计无处不在，也是这里要和大家探讨的如何对产品进行情感化设计。

情感是感性化的东西，如何设计？通过刚才的“认知理论”和例子我们知道，虽然不能直接设计用户情感，但是可以通过设计用户行为，特定场景下的行为、来最终达到设计用户情感的目的。当我们在做产品设计的时候，相信大家都是希望让特定的用户群或者更多的人接受、使用并喜爱我们的设计。那么就需要满足人本能的、行为的、反思的三个层面的心理需求。情感化设计体现在：功能设计、界面设计、交互设计、运营设计等各个环节。

7.4.2 情感化设计应用场景

情感化设计大致由以下这些关键性的要素所组成，我们可以由此出发，在产品中融入更多的正面情感元素。诚然，用户最终会产生的反应还将取决于他们各自的生活背景、知识技能等方面的因素，但是我们所抽象出的这些组成要素是具有普遍适用性的。情感化设计的关键性要素如下。

惊喜：提供一些用户想不到的东西。

独特性：与其他的同类产品形成差异性。

注意力：提供鼓励、引导与帮助。

吸引力：在某些方面有吸引力的人总是受欢迎的，产品也一样。

建立预期：向用户透露一些接下来将要发生的事情。

专享：向某个群体的用户提供一些额外的东西。

响应性：对用户的行为进行积极的响应。

基于满足人本能的、行为的、反思的三个层面的心理需求，可以从以下三个方面进行情感化设计。

① 产品形态的情感化　形态一般是指形象、形式和形状，可以理解为产品外观的表情因素。在这里，更倾向于理解为产品的内在特质和视觉感官的结合。随着科技的发展，产品的功能不仅指使用功能，还包含了其审美功能、文化功能等。设计师利用产品的特有形态来表达产品的不同美学特征及价值取向，让使用者从内心情感上与产品产生共鸣，让形态打动消费者的情感需求。漂亮的外形，精美的界面由此提升产品的外在魅力，并最快传递视觉方面的各种信息。视觉的传达要符合产品的特性、功能，与使用环境、使用心理等。

② 产品操作的情感化　巧妙的使用方式会给人留下深刻的印象，在情感上会越发喜

欢这种构思巧妙的产品。这种巧妙的使用方式会给人们的生活带来愉悦感，从而排解人们来自不同方面的压力，所以受到用户的青睐。

③ 产品特质的情感化　真正的设计是要打动人的，它要能传递感情、勾起回忆、给人惊喜的。产品是生活的情感与记忆。只有在产品/服务和用户之间建立起情感的纽带，通过互动影响了自我形象、满意度、记忆等，才能形成对品牌的认知，培养对品牌的忠诚度，品牌成了情感的代表或者载体。

7.4.2.1　产品色彩的情感化设计

心理学家认为，人的第一感觉就是视觉，而对视觉影响最大的则是色彩。接下来我们以色彩的设计应用为例，了解情感化设计的组成要素是怎样以不同的表现形式被运用到产品、包装、广告等产品形态当中的。

著名的色彩学家约翰·伊顿先生曾说过：“色彩就是生命，因为一个没有色彩的世界在我们看来就像死的一般——通过色彩向我们展示了世界的精神和活生生的灵魂。”人类生活在一个斑斓多彩的世界，在五彩缤纷的美妙的自然界中，色彩起到了巨大的作用。人类进入文明时代后，在对色彩进行了充分研究的基础上，认识到色彩对人们的心理和生理产生巨大影响。色彩是一种语言，一种全世界的视觉通用语言。色彩通过视觉，传达包括文化、种族、地位、特征、意识、情感、秉性等各种有形无形的信息。

在产品设计中，色彩的视觉表现力主要有以下几种方式。

① 利用色彩表达出产品的功能性，使色彩适应产品功能的要求，反映出产品的功能。

② 利用色彩形成辅助形态的一些产品，由于受结构、材质、成本等方面的限制，在形态、体量的感觉上往往不尽如人意，这时可利用色彩对人的心理影响进行弥补。

③ 给人留下鲜明印象的配色。充分利用色彩对人的视觉和心理上的巨大影响，采用独特、强烈的色彩配置，使产品从环境中脱颖而出，吸引消费者注意，这种配色方法适用于流行性产品。

④ 利用色彩使材质、构造、形态更好地调和，使产品的材质、构造不过于复杂。

⑤ 使人产生联想的配色。利用配色可使人对产品的品质、属性等产生联想。

⑥ 和其他产品、环境空间、自然环境相协调的配色是人在生活空间用色的最高准则。

⑦ 去掉不必要的装饰细节，表达出具有时代感的配色。

案例 6

iPod nano 7

乔纳森·伊夫作为苹果工业设计的高级副总裁，是苹果产品背后的驱动力。他指出好的设计是由三个要素组成。第一个要素是用途。产品用来做什么？它是否如预期般发挥效用？第二个要素是外观。产品外观决定它给人的感受，必须拥有它的原因以及它的价格。第三个也是最重要的要素，则是它的诉求。产品的特色是什么？您对它的感觉如何？您可以试想一下关车门的声音和感觉，有些车子就是会让人感到比较放心和可靠，但这一点不一定与车辆的基本工程结构有关。苹果的目标很简单——设计并制造出更好的产品。

一款产品的设计，可以说是决定普通消费者是否购买的第一感官，产品外观向外界传达信息也是非常重要的。这款全新iPod nano 7受众定位在以青春、活力、热血为主打的特定消费群体，在iPod的发展过程中外型尺寸在做着不断地调整，唯一不变的是年轻的色彩，这也是iPod产品的独特标识。苹果iPod nano 7的机身背面采用简洁时尚的设计，材质为铝合金，包裹到机身侧面的边框，圆润的曲线十分精致。另外，苹果iPod nano 7的个性基本上也都是从背面来体现，机身色调偏粉嫩一些，包括炭黑、银、粉紫、粉红、金黄、草绿、粉蓝以及（PRODUCT）RED特别版的大红色。八种机身色彩可供选择，令色彩控们大呼过瘾。

银色属于明度高的淡色调，优雅、明朗、干净（图7.13）。

炭黑色属于明度最低的暗灰色调，厚重、有力度（图7.14）。

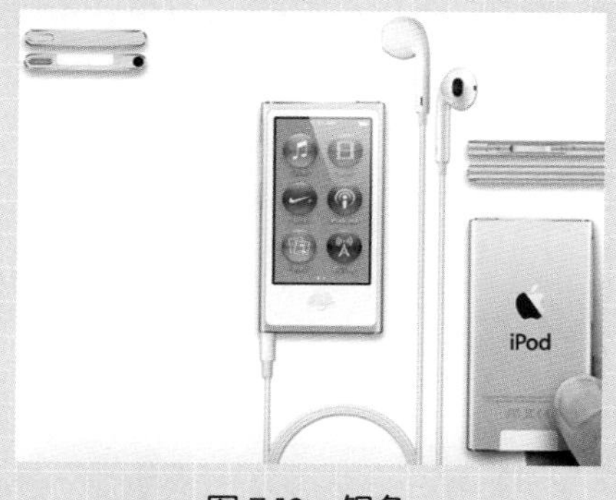

图7.13　银色

图7.14　炭黑色

粉红色属于明度和纯度比较高的明亮色调，优雅、甜蜜（图7.15）。

紫色是由温暖的红色和冷静的蓝色化合而成，跨越了暖色和冷色，是极佳的刺激色。粉紫色是女性色，代表优雅、高贵、魅力、神秘（图7.16）。

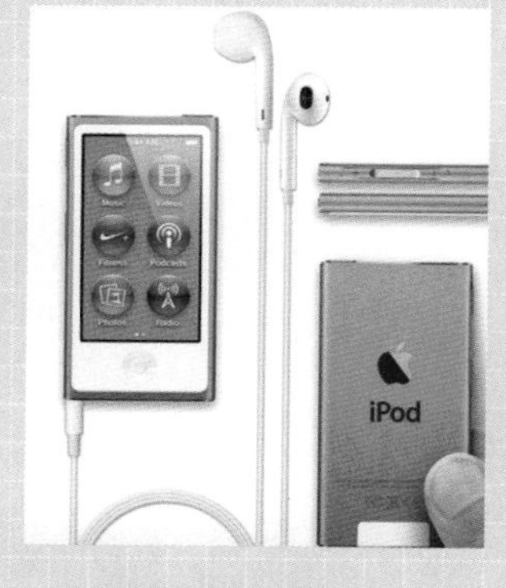

图7.15　粉红色

图7.16　粉紫色

蓝色是最冷的色调，加入粉色，则柔和了许多，粉蓝色表示秀丽清新、宁静、豁达、沉稳（图 7.17）。

大红色属于明度中等的强烈色调，活力、积极、个性、张扬（图 7.18）。

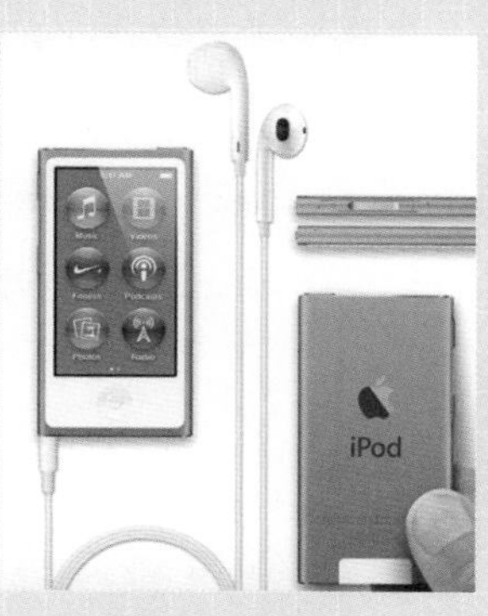

图 7.17　粉蓝色

图 7.18　大红色

草绿色属于明度稍高的轻柔色调，淡雅有生机，突出自然的气息，特别符合夏日里的自然和清爽需要（图 7.19）。

iPod nano 7 延续了 iPod 家族中最为多变且无规律可循的特点，年轻的色彩搭配上复古的外观，新一代 iPod nano 再次见证了苹果超前的产品设计理念，以超乎想象的姿态与全世界人们见面。

产品外观也回归到最原始的设计，再一次变得又高又细。它使用了两大苹果 iPod 复古元素。第一，前表面大面积的白色塑料，与最经典的，尤其是 2003 年前那种“苹果白”质感更为接近的塑料表面。第二，系统图标使用了圆形设计，与现在圆角方块图标不同，这也是苹果最早期产品中的设计。

图 7.19　草绿色

7.4.2.2　包装的情感化设计

色彩、图案、文字是包装设计的基本三要素。我们平时所见到的包装设计，虽然是由插图、文字、色彩等要素组成，但是通常人们在观看产品包装的瞬间，最先感受到的是色彩效果。商品包装的色彩以及做广告采用的色彩都会直接影响消费者的情感，进而影响他们的消费行为。可口可乐公司曾做过实验：在电影放映过程中以每 35 秒 1 次的速度频闪一次它特有的红白相间品牌，结果购买这种饮料的观众就增加了 60%。包装的形式处理应当与同类产品设计做出明显的区别。作为产品的推销手段，必须注意设计的竞争性而求新求变。人们的审美口味往往随着时间的变迁而有所变化，时尚色彩引领社会消费文化潮流，很多消费者为追求潮流选择商品。包装设计者在进行设计时应把握时尚色彩潮流，采用当前流行色系并应用于设计中，吸引消费者的眼球。色彩是影响视觉最活跃的因素，图案和文字都有赖于色彩来表现，因此色彩是影响包装设计成功与否的重要因素。

案例 7

当包装上的LOGO被热量值代替

最近外国媒体将食物含有的热量与包装结合，希望唤醒人们的警觉。Calorie Brands最近为一系列高热量食物设计出了新的包装，虽然这些食物的新包装同样具有美感，然而原本包装上的LOGO却被食物所含有的热量取代了。比如士力架（SNICKERS）巧克力包装上的LOGO字样变成了250千卡，而麦当劳薯条上的“M”字样也被换成了515千卡。能多益（NUTELLA）巧克力酱一罐的热量更是高达4520千卡，就连绝对伏特加（Absolut Vodka）一瓶热量也有1625千卡。

这一系列将垃圾食物的热量取代LOGO的包装设计引来国外网友的讨论，有网友认为这样的设计很棒，可以让人减少吃高热量食物。但也有网友表示，如果他喜欢吃这些食物，不管热量多高都还是会吃。

图 7.20　将垃圾食物的热量取代 LOGO 的包装设计

7.4.2.3 广告的情感化设计

世界万物都与色彩有着紧密的联系，色彩有着千变万化的表现形式，并能在任何领域中运用自如。色彩是广告表现的一个重要元素，在广告设计中的运用大大地影响了广告的宣传效果。

我们生活的世界是色彩斑斓的，色彩能影响人的视觉神经，从而产生色彩的审美。不同的人有着不同的经历，也就有了对色彩的不同喜好。一幅广告包含色彩、文字和图形等多种元素，其中色彩能将广告的形象立体化，凸显广告的质感，并将画面的主体情感表达出来；而且绚丽多彩的画面，能通过刺激观者的视觉神经，产生积极的宣传效果。作为版面中的装饰性元素，色彩使人对广告产生浓厚的兴趣，并提高人的注意力，以达到强化广告宣传效果的目的。

案例 8

Beneva Foundation 基金会保护儿童安全上网公益广告

① 采用稚嫩的儿童画的形式直接表达广告主题，让人联想到孩子们的天真无邪，拉近与读者间的距离，有助于读者对广告主题的解读。

② 满版布置儿童画，画面干净简洁，色调温馨（图 7.22）。

图 7.21　Beneva Foundation 基金会保护儿童安全上网公益广告

7.5 体验设计

体现一词的字义源于拉丁文“Exprientia”，意指探查、试验。按照亚里士多德的解释，体验是感觉记忆，是由许多次同样的记忆在一起形成的经验。在《现代汉语词典》中，体验的意思是“通过实践认识周围的事物，亲身经历”。在《The New Shorter Oxford

English Dictionary》中，体验的定义是：从做、看或者感觉事情的过程中获得的知识或者技能；某事发生在你身上，并影响你的感觉：假若你经历某事，它会发生在你身上，或者你会感觉到它。

在心理学领域，体验被定义为一种情绪；在商业领域，体验是一种经济手段；在产品设计领域，Houde和Hill认为体验是对产品的“看与感受”，是一种具体的对使用的“人造物”的感官体验，如用户在使用产品时的视觉、触觉和听觉等。Forlizzi和Ford从人们如何与产品进行交互的各个方面来定义体验，认为体验就是：

产品被用户感知的方式；

用户对怎样使用产品的理解程度；

用户在使用产品时对产品的感觉如何；

产品自身使用性的好坏程度；

产品的适应性如何。

Schmitt认为，体验是个体对某些刺激回应的个别事件，包含整体的生活本质，通常是由事件的直接观察或者参与造成的，不论事件是真实的、梦幻的，或者是虚拟的。体验如同触动人们心灵的活动，经由消费者亲身经历接触后获得的感受。随着消费者特性的不同，体验也有所差异，即使是消费者特性极为相似的个体，也很难产生完全相同的体验。

总体而言，体验是人们在特定的时间、地点和环境条件下的一种情绪或者情感上的感受。它具有以下几个特征。

（1）情境性

体验与特定的情境密切相关。在不同的情境条件下，体验是不同的；即使是同一件事情，但是在不同的时间和环境下发生，给人的体验也是不一样的。

（2）差异性

体验因人而异，不同的人对于相同事件的体验可能完全不同。

（3）持续性

在与环境连续的互动过程中，体验得以保存、累计和发展。最后，当预期目的达到时，整个体验不是结束，而是令人有实现的感觉。

（4）独特性

体验有自身独特的性质，它遍布整个过程而与其他经验不同。

（5）创新性

体验除了来自消费者自发性的感受以外，更需要通过多元化的、创新的方法来诱发消费者的体验。

随着现代科技的发展、知识社会的到来、创新形态的嬗变，设计也正由专业设计师的工作向更广泛的用户参与演变，以用户为中心的、用户参与的创新设计日益受到关注，用户参与的创新模式正在逐步显现。用户需求、用户参与、以用户为中心被认为是新条件下设计创新的重要特征，用户成为创新的关键词，用户体验也被认为是知识社会环境下创新模式的核心。

用户体验设计（User Experience Design，UED）是一项包含了产品设计、服务、活动与环境等多个因素的综合性设计，每一项因素都是基于个人或群体需要、愿望、信念、知识、技能、经验和看法的考量。在这个过程中，用户不再是被动地等待设计，而是直接参与并影响设计，以保证设计真正符合自己的需要。其特征在于参与设计的互动性和以用户体验为中心，以提供良好的感觉为目的。

Shedroff对用户体验设计的定义为：它将消费者的参与融入设计中，企业把服务作为“舞台”，把产品作为“道具”，把环境作为“布景”，使消费者在商业活动过程中感受到美好的体验过程。作为一门新兴学科，体验设计的发展吸取了多个学科的知识，包括心理学、建筑与环艺设计、产品设计、信息设计、人类文化学、社会学、管理学、信息技术、计算机技术等。

在学术界，Garrett认为，用户体验设计包括用户对品牌特征、信息可用性、功能性和内容性等方面的体验；Norman将用户体验扩展到用户与产品互动的各个方面，提出了本能层、行为层和情感层理论；Leena认为用户体验包括使用环境信息、用户情感和期望等内容。另外，可用性专业协会（Usability Professionals’ Association，UPA）每年确定一个主题召开年会。在国内，中国科学院、清华大学、北京大学、浙江大学、大连海事大学、浙江理工大学等纷纷建立了相关的实验室，研究人机交互、可用性以及用户体验设计。

在产业界，苹果公司一直以来都是公认的用户体验设计领域的领跑者，无论是其软件开发，还是硬件设计，都十分关注用户体验，体现以人为本的设计思想。用户体验设计在其他IT及家电产品企业，如IBM、Nokia、Microsoft、Motorola、HP、eBay、Philips、Siemens等都有十几年，甚至更长时间的实际运用历史，相应地建立了几十人到几百人规模的部门。随着信息技术日益深入地融入人类社会和面向大众，用户体验设计在自身的不断发展和完善过程中在工业界得到了越来越广泛的应用。在国内，阿里巴巴、华为、联想、网易、腾讯、海尔、新浪和中兴等企业和一些银行系统也纷纷成立了用户体验设计部门，通过对市场以及用户的研究与分析，使得开发设计的产品能够更好地满足用户的体验需求。

案例 9

IKEA，贴近顾客，家的体验

优秀公司都是真心接近其顾客的。

图 7.22 宜家家居商场

“宜家家居”除了是取IKEA的谐音以外，也引用了成语中“宜室宜家”的典故，来表示带给家庭和谐美满的生活。宜家（IKEA）也的确在不懈追求这一美好的愿景，以至于“逛了宜家之后，总有一种安家的冲动”成了众多朋友的共同心声（图 7.22）。

（1）为大众创造美好的日常生活

①体验营销让顾客受到尊重。2004年，宜家家居以“为大众创造美好的日常生活”为宗旨，加快在中国投资的步伐。刚进入中国不久，便成为时尚家居和小资生活的符号。在这个以顾客为导向的时代，人性化的关怀和服务是宜家特有的，宜家不仅靠打价格战来取胜，而是充分运用体验营销、信息营销等多种手段来打动消费者，体验营销让顾客受到尊重。

与一些竞争对手的最大区别是，宜家极为重视“此时无声胜有声”的体验式营销，不允许工作人员直接向顾客推销，而是任由顾客在自行体验的基础上再作决定。宜家允许大家到样板间充分体验，从而有一种受到尊重的感觉。而且，购物也是需要思路的，没有了销售人员的喋喋不休和亦步亦趋，才可以在轻松、自由的氛围中作出购物的决定。在宜家商场里，经常会看到顾客拉开抽屉、打开柜门、在地毯上走走，或者坐到床和沙发上试一试是否坚固、舒服等。一些沙发、电视机架的展示处还特意提示：“请坐上去！”“拉开看看！”

专家认为，体验意味着给消费者提供寻找感觉的机会，由于中国很多的消费者还不太理性，因此体验通常会在瞬间改变一个人的消费观念。体验式营销旨在向顾客销售一种消费观念：体验过做出的决策才是最好的。

② 信息营销让顾客知道更多。宜家没有选择通过店员的详细介绍来说明每一件商品的特点，而是为每件商品制定“导购信息”，将营销的信息全部公开、透明。宜家时常提醒顾客“请多看一眼标签”。宜家的每件商品都有标签，标签上有关产品的价格、功能、使用规则、购买程序的信息一应俱全。如果顾客还想了解其他的信息，可以在咨询台得到帮助。

很多消费者经常在很大的购物场所里面迷失方向，因为商品的种类太多，不知道每一件商品究竟是什么样的，这在一定程度上增加了消费者的决策时间和决策成本。专家认为，这种信息营销方式则完全打破了消费者的顾虑，并节省了消费者的时间。由于将每一个细节都考虑进去，因而出售的商品大多符合用户要求（图 7.23）。

图 7.23　2014 年宜家《家居指南》

2014 年宜家《家居指南》除了依旧提供丰富的居家产品以及富有创意的家居灵感和解决方案之外，同时也为可持续家居生活提供新点子，着力让更多人轻松地获得更多贴近大众生活的居家灵感。

③ 生动营销让顾客找到灵感。宜家商场内设立了不同风格的样板间，把各种配套产品进行了家居组合，充分展现每种产品的现场效果，甚至连灯光都展示出来。这样就不会看走眼了。而且在这里，还可以激发家居布置的灵感。据了解，许多顾客到宜家就是为了参考这些摆设方式，甚至有些顾客的房子从家具到装饰用品都和宜家一模一样。

对此，专家认为，消费者购买家居的时候，常常害怕不同的产品组合买到家后不协调，但如果产品和服务可以生动地表现出来，那么所售产品和服务就已超越了其自身的价值。宜家如此生动化的展示，对追求生活品质的人来说无疑是在传达一种品位。

④ 让购物成为一次快乐旅行。宜家一直以来都倡导娱乐购物，并以其独有的风格，将商场营造成适合人们娱乐的场所。因此，宜家商场在布局和服务方式的设计上，都尽量使其显得自然、和谐。蜿蜒的过道，活泼温馨的儿童乐园，风格简约的产品设计，再

加上浪漫典雅的音乐环境，宜家家居总体上给人一种简约、时尚、温馨、精致的感受，使购物者的心情很愉悦。据了解，很多顾客不一定在商场买东西，但是他们就愿意来这里逛一逛，逛宜家有一种泡吧的感觉，泡一天都不会觉得累。

在消费者越来越追求生活品位和越来越挑剔的今天，服务竞争是企业竞争的焦点。在实践中，各类企业都努力通过提供优质客户服务来提高客户的满意度，从而获得长远与稳定的竞争优势，最终使企业得以延续和发展。宜家以其人性化的产品设计、人性化的购物环境受到消费者的欢迎，尤其是年轻消费者的青睐。它的创新服务理念带给国内企业的思考是，谁为消费者想得更多，谁就能成为市场的赢家。

（2）移动App体验营销

紧跟时代发展潮流和用户消费新风向，宜家官方于2013年发布了新的移动应用“IKEA App”，这种方式突破了传统意义上“理性消费者”的假设，认为消费者是理性与感性兼具的，在消费前、消费时、消费后的体验，才是研究消费者行为与企业品牌经营的关键。IKEA App就是让消费者在购买产品的同时，参与到产品的情感创作中来，让消费者在消费产品的同时体验到产品独特的个性化魅力，进而与产品和品牌建立紧密联系。这款致力于改善销售前（Pre-selling）体验的工具，不仅充分利用了互动科技，更重要的是提升了品牌前卫、进取、贴近顾客、科技进步的形象（图7.24）。

图7.24　IKEA App手机客户端

IKEA App与现实中宜家体验式营销的风格保持高度统一，注重AR增强现实技术的运用，把个性化的DIY方式发挥到极致。您能够通过IKEA App获取宜家产品、商场以及特别优惠活动的最新信息，可以查看产品的价格、尺寸、颜色及更多详细内容，查询产品库存状况和自助提货位置。更为贴心的是，您可以通过IKEA App了解商场的具体地址、方位地图和从所在地到商场的交通路线，掌握商场的购物路线和区域划分，清楚商场、餐厅、斯马兰儿童乐园和食品小卖部的营业时间。您也可以随时随地创建购物清单，还能同步十个清单至您的宜家账户，查看产品的库存情况，看看在哪家商场能够马上买到您需要的产品（图7.25）。

图7.25　宜家利用AR技术将虚拟家具投射到用户的客厅

同时，App的应用关键在于有助于解

决客户购买家具的“后顾之忧”。买家具最怕的是什么？是千辛万苦挑选好家具搬回家后，发现家具尺寸不合适或者与装修风格不符。宜家借助了用户的智能手机以及配套App应用，用户只需通过扫描目录上的产品即可了解心仪家具摆放在自己家中的样子，“增强现实技术”借助实体产品目录的标准尺寸来推算出家具的实际尺寸，然后将家具与家中实景按照实际尺寸比例投放到智能设备的显示屏上，让您足不出户即可看到家具在家里的“真实”摆放情形。这样一来，用户就能够更直观地看到心仪家具摆到自己家中的具体样子，对款式是否搭配、尺寸是否合适等都能做到心中有数。

宜家在中国的新浪微博粉丝数达到55.6万之多。这些网络平台的成功运营对于IKEA App等一系列移动应用的推广传播来说意义非凡。尽管IKEA目前的网上销售量相对微不足道，增长却十分迅速。相比于直接的销售数字，IKEA通过网络以及IKEA App获得的品牌影响力和客户忠诚度似乎更为可贵，实现了线上线下的良好配合与互动。

对App移动应用、微博、Facebook等社会化媒体的创意应用，常令人耳目一新。尤其是对App移动应用的开发利用，让顾客成为品牌的传播者和感受的分享者，有效提高顾客的主动性。宜家不是单纯地出售家具，更为顾客搭建一个体验产品的平台，给顾客营造美好的感受。持有良好印象的顾客来传播分享的效果更好，影响范围也更加广泛。

7.6　交互设计

交互，即交流互动，我们生活的社会交互无处不在，离开了交流互动寸步难行。

随着网络和新技术的发展，各种新产品和交互方式越来越多，人们也越来越重视对交互的体验。

移动互联时代的到来，智能手机的流行已成为手机市场的一大趋势。与传统功能手机相比，智能手机以其便携、智能等的特点，使其在娱乐、商务及服务等应用功能上能更好地满足消费者对移动互联的体验。在诸多应用当中，移动社交因与传统的PC（个人计算机）端社交相比，具有更加逼真的人机交互、实时场景等特点，能够让用户随时随地创造并分享内容，让网络最大限度地服务于个人的现实生活的优势而成为移动交互的重要一部分。

互联网不再局限于我们的笔记本电脑和智能手机，可穿戴设备、智能汽车和智能医疗设备也都会接入网络。全球互联的时代赋予专业的用户体验从业者更重大的责任，用户体验设计也不再局限于屏幕和像素，超出外形，关乎生活每个细节的用户体验设计无时、无刻、无处不存在。

下面，我们就从人机交互技术的维度，来看看交互时代的划分特点，展望用户体验交互设计的未来。

图 7.26　点击时代

（1）点击时代（Click 时代）

这个时代，也可以称为鼠标键盘时代。1964年，美国人道格·恩格尔巴特发明了实际意义上的鼠标，使得人机交互有了技术性突破。现在键盘和鼠标仍然是人机交互的重要手段。鼠标的大规模商用是从Windows 95开始，伴随着图形用户界面的出现（图7.26）。

早年间，网虫的另类定义就是“看到下划线就忍不住想去点击的人”。网虫的这个定义可谓是Click时代的最好注解。

（2）触摸时代（Touch 时代）

Touch时代开始的标志，就是2007年发布的iPhone。触摸屏幕的出现极大地提高了用户交互的体验，容易上手。因此现在不少便携设备都采用触摸作为首选交互方式。触摸屏是一种可接收触头等输入信号的感应式液晶显示装置，当接触了屏幕上的图形按钮时，屏幕上的触觉反馈系统可根据预先编程的程式驱动各种连接装置，可用以取代机械式的按钮面板，并借由液晶显示画面制造出生动的影音效果。

自触摸屏诞生以来，无论在技术上还是在外观上都一直处于一个蓬勃发展的状态，触摸屏的应用广泛，公共信息的查询、办公、工业控制、军事指挥、电子游戏、多媒体教学等多个领域都能见到它们的身影。

如今，越来越多的新车型都开始逐渐减少传统物理按钮的使用，并且配备了支持多点触控的触摸中控屏，尤其是特斯拉更是配备了一块17英寸的超大触控屏（图7.27）。在仪表盘、中控台上完全去除按钮、旋钮的日子已经不太遥远了，而这也有利于整个汽车驾驶台变得更加整洁简单。

图 7.27　特斯拉汽车中控台

但是，从安全性的角度来说，还是有许多疑虑。根据一些调查报告显示，不管设计多么人性化、多么漂亮的界面，都需要驾驶者将目光从前方移动到屏幕上才能操作，如开启空调或调整导航等。相比之下，采用传统物理按键布局的设计，驾驶者在长期熟悉后，可以不需将视线从前方路况上移走也可进行操作，更加安全。

Click时代和Touch时代共同构成了互联网的过去和现在。从另外一个角度说，也可以把Click时代对应于PC互联网时代，把Touch时代对应于移动互联网时代。正是因为用户从Click变成了Touch，从PC转移到了移动终端，互联网行业才发生了那么多变化。

这是过去和现在，那互联网的未来，交互方式又会如何改变，又将进入什么时代呢？

（3）声音时代（Voice时代）

苹果用Siri拉开了语音交互的序幕（图7.28）。

图 7.28　苹果用 Siri 拉开了语音交互的序幕

Siri虽然只是一款普通的语音助理软件，但其却对后续的智能手机发展有重大意义，这在它盛行后有大量的追随者相继涌现的现象便可一窥端倪。究其原因，是因为siri解放了用户双手，让用户在操控智能手机时有更多选择，另外，siri的语音控制方式还能让用户在获取查询结果方面更便利。对于普通用户，siri开创了一种新的交互方式，它的最大特色就是人机的互动方面，不仅有十分生动的对话接口，其针对用户询问所给予的回答，也不至于答非所问，有时候更是让人有种心有灵犀的惊喜，例如使用者如果在说出、输入的内容包括了“drunk”“home”这些字（甚至不需要符合语法，相当人性化……），Siri 则会判断为喝醉酒、要回家，并自动建议是否要帮忙叫出租车。

从技术层面讲，语音核心技术不断进步，已经达到了大规模应用要求。同时，智能终端、无线网络的广泛普及，人们对语音交互的需求不断增长。

许多企业在实际生活应用中也推出了语音搜索功能，例如手机淘宝客户端更新，最大的变化就是加入了语音搜索功能，识别率可达93%，唯一的不足是不支持方言搜索；驴妈妈手机客户端新版本上线，增加了语音搜索体验，将为游客带来不一样的使用感受，为出行提供更贴心的服务（图7.29、图7.30）。

图 7.29　手机淘宝客户端更新加入了语音搜索功能

图 7.30　驴妈妈手机客户端新版本增加了语音搜索体验

目前，在一些特定的情境里，语音交互已经成为主要的方式了。例如，捷豹路虎推出了最新的Bike Sense防剐蹭系统，用以保障骑行者安全，防止汽车与骑行者发生碰撞。在汽车传感器的帮助下，Bike Sense系统可以在自行车或摩托车接近汽车时，以灯光、声

图 7.31 捷豹路虎 Bike Sense 防剐蹭系统应用语音技术

音、振动三种方式来提醒汽车驾驶人（图7.31）。

据悉，Bike Sense主要有三种应用场景。如果骑行者从汽车左侧经过，那么左侧的门框、A柱就会亮起灯光，左侧的音响也会发出声音，同时驾驶人座椅左侧还会产生振动，从而引起驾驶人注意。而当汽车正等候行人或骑行者穿越马路时，如果驾驶人不小心踩到加速踏板，这时加速踏板会振动以提醒驾驶人，并且处于无效状态，直至危险解除。对于那些一些没养成查看路况的人停车开门时，Bike Sense能弥补这部分人的粗心。如果后方有自行车或摩托车驶来，驾驶人在拉车门时，门把手会振动、亮光提醒。

（4）体感时代（Motion时代）

还记得在各路好莱坞大片中，导演利用CG特效给我们描绘的美好未来生活吗？无论是《钢铁侠》中惊艳眼球的全息控制，还是《碟中谍》里的3D全景展示，都让我们惊呼不已。目前，这类技术已经真真切切走到我们身边了（图7.32）。

图 7.32 体感时代

体感技术，在于人们可以很直接地使用肢体动作，与周边的装置或环境互动，而不需使用任何复杂的控制设备，便可让人们身临其境地与内容做互动。简单说，就是一个手势、一个眼神的事儿。

当你站在一台电视前方，假使有某个体感设备可以侦测你手部的动作，此时若是我们将手部分别向上、向下、向左及向右挥，就可控制电视台的快转、倒转、暂停以及终止等功能。这就是一种很直接地以体感操控周边装置的例子。

第 8 章
设计程序

设计程序是有目的地实现设计计划的科学次序与方法。虽然艺术设计在不同领域的设计程序错综复杂，但熟悉一般设计程序和设计方法，可以帮助设计师较为科学地完成设计。

8.1　设计的基本程序

一般来说，设计有几个基本的过程：构思过程——设计创作的意识，即为何创造、怎样创造；行为过程——使自己的构思成为现实并最终形成实体；实现过程——在作品的消费中实现其所有价值。在整个设计过程中，设计师需要始终站在委托方与受众之间，为实现社会价值与经济目标而工作。按照时间顺序，设计从立项到完成一般经过以下四个主要阶段。

8.1.1　设计的准备阶段

这是一切设计活动的开始。这一阶段可以分为“接受项目，制订计划”与“市场调研，寻找问题”两个步骤。设计师首先接受客户的设计委托，然后由委托方、设计师、工程师及有关专家组建项目团队，并且制订详细的设计计划。“市场调研，寻找问题”是所有设计活动开展的基础，任何一个好的设计都是根据实际需要与市场需求而诞生的。

8.1.2　设计的展开阶段

可分为“分析问题，提出概念”和“设计构思，解决问题”两个步骤。前者是在前期调研的基础上，对所收集的资料进行分析、研究、总结，运用设计思维方法，发现问题所在。后者是在设计概念的指导下，把设计创意加以确定与具体化，对提出的问题做出各种解决方案。这个时期是设计中的草图阶段。

8.1.3 设计的深入阶段

可分为“设计展开”和“优化方案”两个步骤。前者是指对构思阶段中所产生的多个方案进行比较、分析、优选等工作，后者是在设计方案基本确定后，再通过样板进行细节的调整，同时进行技术可行性分析。

8.1.4 设计的制作阶段

这是设计的实施阶段，在这个阶段里要进行“设计审核，制作实施”和“编制报告，综合评价”两个步骤的工作。

8.2 设计调研的展开

设计调研是设计活动中的一个重要环节，通过调研可广泛收集资料并进行分析研究，得到较为科学的设计项目定位。设计调研一般由设计师或专门的调研机构完成，设计师必须了解调研的过程，并能对结果进行深入分析。调研结果反映的基本上是短期内的情况，而设计思维需要具备一定的超前性才能把握设计的正确方向。设计师要利用调研结果，但不能被调查数据和调查结论禁锢了头脑。

8.2.1 设计调研的内容

（1）市场情况调查

即对设计服务对象的市场情况进行全面调查研究的过程，包括以下三方面内容。

① 市场特征分析，分析市场特点及市场稳定性等。

② 市场空间分析，了解市场需求量的大小，目前存在的品牌所占的地位和分量。

③ 市场地理分析，主要是地域市场细分，包括区域文化、市场环境、国际市场信息等。

（2）消费者情况调查

即针对消费者的年龄、性别、民族、习惯、风俗、受教育程度、职业、爱好、群体成分、经济情况以及需求层次等进行广泛的调查，对消费者家庭、角色、地位等进行全面调研，从中了解消费者的看法和期望，并发现潜在的需求。

（3）相关环境情况调查

消费者的购买行为受到一系列环境因素影响，我们要对市场相关环境如经济环境、社会文化环境、自然条件环境和政治环境等内容进行调查。由于文化影响着道德观念、教育、法律等，对某一市场区域的文化背景进行调研时，一定要重视对传统文化特征的分析，并利用它创造出新的市场机会。

（4）竞争对手情况调查

对相关竞争对手的情况调查，包括企业文化、规模、资金、投资、成本、效益、新技术、新材料的开发情况以及利润和公共关系。另外，还包括有相当竞争力的同类产品的性能、材料、造型、价格、特色等，通过调查发现它们的优势所在。

8.2.2 设计调研的方法

调研方法在设计项目确认阶段极其重要，能否科学并且恰当地运用调研方法，将对整个设计项目的准确定位产生十分重要的影响。设计调研方法主要有观察法、询问法、实验法等。观察法可以由调查员或者仪器在自然状态下对调查者进行观察实现；询问法可以有电话交谈、面谈、邮寄问题、留置问卷几种；实验法是指把调查对象置于一定条件下，有控制地分析观察市场因果关系的调研方法。

设计调研技术是调研结果有效性的重要支撑。一般而言，采用询问法调研时，可以采用“二项选择法”，另外如对问题“您对某建筑的室内设计喜不喜欢”可以采用“多项选择法”，还可以采用“自由回答法”方便得到建设性意见；还有“倾向偏差调查询问”，这种方法使用比较复杂，但可以用于调查相关对象某方面意见与态度的程度，如问题1“您用什么牌子的手机？”答：X牌。问题2“目前最受欢迎的是Y牌，当您更换手机时，是否仍用X牌？”

在确定调研数量时，人们可以根据一些既有要素来进行技术判定：当调研人员对调研对象比较熟悉或调研结果允许误差较大时，样本的数量可以适当少一些。

8.2.3 设计调研的步骤

设计调研的步骤主要有确定目标、实地调研、资料整理分析以及提出调研结果及分析报告等几个阶段，具体包括：

① 确定调查目的，按照调查内容分门别类地提出不同角度和不同层次的调查目的，其内容要尽量具体的限制在少数几个问题上，避免大而空泛的问题出现。

② 确定调查的范围和资料来源。

③ 拟订调查计划表。

④ 准备样本、调查问卷和其他所需材料，按计划安排，并充分考虑到调查方法的可行性与转换性因素，做好调查工作前的准备。

⑤ 实施调查计划，依据计划内容分别进行调查活动。

⑥ 整理资料分析，此阶段尊重资料的“可信度”原则十分重要，统计数字要力求完

整和准确。

⑦ 提出调研结果及分析报告，要注意针对调查计划中的问题回答，文字表述简明扼要，最好有直观的图示和表格，并且要提出明确的解决意见和方案。

8.3 设计方案的确定

在市场调查的基础上，我们依照设计情况制定合理的目标，产生设计概念和定位，确定设计方案，指导设计过程。

8.3.1 确定方案的步骤

（1）设计方案的提出阶段

这是一个思维发散的过程，需要设计师们充分的展开思路，展开构思，产生尽可能多的创意，而不是只局限在某一两个想法里面。在构思展开的过程中，可以借助各方面资料以及生活中的刺激来获得启发。

（2）设计开展的阶段

本阶段根据策划目标，紧紧围绕策划主题，寻求策划切入点，产生策划创意、设计方案并进行选择。

（3）创意的比较与选择阶段

这是对前一步骤的优选，按照设计概念的要求，应用设计原则，剔除不合适的创意，并保留有进一步发展可能的方案。

（4）方案深入和优化阶段

通过草图和计算机绘图等各种形式，对创意阶段得到的多个方案进行深入设计，并考虑细节表现，通过比较选择，确定切实可行的方案。如果还是得不到理想的方案，则需要重新展开构思。

（5）设计论证与调整

设计的论证包括考虑结构、尺寸、材料、工艺、人机关系、色彩、成本、效果等内容，并根据论证的结果对设计方案做出进一步的调整，以适合实际应用的需要。这一步骤很重要，特别是在产品设计方面，需要设计师与工程师等其他专业的人共同合作。

8.3.2 设计报告的内容

在确定设计方案后，需要根据委托方的要求和开发计划制定一份详尽的设计报告来保证设计的顺利展开，设计报告主要包括以下内容。

（1）设计工作进程表

设计的计划表，用于协调各方面的进程。各工作组都要在规定的时间内完成任务。

（2）设计调查资料汇总

对市场调查的内容进行分析，确立市场定位，提出设计概念。可采用文字、图表、图片相结合的方式来表现。

（3）调查分析研究

对市场调查的内容进行分析，提出设计概念，确立该产品的市场定位。

（4）设计构思

以草图或文字等形式来表现，并能反映出设计深层次的内涵。

（5）设计展开

主要包括设计构思的展开、形态研究、色彩计划、设计效果图、实物等。

（6）方案确定

根据确定的方案绘制出加工图、结构图、尺寸图等，并添加设计说明。

（7）综合评价

设计完成后由设计师、委托方和消费者共同参与评价，并以简洁、有效的文字说明该设计方案的优缺点。

除了制作设计报告，有时为了展示设计方案，也可以制作展示版面以及多媒体演示系统。

8.4　设计表达的类型

设计表达是设计师进行设计交流的重要工具。从构想到实现的整个设计过程中，设计师需要采用多种方式对自己的设计构想与意图进行详尽的说明和展示，以求得到企业和用户的认知和支持。设计表达主要包括以下几种类型。

8.4.1　形态分析

形态分析旨在运用系统的分析方法激发设计师创作出原理性解决方案。运用该方法的前提条件是将一个产品的整体功能解构成多个不同的子功能（图 8.1）。

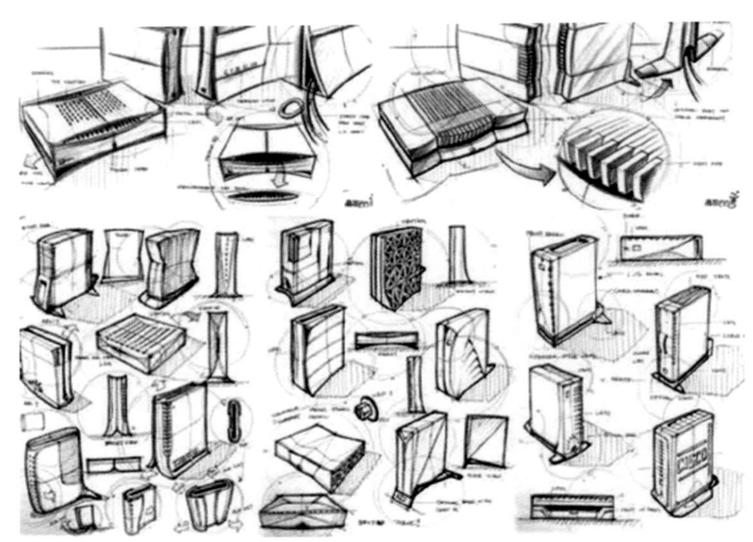

图 8.1　形态分析

（1）何时使用此方法

设计师在概念设计阶段绘制概念草图的过程中，可以考虑使用形态分析方法。在使用该方法之前，需要对所需设计的产品进行一次功能分析，将整体功能拆解成为多个不同的子功能。许多子功能的解决方案是显而易见的，有一些则需要设计师去创造。将产品子功能设为纵坐标，将每个子功能对应的解决方法设为横坐标，绘制成一张矩阵图。这两个坐标轴也可以称为参数和元件。功能往往是抽象的，而解决方法却是具体的（此时无须定义形状和尺寸）。将该矩阵中的每个子功能对应的不同的解决方案强行组合，可以得出大量可能的原理性解决方案。

（2）如何使用此方法

运用形态分析法之前，首先要准确定义产品的主要功能，并对将要设计的产品进行一次功能分析。然后用功能和子功能的方式描述该产品。子功能，即能够实现产品整体功能的各种产品特征。例如，一个茶壶包含以下几个不同的子功能：盛茶（容器）、装水（顶部有开口）、倒茶（鼻口）、操作茶壶（把手）。功能的表述通常包含一个动词和一个名词。在形态分析表格中，功能与子功能都是相对独立的，且都不考虑材料特征。分别从每个子功能的不同解决方法中选出一个进行组合得到一个“原理性解决方案”。将不同子功能的解决方案进行组合的过程就是创造解决方案的过程。

（3）主要流程

① 准确表达产品的主要功能。

② 明确最终解决方案必须具备的所有功能及子功能。

③ 将所有子功能按序排列，并以此为坐标轴绘制一张矩阵图。例如，如果需要设计一辆踏板卡丁车，那么它的子功能为：提供动力、停车、控制方向、支撑驾驶人身体。

④ 针对每个子功能参数在矩阵图中依次填入相对应的多种解决方案。这些方案可以通过分析类似的现有产品或者创造新的实现原理得出。例如，踏板卡丁车停车可以通过以下多种方式实现：盘式制动、悬臂式刹车、轮胎刹车、脚踩轮胎、脚踩地、棍子插入地面、降落伞式或更多其他方式。运用评估策略筛选出有限数量的原理性解决方案。

⑤ 分别从每行挑选一个子功能解决方案组合成一个整体的原理性解决方案。

⑥ 根据设计要求谨慎分析得出所有原理性解决方案，并至少选择三个方案进一步发展。

⑦ 为每个原理性解决方案绘制若干设计草图。

⑧ 从所有设计草图中选取若干个有前景的创意进一步细化成设计提案。方法的局限性形态分析法并不适用于所有的设计问题。与工程设计相关的设计问题最适宜运用此法。当然设计师也可以发挥更多的想象力，将此方法应用于探索产品的外观形态。

8.4.2 设计手绘

8.4.2.1　设计草图

草图是设计思维最直接、最便捷的表现形式，是传达设计师意图的工具之一，可以在人的抽象思维和具象表达之间进行实时的交互和反馈，使设计师抓住稍纵即逝的灵感火花。草图设计表现手法要求快捷、简单、活跃，并能准确清晰地表达设计概念。

草图的形式可以分为概念草图、形态草图和结构草图。通过设计草图快速表现的训练，可以提高设计师的艺术修养和表达技巧（图 8.2）。

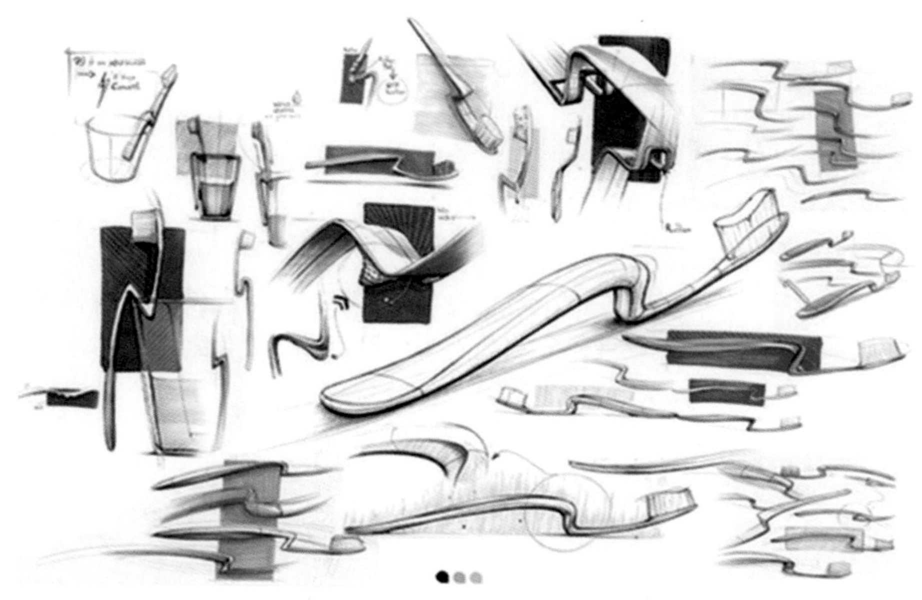

图 8.2　设计草图

8.4.2.2 方案效果图

效果图是设计师对设计方案的自我表达，是对设计构思的全面提炼，是向他人传递设计创意的最佳方式。效果图可以手绘或用计算机软件完成，平面软件和三维软件能够表现出不同的效果。在方案尚未完全成熟时，需要画较多的图进行选优综合，此时效果图的绘制以启发思维、提供交流、诱导设计、研讨方案为目的。在设计师与各相关专业人员协商后，提交几个效果图方案，选择最后方案定稿。在设计方案确定后，用正式的设计效果图给予表达，目的是直接表现设计结果，根据设计要求可分为方案效果图、展示效果图、制作效果图（图8.3和图8.4）。

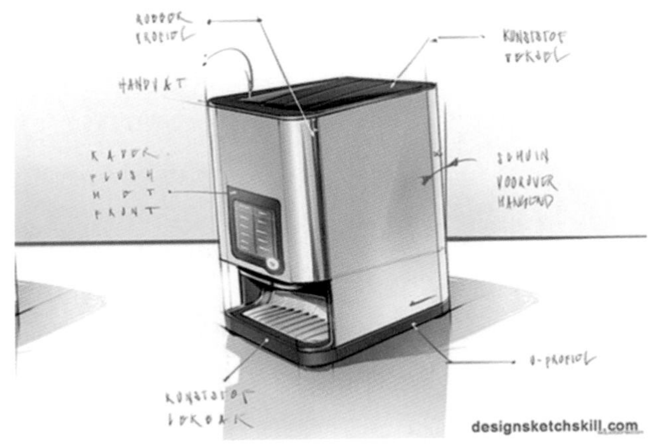

图 8.3　Squidbone 设计公司产品设计效果图

图 8.4　3D 效果图

8.4.3 样板模型

样板制作是设计师把构想中的方案用立体化的方式再现的过程，其中也包含了对个别细节的重新修正。在印刷品设计方面，样板就是打印出来的样张；在产品设计方面，样板就是按一定比例制作的模型；在环境设计方面，样板则多以沙盘或样板房的模型出现。实物模型具有直观明确的优点，并能用于实验及人机分析。设计师在进行设计时，模型本身也是设计的一个环节，模型能将作品真实地表现出来，为最后设计图纸的调整、定型提供参考，也能为先期市场宣传提供实物形象（图8.5）。

图 8.5　样板模型

8.4.4 视觉影像

视觉影像方法能帮助设计师将未来的产品体验与情境视觉化，展示设计概念的潜在用途及其为人类未来生活带来的影响（图8.6）。

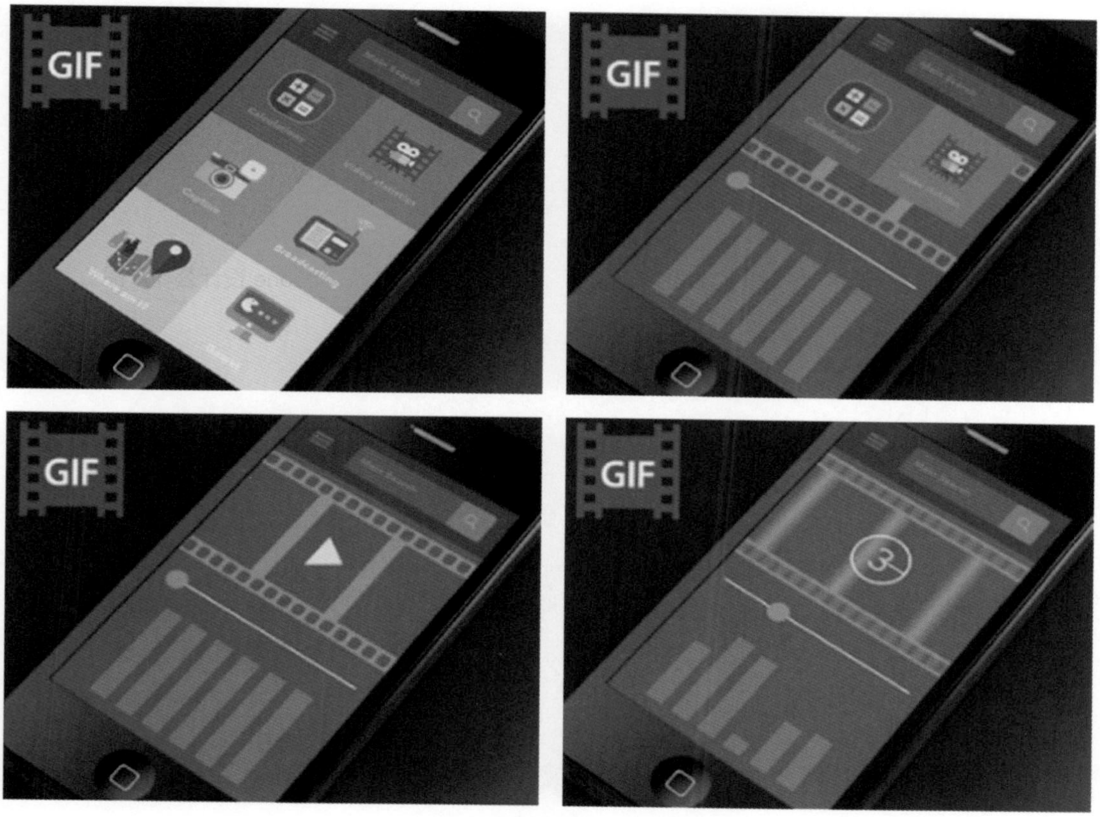

图 8.6　手机界面使用效果动画演示

（1）何时使用此方法

视觉影像方法通过将图片景象、人物以及感官体验等抽象元素混合制作成影片，充分展示产品在未来场景中的使用细节。将产品在特定场景中的使用情况进行展示不仅强调了产品设计的功能，同时体现了产品在特定环境中所产生的价值。影像不仅能描述产品设计的形态特点，例如，一件真实的产品，还能展示产品引发的无形影响，例如，使用者的反应以及情绪。影像视觉为概念产品的设计、造型以及视觉展示方案提供了巨大的可能，尤其是在蒸蒸日上的服务设计（即处理人、产品和活动之间的交互关系的设计）领域更是应用广泛。

（2）如何使用此方法

在需要将未来产品设计与服务的完整体验进行展示的设计项目中，视觉影像方法最适用。然而，制作一段令人信服的短片需要设计师不断地练习，因为这不仅需要特殊的能力与技术，还需要运用各种媒体与设备。影片制作是一项重复迭代的过程，首先需要创建场景描述与故事板，然后进行电影脚本的拍摄，最后对影片进行剪辑与制作。这些制作程序将不断挑战设计师在未来使用情境内构架故事并展示产品概念的能力，该方法的设计价值也因此得以彰显。

（3）主要流程

视觉影像制作包含下述三个连续的步骤。

① 制作前期准备，即准备影片所需素材。

- 制作故事板和（或）分镜头表。
- 对材料进行合理安排，如产品、相机、灯光等。
- 安排演员。
- 安排拍摄地点。

② 制片，即拍摄影片。

③ 后期制作，即对原片进行编辑并添加特效。

需要注意的是：

① 视觉影像很容易占用大量资源，并需要特殊软件、器材以及技术的支持。

② 制作者可能耗费大量的时间追求技术上的完美，从视觉上取悦客户，然而，该方法最主要的价值应该是向用户传达与该设计有关的用户体验。

8.4.5 技术文档

技术文档是一种使用标准3D数字模型和工程图纸对设计方案进行精准记录的方法。3D模型数据还可以用于模拟并控制产品生产及零件组装的过程。在此基础上，还能运用渲染技术或动画的手法展示设计概念（图8.7）。

（1）何时使用此方法

技术文档一般用于概念产生后选择材料并研究生产方式的阶段，即设计方案具体化阶段。除此之外，技术文档也为设计的初始阶段提供支持，帮助生成设计概念，并探索设计方案的生产过程、技术手段等因素的可能性。有些项目需要从基础零部件开始建立

图 8.7 工程图纸

技术文档，例如，电池、内部骨架等（自下而上的设计）。这些模型的工程图打印文稿可以作为探索设计形态、明确设计的几何形态与空间限制等的基础。通过快速加工技术可以创造出有形的模型，如壳型模型或产品外壳等。另外，技术文档还可用于制作产品外部构造（自上而下的设计）。

（2）如何使用此方法

SolidWorks这类的设计软件可用于构建参数化的3D数字模型（图8.4）。这类模型建立在特征建模概念的基础上，即不同的部件是由不同的几何形态（如圆柱体、球体或其他有机形态等）结合或削减得出的。3D模型不仅可以是体量的，还可以是曲面（即运用零厚度曲面）建模成型的，后者在有机形态中的使用尤为广泛。一个产品（或组装部件）的3D模型可以由不同的零部件组合而成。不同部件之间的组合特征关系相互关联。如果有不错的空间想象能力，那么经过60 ~ 80小时的训练，便可以掌握基本建模技巧。标准的工程图在设计中的主要作用在于保证并规范生产质量并控制误差。因此，设计师应该对“制造语言”具备良好的读、写、说的能力。

（3）主要流程

① 在概念设计阶段创建一个初步的3D模型。在设计早期，可以运用动画的形式探索该3D模型机械结构的行为特征。

② 在设计方案具体化的过程中，在建模软件中赋予3D模型可持续的材料，并通过虚拟现实的方式观察、预测该部件在生产流程中的行为表现，例如，在注模和冷却过程中会出现怎样的情况。同时，也可以进行一些故障分析，如强度分析等。当然，还可以对产品的形态、色彩和肌理进行探索。

③ 在设计末期，重新建立一个具体详细的3D模型，并导出所需的工程图，以确保设计方案在加工制造过程中能最大限度地达到其属性与功能要求。

④ 在设计结束后，此3D模型可用于或制造相关生产工具。最后，还可以利用该模型的渲染效果图，如产品爆炸图、装配图或动画等辅助展示产品设计的材料（设计报告、产品手册、产品包装等）。

8.5 设计项目的评审

8.5.1 项目审核

设计审核是某专家组从设计程序、设计理念和设计实施方法上评价该设计方案的优缺点，以决定该设计项目能否达到要求并通过审核。设计审核要求设计师通过对样品的相应审核、评价、修正与确认，使其更符合设计方案效果，并对制作方法以及设备、人力和能源等方面提出合理建议，力求达到质量标准。

8.5.2 项目评价

对设计方案的评价是始终贯穿在整个设计过程中的，它是一个连续的过程。设计评价是在收集相关反馈信息的基础上进行的。在设计推向市场后，设计师应该积极关注并参与到设计评价中，以获得再设计的必要信息反馈。

第 9 章
设计管理

随着管理从层级化的泰勒模型转变为扁平化、鼓励自我激励、独立和冒险的灵活组织模型，设计师会更适应这个新的更随意的管理模型。客户驱动型管理、基于项目的管理、全面质量管理，这些新模型所基于的概念都跟设计相关。

这种管理方式的转变产生了对企业内部设计进行管理的需求。这不仅给某种商业或者营销战略赋予了一种形态，更是要改变企业行为和远景。因而，设计师的“缺点”——创造力、主动性、对细节的注重、对消费者的关心成为管理者可以用来支持管理变化的力量。

为了更加有效，设计必须用一种渐进的、负责的、深思熟虑的方式导入组织中。

渐进　一种使整个公司理解设计好处的方法是通过一系列成功的项目逐步把设计整合到组织中。“以一个项目开始，取得小范围的成功。那会有助于在整个公司中推广与设计师一起工作的思想。”（Bernsen，1987）

负责　即使单独以一个项目开始，设计的整合也需要高级主管来阐述设计的战略角色。设计是难以管理的，必须指定公司中特定的人员来主管。

哈佛商学院罗伯特·哈耶斯（ROBERT HAYES）教授曾说：“对一个在其他所有方面都已处于世界一流水平的公司而言，下一个挑战就是设计……高质量的设计，起着协调、差异化、整合和沟通的作用，会给国际性的企业做出很多贡献，它就像大多数战略资源一样，不是一个结果，而是一个过程。”正如同创新管理，设计领域的项目必须由一个“拥护者”来推动。一个对设计充满热情的人可以使得事情截然不同。我们只要思考一下诸如苹果公司的斯蒂夫·乔布斯、索尼公司的盛田昭夫（Akio Morita）或飞利浦公司的设计主管罗伯特·布莱其（Robert Blaich）这样的人对其企业产生的影响，就会明白。

深思熟虑　设计管理不该只是停留在设计计划或项目上，而必须扩展到所有的管理层面。企业的价值观必须传达给设计师；设计部门必须受到公司所有部门的支持；设计部门和公司高层之间必须进行有效的沟通。

9.1 设计管理的定义

设计管理包括两个目的：①培训合作者(管理人员)与设计师。这使得管理者熟悉设计，设计师熟悉管理。②开发把设计整合到企业环境中的方法。

Interbrand Koln公司杰根·豪瑟（JURGEN HAUSER）博士1998年说："从本质上说，设计管理挑战了公众对设计管理最常见的误解——这两个词本身就是矛盾的。"

彼得·高伯在1990年把"设计管理"定义为"通过诸如财务、生产、销售等职能部门的经理对公司内可用设计资源的有效配置来帮助公司达到其目标的活动。"这个定义强调设计既是目的（把设计与企业目标相联系）也是手段（对解决管理问题做出贡献）。设计管理既是一种"价值管理"（创造价值），也是一种"态度管理"（调整公司的观念）。

阿兰·托帕利安（Alan Topalian）在1986年将设计管理分为两类：短期设计管理（short-term design management），指对设计项目的管理；长期设计管理（long-term design management），指对设计部门的管理。

帕特里克·赫特泽尔（Patrick Hetzel）在1993年扩展了设计管理的范围，给出如下定义：对设计进行的管理，即管理企业中的创意过程；根据设计的原则来管理一个公司；对设计公司的管理。

设计管理包括分配固定的行政任务，管理人力和财力资源等行政职责，但其最重要的特征在于确立一种方式来对设计进行管理，使其对公司的战略有所贡献。

福特汽车公司前任CEO唐纳德.E.帕特森（DONALD E. PATERSON）认为："对设计过程进行管理的关键问题在于确立设计与企业其他所有领域的适宜关系。"

设计管理作为企业内一种正式活动计划的设计实施过程，来完成企业的目标。这主要体现在用传达设计表现企业的长期目标，以及协调企业活动所有层面的设计资源。设计管理的作用也包括促进人们进一步理解设计与企业长期目标实现的相关性，及协调企业内各个层次的设计资源，包括：通过制定审核设计政策、在企业识别与战略中体现设计政策和运用设计界定需求，为公司的战略目标做出贡献；对设计资源进行管理；建立一个信息和创意的网络平台（包括设计的和学科交叉的信息网络）（Blaich &Blaich，1993）。

设计管理在于设计活动有特别意义，但只有高级设计主管通过日常对设计政策的阐释，才能把要点向员工传达清楚。

Stanley Works企业工业设计总监盖瑞·凡·丢尔森（GARY VAN DEURSEN）认为："在设计管理中，关键是管理人员必须具备很高的设计技能？只有这样他们才能通过批评、激励和选出最好的解决方案来为企业的设计做出重大贡献。"

设计管理是设计在公司中的展开，以帮助公司开发企业战略，这包括：对操作层面（项目）、组织层面（部门）和战略层面（使命）的设计整合进行管理；在公司内部管理设计系统。设计师的创意作品包括具备独特美学品质的文档、环境、产品和服务等。公司必须具备管理良好的正式设计系统。

这一设计管理定义包含了设计的双重性：设计是企业运作过程和管理范式中不可分割的部分，这是设计的不可见方面；设计是社会形态系统和设计范例的一部分，这是设计的可见方面。

每个公司在设计方面投入不同，但设计是很有价值的财产，至少值得我们花与其他商业活动一样多的技巧和心思来管理（Oakley，1990）。

汤姆·彼特斯（TOM PETERS）也曾说："设计如何处理那些拙劣的物品是第二位的，设计的首要任务是建立一种全面的方式来进行商业运作、顾客服务和价值创造。"

在世界范围内，设计管理方面的课程已得到了开发，MBA课程也包含设计方面的专业方向。例如，在纽约普拉特学院(美国著名的艺术学院)，其课程内容包括市场营销专业服务、广告和战略营销；领导行为模拟和谈判；商业和知识产权法律；管理传达技能；设计操作管理；新产品管理与开发；财务报告和分析；为企业与风险投资项目融资；商业战略和管理决策；商业规划和设计管理案例研究。

综上所述，我们可以认识到设计管理是根据使用者的需求，有计划有组织地进行研究与开发管理活动。有效地积极调动设计师的开发创造性思维，把市场与消费者的认识转换在新产品中，以更合理、更科学的方式影响和改变人们的生活，并为企业获得最大限度的利润而进行的一系列设计策略与设计活动的管理。

9.2　设计和管理的交融

9.2.1　设计和管理模式的比较

设计者与管理者认知模式上的差异经常被引用，以作为一个公司很难整合设计的理由。但这两种模式差异真的那么大吗？仅仅把"设计"和"管理"并列在一起理解是困难的，特别是那些不会超越管理的理性和经济维度看问题的设计师。但对于这两个学科本质特征和概念的分析，显出更多的相似而非不同。

表9.1为设计和管理的重要概念的比较。很明显，大部分的概念普遍存在于两个领域，甚至设计的文化和艺术性方面也与管理的"组织文化""企业识别""消费者偏好"等方面对等。

表 9.1　设计与管理的重要概念的比较

设计的概念	管理的概念
设计是一种解决问题的活动	过程，解决问题
设计是一种创造性活动	观念管理，创新
设计是一种系统性的活动	商业系统，信息
设计是一种协调性的活动	交流，结构
设计是一种文化和艺术性的活动	组织文化，企业识别，消费者偏好

所以，在设计与管理认识上的不同主要源自管理人员与创意团队的互不信任。因为设计专注于追求原创、新奇、创造性和创新性，这与传统的管理模式和阻止组织变化的保守态度产生冲突。

作为一种规则，管理的理性模式基于更多的控制与规划，而不是创造。根据一些执行官的反映，缺乏完全形态的泰勒管理模式使其很难适应系统的设计活动，但它可以把设计作为一种解决问题的活动加以承认，其目标是通过差异化来促进公司的增长和建立竞争优势。

但是最新的管理模式认识到直觉对于策略形成的重要性，并且为更“艺术化”的管理人员提供了一个框架。这种非正式的模式，可以很好地套用到设计的过程，因为它喜欢明快、简单的结构，鼓励行动与实验，管理者决策建立在更为直觉的、对人的仔细观察的基础上。这种模式对于设计师更有吸引力。从这种模式的角度来看，设计和管理都是一种强调直觉、推崇调查和实验的决策过程。

既然两者有一些共同的概念，设计和管理领域可能很容易交汇在一起。但是，实践显示把设计整合进企业结构是很复杂的。对于某特定的企业，克服了这一困难（指把设计整合进企业结构）就是企业的内部竞争优势。对设计进行整合的能力已成为一种秘诀（know-how），除了是一种核心竞争力以外，还很难被其他企业所模仿。

假如设计和管理属于两个不同的认知半球，设计管理就必须视作一种组织的学习过程。设计师和管理者像其他人一样，他们依赖于过去的经验和熟悉的参考框架开展决策。管理者和设计师观察和解释现实的模式是不同的。

设计管理认知方式解释了把设计导入组织结构的困难：对于管理，设计是未知的信息。进而言之，管理者不容易察觉到变革的要求，他们习惯于已知的东西。最后，管理者不总是按照完全理性的方式做出反应。

9.2.2　设计和管理的设计科学模型

以设计和管理各自的概念范式为起点，可以建立一个汇聚设计和管理的模型，它基于两个观点反应式（管理的）模型和前摄式的（战略的）模型。管理模式致力于通过调整行政和管理的概念来增强设计。对所有的管理范式进行审查，选择使企业设计更有效率的观念和方法。这可以通过将设计与产品、品牌、识别和创新管理的重要概念相联系来获得。

这个观点要求应用管理的不同理论——科学的、行为的、决策的、系统的、境遇的、操作性的——并要调查它们与丰富的设计管理方法在概念和实践上的相关性。

① 科学的：设计管理被视为一种纯粹的逻辑过程。

② 行为的：设计管理被视为由人来完成的事项，它以关系、人与人之间的群体行为和相互合作为中心。

③ 决策的：设计管理被视为一种决策活动。

④ 系统的：设计管理被视为具备与环境和复杂子系统之间开发交互的组织系统。

⑤ 境遇的：设计管理依赖于各种客观形势和条件。

⑥ 操作性的：设计管理包括诸如规划、组织、命令、控制和部门化的基本管理活动。战略模式是把设计作为一种新的范式来分析，以获得概念和方法来增强总体管理效率，特别是设计管理的效率。这需要理解设计感知现实的方式，以及对其方法（比如形状、色彩、美学和物品社会学）作仔细分析，从而来增强管理的概念。一种不同于原先的模式从“设计科学”中出现：基于符号和形态的管理系统，它本质上是理性的和解释性的，并能增强商业战略和公司远景（表 9.2）。

表 9.2　设计和管理交融的模型

设计管理模式	设计管理的目标	对质量管理的应用
管理模式	以管理的方式增强设计 设计和组织绩效 设计 / 品牌、识别、战略 通用管理和设计管理方法	“质检人员”对设计师和设计经理的贡献 设计对“零缺陷”效果的数据 测试感知质量
战略模式	通过设计知识来改善管理 形态、理论、设计原理 创造力与概念管理	设计师对“质检人员”的贡献 对过程重新思考 共享的远景，持续的改进

设计提供了具体的工具：比如战略制定的审计流程、竞争基准测试、概念管理、创新模型与原型以及跨边界沟通工具。

9.3　设计管理的内容

设计管理的内容包括企业设计战略管理、设计目标的管理、设计程序的管理、企业设计系统的管理、设计质量的管理和知识产权的管理六个方面。

9.3.1 企业设计战略管理

企业必须具备自己的设计战略，并加以良好的管理。设计战略是企业经营战略的组成部分之一，是企业有效利用工业设计这一经营资源，提高产品开发能力，增强市场竞争力，提升企业形象的总体性规划。设计战略是企业根据自身情况作出的针对设计工作的长期规划和方法策略，是对设计部门发展的规划，是设计的准则和方向性要求。设计战略一般包括产品设计战略、企业形象战略，还逐步渗透到企业的营销设计、事业设计、组织设计、经营设计等方面，与经营战略的关系更加密切。加以管理的目的是要使各层次的设计规划相互统一、协调一致。

9.3.2 设计目标的管理

设计必须有明确的目标。设计目标是企业的设计部门根据设计战略的要求组织各项设计活动预期取得的成果。企业的设计部门应根据企业的近期经营目标制定近期的设计目标。除战略性的目标要求外，还包括具体的开发项目和设计的数量、质量目标、营利目标等。作为某项具体的设计活动或设计个案，也应制定相应的具体目标，明确设计定位、竞争目标、目标市场等。管理的目的是要使设计能吻合企业目标、吻合市场预测以及确认产品能在正确的时间与场合设计与生产。

9.3.3 设计程序的管理

设计程序的管理也称为设计流程管理，其目的是对设计实施过程进行有效的监督与控制，确保设计的进度，并协调产品开发与各方关系。由于企业性质和规模、产品性质和类型、所利用技术、目标市场、所需资金和时间要求等因素的不同，设计流程也随之相异，有各种不同的提法，但都或多或少地归纳为若干个阶段。然而不管如何划分，都应该根据企业的实际情况作出详细的说明，针对具体情况实施不同的设计程序管理。

9.3.4 企业设计系统的管理

为使企业的设计活动能正常进行、设计效率的最大限度发挥，必须对设计部门系统进行良好的管理。不仅指设计组织的设置管理，还包括协调各部门的关系。同样，由于企业及其产品自身性质、特点的不同，设计系统的规模、组织、管理模式也存在相应的差别。从设计部门的设置情况来看，常见的有领导直属型、矩阵型、分散融合型、直属矩阵型、卫星型等形式。不同的设置形式反映了设计部门与企业领导的关系、与企业其他部门的关系以及在开发设计中不同的运作形态。不同的企业应根据自身的情况选择合适的设计管理模式。

设计系统的管理还包括对企业不同机构人员的协调工作，以及对设计师的管理，如制定奖励政策、竞争机制等，以此提高设计师的工作热情和效率，保证他们在合作的基础上竞争。只有在这样的基础上，设计师的创作灵感才能得到充分的发挥。

9.3.5　设计质量的管理

设计质量的管理是使提出的设计方案能达到预期的目标并在生产阶段达到设计所要求的质量。在设计阶段的质量管理需要依靠明确的设计程序并在设计过程的每一阶段进行评价。各阶段的检查与评价不仅起到监督与控制的效果，其间的讨论还能发挥集思广益的作用，有利于设计质量的保证与提高。

设计成果转入生产以后的管理对确保设计的实现至关重要。在生产过程中设计部门应当与生产部门密切合作，通过一定的方法对生产过程及最终产品实施监督。

9.3.6　知识产权的管理

随着知识经济时代的到来，知识产权的价值对企业经营有着特殊的意义。在信息化、全球化的进程中，一方面对知识产权的保护意识越来越强，制度的制定与运用也日渐完善。但另一方面在现实生活中有意无意地侵占和模仿十分严重。因此，企业应该有专人负责知识产权管理工作。对设计工作者来说，则首先要保证设计的创造性，避免出现模仿、类似甚至侵犯他人专利的现象。应有专人负责信息资料的收集工作，并在设计的某一阶段进行审查。设计完成后应及时申请专利，对设计专利权进行保护。

随着科学技术的日新月异，面对激烈的全球竞争，设计概念的内涵和外延都在不断发生变化。设计实际上不仅与产品融为一体，也日益与管理自然地融合在一起。设计管理作为一门新的研究领域，一种应对激烈竞争最具潜力的工具，也正在飞速地发展，并且受到越来越多人的关注和讨论。设计管理的内容还有许多，对它的研究运用将会成为企业发展的突破口，并将在今后的社会生产行为中发挥重要的作用。

9.4　设计管理的案例

下面，我们从相关案例出发，来认识设计管理的实施和设计管理在实际的产品设计当中所起到的重要作用。

案例

丰田汽车交互式车窗概念设计

丰田汽车欧洲分公司（Toyota Motor Europe）和哥本哈根互动设计学院（Copenhagen Institute of Interaction Design）合作的世界之窗(Window to the World)设计，通过将交通工具的玻璃窗转化成一个交互界面，重新定义了搭乘交通工具的乘客与周围环境之间的关系。

运用虚拟现实技术，窗格玻璃可以为乘客提供路途中所有地标建筑的信息。这个窗户还可以被用作画布，乘客能够随意在玻璃上描画沿路的风景。这个创意的目标是重新定义在不远的未来的移动人文关系，让日本价值观和文化对欧洲产生影响，通过体验触发情感。

Window to the World的功能包含以下五个方面。

① 移动绘画，利用这一功能，车窗可被乘客当作画板，用手指画面。

② 变焦摄影功能，让乘客将透过车窗看到的景色和物体拍摄并拉近。

③ 翻译，乘客可以点击通过车窗看到的物体并得到关于它们的翻译及发音。

④“增强的距离”可以估量车辆与可视物体之间的距离。

⑤“虚拟星座/汽车的全景天窗”可以显示恒星星座和有关它们的信息，以实际的天空为背景。

这个项目的灵感来自丰田汽车公司总经理吉世凯达（Tetsuya Kaida），他专注研究日本哲学多年，并专注情感传递。他在欧洲生活时，针对此领域做了很多相关调查，调查并没有采用只需回答“是”或“否”的问卷方式，而是着重理解人们对事物和人做出某种反应的逻辑和动机。

他没有将来自这些调查的资料和观点用作一个独立的意见驱动，而是用来创建大量的知识。知识的聚集带给了人们对于相关话题的认知，也在概念生成阶段起到了框架作用。

从这个框架出发，两个设计团队交换了他们对于交互设计、车内设计和情感设计的认知，也在一开始就让专注概念生成的汽车工程师参与研发。

与感性工学（Kansei Design）设计团队协作的过程中，质量和系统性思维的结合贯穿在生产和模型制作过程中。灵感聚焦在整个构思和概念生成过程中扮演重要角色，为解决方案的制作启发了思路和给予了深度。概念生成阶段进行了包括丰田工程师在内的大量人数参与的“身体风暴（bodystorming）”、头脑风暴和概念构建。之后对收集回来的大量数据进行了加工、集群和重新排列，以便定义能够进一步发展应用。

通过使用场景模拟结合先前的研究和集体讨论的灵感，设计师们构建出了Window to the World的基础。最后通过快速原型和概念迭代开发出了最终模型。

为了达成项目的沟通和说明，设计团队制作了一个视频并通过触屏展示软件模拟操作。在视频中丰田公司展示了这个为后排乘客在行驶途中缓解疲劳、打发时间而推出的多媒体车窗概念。后座车窗变成了交互式多媒体透明屏幕和与车外世界互动的工具。通过触摸式的车窗，你可以绘画，或是获得车窗外的信息，多点触摸用来放大和缩小某个风景，是一个未来感十足的概念（图 9.1）。

图 9.1　丰田汽车交互式车窗概念设计

参考文献

[1] 程能林．工业设计概论．3版．北京：机械工业出版社，2011.
[2] 何人可．工业设计史．4版．北京：高等教育出版社，2010.